成像卫星任务规划技术

贺仁杰　李菊芳　姚　锋　邢立宁　著

国防科技大学学术专著出版基金资助

科学出版社

北　京

内 容 简 介

随着我国成像卫星数量及其应用需求的快速增长，成像卫星任务规划技术受到了日益广泛的重视。本书系统阐述了作者近年来在卫星任务规划技术方面的研究成果，主要内容包括成像卫星任务规划问题、任务规划理论基础、预处理技术、多星一体化任务规划技术、动态任务规划技术、自主任务规划技术和多星联合任务规划系统等，具有实际应用价值和一定的前瞻性。

本书可作为相关领域管理人员、工程技术人员及广大科技工作者研究学习的参考，也可作为卫星应用工程实践的依据。

图书在版编目(CIP)数据

成像卫星任务规划技术/贺仁杰等著. —北京：科学出版社，2011
ISBN 978-7-03-029777-8

Ⅰ.①成… Ⅱ.①贺… Ⅲ.①卫星图象-研究 Ⅳ.①TP75

中国版本图书馆 CIP 数据核字(2010)第 247406 号

责任编辑：任 静 王志欣 / 责任校对：刘亚琦
责任印制：吴兆东 / 封面设计：耕者设计工作室

科学出版社出版
北京东黄城根北街 16 号
邮政编码：100717
http://www.sciencep.com
北京凌奇印刷有限责任公司 印刷
科学出版社发行 各地新华书店经销
*
2011 年 1 月第 一 版 开本：720×1000 B5
2023 年 7 月第四次印刷 印张：14 1/2
字数：276 000

定价：128.00 元

(如有印装质量问题，我社负责调换)

序

自1970年我国成功发射第一颗人造卫星“东方红1号”后，就把研制、发展、应用卫星作为空间技术发展的主要方针。目前空间技术在国防、经济等领域的应用面逐步扩大，并取得了重大效益，在增强国防实力，提高中国国际地位方面，正发挥着越来越大的作用。

成像卫星主要是通过星载光学、电子等遥感设备获取地面目标图像信息的卫星，具有侦察面积大、范围广、速度快，可定期或连续观测一个地区而不受国界和地理条件限制等优点。因此，成像卫星已成为现代作战指挥系统和战略武器系统的重要组成部分，并在海湾战争等现代战争中，显示出了巨大的作用和潜力。与此同时，成像卫星作为遥感卫星的主要种类，在土地森林和水资源调查、农作物估产、矿产和石油勘探、海岸勘察、地质与测绘、自然灾害监视、农业区划以及对环境的动态监测等方面也发挥了巨大作用。

成像卫星任务规划是成像卫星管理控制的核心内容，是提高卫星系统使用效益的关键，也是管理科学与工程领域的重要研究和应用方向之一。在未来多星组网实施对地观测的条件下，通过任务规划和优化调度，能够更好地利用成像卫星遥感器资源，对及时、准确获取尽量多有价值的图像信息具有至关重要的作用。

国防科技大学的贺仁杰等同志在多年研究工作的基础上，撰写了《成像卫星任务规划技术》一书，它是作者多年研究成果的提炼和结晶，是目前国内第一部系统、深入论述成像卫星任务管理技术研究成果的著作。该书将理论和实践有机地融合在一起，其研究成果已应用于卫星应用工程实践，所提出的卫星自主任务规划技术等则与我国航天事业的快速发展相适应，具有前瞻性和实际应用价值，可作为相关领域广大科技工作者研究学习的参考，也可作为卫星应用工程实践的依据。

该书在写作上结构严谨，文笔流畅，逻辑性强，具有很好的可读性和适用性。我相信，该书的出版必将会对卫星任务规划技术的发展及相关研究工作起到积极的推动作用。

2010年9月于北京

前　言

对地观测卫星是利用星载光电遥感器或无线电设备等有效载荷，从飞行轨道上对地面、海上或空中目标实施观测并获取目标信息的人造地球卫星，具有运行时间长、观测范围广、不受空域国界限制、无须考虑驾驶人员生命安全问题等优势。成像卫星是对地观测卫星中发展最早、发射数量最多的一种，星上有效载荷主要是可见光相机、红外相机或合成孔径雷达(SAR)等成像设备，其任务是根据业务用户的需求来获取地面感兴趣目标的图像。

随着成像精度的不断提高，成像卫星正逐渐成为军事侦察、防灾减灾、资源勘察、反恐维稳、地区冲突等行动中获取情报信息的主要手段，相应的用户对成像卫星的需求也日益增多，这就要求能对卫星资源进行合理分配，以实现在有限的时间内最大限度地满足不同用户、不同优先级的图像需求。与此同时，现代小卫星技术的不断发展使得多星组网逐渐成为卫星应用的主要方式，这也使得卫星成像计划编制的难度大大增加，以往那种手工或单星计划模式不能很好地满足未来成像卫星应用的需要，必须借助于适当的数学模型和软件工具才能较好地管理和分配卫星资源。

本书正是在这样一种背景下，重点针对前述问题，系统阐述了作者多年来在成像卫星任务规划技术方面积累的研究成果。本书主要面向管理科学与工程及遥感应用领域相关专业的研究生、科研工作者和工程技术人员，在编写过程中力求从应用实践出发，结合当前技术现状和未来的发展，扩展读者的视野和知识面，并为相关领域科研技术人员提供有实用价值的参考。

本书共分 9 章，主要内容有绪论、成像卫星任务规划问题、成像卫星任务规划理论基础、成像卫星任务规划预处理技术、多星一体化任务规划技术、卫星动态任务规划技术、卫星自主任务规划技术、多星联合任务规划系统、新的研究领域等，其中既包括了当前卫星应用的工程实践，也包括了部分前瞻性研究成果。第 1 章～第 3 章由贺仁杰编写，第 5 章、第 6 章由李菊芳编写，第 4 章、第 8 章由姚锋编写，第 7 章、第 9 章由邢立宁编写，贺仁杰负责全书的主编和统稿工作。

本书的撰写离不开阮启明博士、白保存博士、王军民博士、张正强博士等的无私奉献，他们为本书提供了很多素材，书中也包含了他们的一些研究成果。此外，龙运军博士协助完成了初稿的统稿工作。在此向他们表示衷心的感谢！

在撰写本书的过程中，我们参阅了大量的文献，书中所附的主要参考文献仅为其中的一部分，在此向所有列入和未列入参考文献的作者们表示衷心感谢！

本书在撰写过程中还得到了谭跃进教授、陈英武教授的关心和支持。徐雪仁高工和白鹤峰高工审阅了全书，并提出了中肯的修改意见。此外，本书的出版还受到了国家自然科学基金项目（编号 70601035、70801062）的支持和国防科技大学学术专著出版基金的资助，在此一并表示感谢！

限于作者的水平，书中难免有不妥与疏漏之处，敬请读者不吝赐教。

作　者

2010 年 9 月于长沙

目　录

第1章 绪　　论

1.1 成像卫星任务规划问题研究的背景和意义

成像卫星是利用星载遥感器从太空中获取地面图像信息的对地观测卫星[1]，具有覆盖范围广、运行时间长、不受国界和空域限制、无须考虑人员安全等独特优势。成像卫星主要分为光学成像卫星和雷达(微波)成像卫星两大类，光学成像卫星采用可见光、红外、多光谱相机成像，而雷达成像卫星采用SAR遥感器进行成像。可见光成像卫星具有空间分辨率高等优点，但不能全天候、全天时工作；雷达成像卫星不受白天、黑夜及云雾的影响，具有一定的穿透能力[2]。目前，成像卫星在灾害防治、环境保护、城市规划及农业、气象等许多领域都发挥了重要作用，也得到了世界各国的高度重视[1~6]。

1960年8月，美国成功地发射了世界上第一颗用于军事侦察的成像卫星，使得战争中的侦察手段发生了质的变化。锁眼系列照相侦察卫星就是美国60年代开始使用的侦察卫星，主要有KH-1、4、5、6、7、8、9、11、12等9种型号，分辨率由3～5m发展到0.1m。美国也在大力发展雷达成像卫星，“长曲棍球”雷达成像卫星可全天候、全天时进行观测，图像分辨率达到0.3～1m。

法国自1986年至2002年发射了5颗SPOT系列的卫星，并与欧盟其他国家共同发射了2颗高分辨率光学成像卫星，即Pleiades卫星计划。德国国防部研制了5颗SAR-Lupe小型雷达卫星，其分辨率估计可达到0.5m。此外，印度、以色列、日本、韩国等国家也在大力发展军事及民用的成像卫星。

我国已经发射了多颗成像卫星，如与巴西合作的CBERS系列卫星，最高分辨率能够达到4m；另外，还有用于环境监测的HJ系列卫星等。这些成像卫星在军事、民用方面发挥了重要作用，其观测能力越来越强，地面分辨率也越来越高。

在实际应用中，对卫星实施成像的管控流程大致如下：首先由用户提出成像任务请求，成像卫星地面任务管理系统根据成像任务属性信息(目标位置、分辨率和优先级等)、卫星属性信息(卫星轨道预报、卫星有效载荷状态等)和约束条件(能量约束、侧视角约束、太阳高度角约束、云量约束、相机开关机时间约束、侧视次数约束、星载存储器容量约束等)进行任务规划；然后依据任务规划结果生成载荷控制指令，在确认无误后，经由地面测控设备将载荷指令发送至成像卫星，由成像卫星执行指令；再将获得的影像数据发送给地面接收设备，由其他地面应用系统进行处理，最后将处理后的数据发送给用户。对卫星实施成像的管控过程通常都具有周期性。

从以上卫星实施成像过程中可以看出，任务规划在整个成像卫星业务应用过程中起着关键的作用，主要解决如何对多颗卫星资源进行有效的分配与调度，制定卫星的观测计划，以最大限度地完成用户提交的任务，其结果直接影响到成像卫星系统的任务执行效果。

在成像卫星技术发展之初，由于卫星载荷能力有限，用户任务也相对较少，任务的成像时间和成像角度都相对固定，卫星管理控制比较简单，任务规划问题也不突出。随着成像卫星技术的发展和地面影像数据需求的增加，卫星开始需要调整遥感设备的侧视角度选择地面目标进行成像，在安排成像过程中必须考虑多种成像约束以保证卫星安全可靠地运行和成像计划的顺利实施。由于成像卫星高速运行于近地轨道，所以对地面实施成像都受到卫星同目标的可见时间窗限制，又由于卫星成像设备在一定时间内姿态调整的能力有限，在成像任务之间进行动作转换需要满足多种约束条件。一般而言，不能对一次任务规划时间范围内所有的任务请求进行成像，卫星每次执行的任务是任务数据集合的一个子集，不能满足用户提出的所有任务请求。

为了缓解这种供求矛盾，越来越多的成像卫星出现在空间中执行对地观测的任务。但是尽管在轨运行的卫星数量不断增加，相对于迅速增长的影像数据需求，有限的成像卫星资源仍然显得异常宝贵。为了充分利用成像卫星资源，需要针对用户成像需求，对多颗成像卫星进行统一管理，均衡考虑各种因素，传统的手工或简单的推理计算已不能满足卫星日常管理和指挥控制的需求，必须借助于适当的数学模型和软件工具才能较好管理和分配卫星资源，以最大化满足用户日益增长的成像需求。

虽然目前已有一些有关卫星任务规划问题的研究和相关软件系统（有关这些研究在下节将详细介绍），但这些研究都缺乏问题分析、模型、算法以及最终软件系统的完整分析，并且大多数研究都同具体卫星系统及任务密切相关，不能很好地满足我们的实际需要。随着用户成像需求的日益增加、卫星数量的增加、不同类型的成像卫星的出现（如自主卫星），成像卫星任务规划技术显得更加重要。基于此，本书针对不同任务情形下的成像卫星任务规划问题进行研究，力求形成一系列有效的成像卫星任务规划技术。

1.2　成像卫星任务规划问题研究现状

随着成像卫星的发展，成像卫星任务规划问题也逐渐引起重视。目前，国内外已经开展了很多成像卫星任务规划问题的研究。

1.2.1 单星任务规划

国内外关于单星任务规划的研究比较多，本节将从国外研究现状和国内研究现状两个方面来综述单星任务规划技术的研究现状。

1. 国外研究现状

按照任务类型分类，可分为面向点目标的成像卫星任务规划与面向区域目标的成像卫星任务规划问题。点目标相对较小，通常是一个较小的圆形或矩形区域，能够被成像卫星单次观测完成。区域目标通常是一个较大的区域，需要卫星多次观测才能完全覆盖。

1）面向点目标的单星任务规划

成像卫星任务规划问题涉及计算机科学、运筹学及人工智能等多个学科，不同领域的研究人员分别从不同角度提出了各自的建模方案。主要有数学规划模型、约束满足模型、序列决策模型、基于图论的模型及将问题映射为车间调度问题、多维背包问题而建立的模型等[7~12]。

Bensana 等[13]和 Gabrel[14]在研究 SPOT 5 卫星日常任务规划时，通过简化某些约束，建立了整数规划模型。Song 等[12]研究了单颗成像卫星在一个地区内有多个相互冲突的任务需求时如何选择一个合适的场景，使每个可见时间窗的收益最大，建立了非线性规划模型。

Wolfe 等[15]研究了每个任务只有一个时间窗的成像卫星任务规划问题，将成像卫星任务规划问题映射为带时间窗约束的背包问题，建立了相应的整数规划模型。Vasquez 等[16]将 SPOT 5 卫星的日常规划映射为背包问题，建立了约束满足问题模型。Pemberton 等[17,18]建立了约束满足问题模型，使用 ILOG Solver/Scheduler 执行基于约束传播的求解机制，开发了商业化卫星任务规划系统 GREAS。Nicholas 等[19]将单星任务规划问题看作单机调度问题，建立了相应的整数规划模型。

以上研究大多基于一些简化模型，忽略了卫星的某些实际运行约束。例如，Wolfe 等[15]和 Nicholas 等[19]的研究中均没有考虑存储容量的限制和数据传输任务。Bensana 等[13]和 Vasquez 等[16]考虑了存储容量的限制，但没有考虑数据传输任务。

此外，还出现了一些针对具体卫星的专用任务规划系统，如美国国家航空航天局（NASA）针对 Landsat 7 卫星设计的规划系统[20]、EO-1 卫星的 ASPEN 系统[21]、ASTER 调度系统[22]以及美国 Orbit Logic 公司为 OrbView-3 卫星开发的 OrbView Tasking System 等[23]。这些专用系统都是同具体的应用卫星相关联的，模型设计同具体星载设备密切相关，不具有一般性和通用性，不能直接应用于其他的卫星系统。例如,在 ASTER 调度系统中,星上各观测设备是独立考虑的,每个设备被分配固定存储空间,如果某个设备不使用其存储资源,该资源也不能为其他设备利用,从而不能实现最优规划结果。

2) 面向区域目标的单星任务规划

区域目标通常是一个较大的区域,需要卫星多次观测才能完全覆盖。面向区域目标的成像卫星任务规划问题的研究工作起步较晚,目前国外仅有美国麻省理工大学的 Walton[24]、美国 NASA 喷气推进实验室(JPL)的 Cohen[25]、法国欧空局的 Lemaître 等[26,27]和澳大利亚国防部的 Rivett 等[28]进行了一定研究。

Walton[24]研究了面向单个区域目标的成像卫星任务规划问题,将问题分解成区域目标分解和观测活动排序两个子问题,将区域目标分解映射为集合覆盖问题(set covering problem,SCP),以最小化场景数为原则,将区域目标分解为互不重叠且大小相等的场景。将观测活动排序子问题映射为旅行商问题,并构造了整数规划模型。Walton[24]分别采用最近邻点法(nearest neighbor)、多片断(multiple fragment)、最小生成树(minimum spanning tree)以及基于 2-Opt 和 2-H-Opt 型邻域的局部搜索算法求解面向单个区域目标的单星规划问题。其区域目标分解方法不适合推扫式遥感器,任务规划模型与算法只能处理范围较小的区域目标。另外,其模型和算法都比较简化,没有考虑多星、多区域目标以及星载遥感器与区域目标有多个可见时间窗的情况。

Cohen[25]研究了单星对多个区域目标的任务规划问题,但是没有给出区域目标分解、数学模型及求解算法的详细内容。其在文献中指出下一步研究方向将是多星对区域目标的联合调度。

Lemaître 等[26,27]研究了灵巧卫星(agile earth observing satellite,AEOS)对区域目标的观测调度问题:首先将区域目标分解成为一系列相互紧邻、互不重叠的条带;然后以对区域目标的最大覆盖为优化目标建立了约束满足问题模型。Lemaître 等[26,27]比较了贪婪、动态规划、约束规划及局部搜索等四种算法,研究结果表明,仅考虑线性约束的情况下,动态规划算法效果较好,贪婪算法速度快但得到的结果较差,而局部搜索算法在考虑所有约束的情况下性能最好。Lemaître 等只考虑了卫星单次过境的情况,没有考虑卫星多次过境以及多星协同的情况。

除了以上理论研究外,目前许多卫星的调度系统也能在一定程度上满足对区域目标的观测需求。这些系统采用预先定义的参考系统对区域目标进行分解,将区域目标分解为多个单景,然后将这些分解结果看作点目标进行调度。例如,美国 Space Imaging 公司依据全球参考系统(worldwide reference system,WRS)规划 Landsat 卫星的观测活动。该参考系统以 Path/Row 坐标系表示,观测某个区域目标时,需要根据 WRS 选择与区域目标相关的场景进行调度。法国 SPOT 卫星采取的是网格参考系统(grid reference system,GRS),该参考系统以 K/J 坐标系表示。2003年发射的印度ResourceSat-1(IRS-P6)卫星也采用了类似的区域目标分解方法。预定义的参考系统没有依据不同卫星的参数特点对区域分解,不能充分发挥遥感资源的性能,因此,也会影响卫星对区域目标的观测效率。

由上可知,将区域目标分解为互不相交的点或条带,能够简化问题,并采用卫星对点目标的调度模型与算法求解,但出于提高卫星对区域目标观测效率的考虑,特别是多颗卫星对区域目标联合观测时,必须采取更加有效的分解方法。

2. 国内研究现状

国内在成像卫星任务规划领域从事研究的单位主要有:中国电子科技集团公司第五十四研究所[29,30]和中国人民解放军国防科学技术大学[31~39](以下简称国防科技大学)等。

第五十四研究所针对单颗卫星的日常规划开发了卫星照相规划管理软件,综合用户需求、轨道特性、有效载荷特性、信息传输机制等条件,利用可视化的分析决策设计思路规划卫星成像活动。该软件依靠规则进行决策分析,为计划编制人员提供决策辅助支持。该软件同具体卫星相关,卫星只执行星下点照相,不考虑遥感器姿态调整,也不考虑区域目标的成像需求,而且卫星成像计划的编制工作主要是依靠调度人员手工进行。

国防科技大学贺仁杰[34]研究了面向点目标的成像卫星任务规划问题,将其看作具有时间窗约束的多机调度问题,建立了混合整数规划和约束满足两种模型,并设计了相应的求解算法,模型中忽略了与数据存储和数据下传相关的约束。李菊芳[35]进一步考虑了数据存储和下传的情况,采用约束规划混合建模思想,建立了混合约束规划模型。王均[36]研究了全局优化模式下成像卫星综合任务规划问题,建立了数学规划模型,对基于阶段优化模式下的调度问题建立了有向图模型。张帆[37]对面向点目标的单星任务规划问题进行分析,采用图论思想建立了卫星成像多目标最短路径模型。

1.2.2 多星任务规划

本节也从国外研究现状和国内研究现状两个方面来综述多星任务规划技术的研究现状。

1. 国外研究现状

在多星任务规划方面,NASA及欧洲航天局ESA分别对此进行了一些研究。Globus等[40]建立了多星任务规划的约束满足问题模型,并考虑了任务需求的优先级及每颗卫星具有多个遥感设备的约束条件;但没考虑卫星的存储容量限制,也没给出求解的具体算法。

Morris 等[41]提出了一种基于模型的多星任务规划方法，并开发了 DESOPS (distributed earth science observation planning and scheduling)的原型系统，文献表明其模型和算法尚未实现，研究正在进行之中。

欧空局针对“宇宙-星团”(Cosmo-Pleiades)计划，开展了卫星星座的任务规划研究。其中，Cosmo-Skymed 星座包含 4 颗 SAR 卫星，Pleiades 星座包括 2 颗光学成像卫星。文献[42]～[44]针对两个星座分别建立了规划模型，并采用禁忌搜索、启发式等算法进行求解。

美国的一份 AD 报告在关于情报侦察任务规划问题的研究中，不仅考虑了多颗成像卫星，还试图同时考虑来自海、陆、空的无人机(unmanned aerial vehicle, UAV)等多种侦察设备，建立了多种侦察资源进行联合侦察的数学模型，并给出了三种优化目标，即未完成的侦察任务数量最小化、侦察设备的空闲时间最小化以及未达到任务要求的最低分辨率的差值最小化。

目前还有一些成像卫星任务规划的商用软件，主要有美国 Veridian 公司的通用资源、事件和活动的调度系统(generic resource event and activity scheduler, GREAS)和美国 AGI(Analytical Graphics Inc)公司的卫星工具包(satellite tool kit, STK)的调度模块 STK/Scheduler。这些软件具有一定的多星任务规划能力，但扩展性较差，定义并处理新约束困难，难以适应其他卫星系统，必须由其所属公司进行再次开发。

在多星任务应用需求的推动下，还出现了一些功能更强大的多星任务规划原型系统，如美国 Space Imaging 和 Orbit Logic 联合开发的多星采集规划系统(collection planning system, CPS)[45]，ESA 的多任务分析规划工具(multi-mission analysis and planning tool, MAT)[46]。CPS 软件的设计及调度算法都采用了和 STK Scheduler 类似的方法，从软件的说明文档来看，尽管其能针对多颗卫星进行任务规划，但其只能处理点目标的任务需求，不能处理区域目标等复杂的观测目标。MAT 软件能够处理用户灵活定制的任务需求，并采用了启发式算法及随机进化的贪婪算法求解，文献[46]中并未透露对任务的处理细节，问题模型和算法的效率也不清楚。

2. 国内研究现状

国内方面，李曦等[47,48]研究了多星对单个区域的任务规划问题，将区域目标按照经纬度划分网格，然后分别针对时间覆盖率优先和空间覆盖率优先建立了基于网格的数学模型。区域目标分解方式也只能提供几种遥感器固定姿态下的候选观测场景，没有考虑按照用户需求细分遥感器姿态，该划分方式的合理性及精确性都有待提高。

阮启明等[49,50]研究了多星对区域目标的观测调度问题，对区域目标的分解进行了很大改进，提出了网格空间的概念与构造方法，对区域目标按照不同卫星的轨道参数进行重复分解，证明能够提高多颗卫星对区域目标的观测效率。但这种划分方式得到的多个子任务间存在交叉覆盖，给算法实现带来了困难。阮启明[50]设计了贪婪随机变邻域搜索算法(greedy randomized variable neighborhood search, GRVNS)、禁忌搜索和模拟退火算法，提高了算法的求解效率。实验证明，采用GRVNS算法结果作为初始解的禁忌搜索算法的性能最好。

1.2.3 动态任务规划

德国的Varfaillie和Schiex[51]在研究欧洲航天局SPOT卫星调度问题时，针对新任务到达的情况，提出了一种动态处理思想，即新观测任务能够插入到调度方案中的充分必要条件是，由该任务插入而引起的初始调度方案中受到影响的其他任务必须能够在调度截止时间内重新安排位置，而不会引起冲突。换句话说，就是初始调度方案中的任务可以改变其调度位置，但不能被从初始调度方案中删除。这种思想事实上是以保证卫星应用的服务质量为主要目标，即一旦任务列入方案，就一定要完成。

2002年，法国沃瑞蒂安(Veridian)公司的皮姆伯顿(Pemberton)等首次对于多卫星动态调度需求进行了分析[52]，将多卫星动态调度需求分为四种，包括卫星资源状态的变化、新任务的到达(插入)、任务机会的选择和环境不确定性的影响等，论述了该问题是一种连续规划/调度问题的一般特点，指出连续两个方案之间的差距要最小的主要求解要求。

2002年10月，美国NASA在报告中提出[53]，将以动态约束满足技术为基础，开发基于约束的规划(constraint based planning)系统，用于航天系统(包括卫星、飞机等)的规划，以提高其自动规划的能力。

对于多卫星动态调度问题的处理，从目前的资料来看，国外所实现的系统，基本上采用了静态的求解方法(完全重新建模求解)：当问题发生变化以后，将变化后的问题作为新的调度问题，然后进行重新求解。从理论上讲，这种方法可以解决调度问题，但往往所得到的新调度方案与原调度方案的差距很大，甚至完全改变了初始调度方案。这对于卫星应用实践是十分不利的。

在对成像侦察卫星的工作原理和用户需求分析的基础上，国内国防科技大学的刘洋基于动态约束满足理论和方法，建立了成像侦察卫星的初始调度模型[39]，给出了初始模型的求解算法，并针对卫星状态变化和用户需求增加这两种动态变化情况，建立了动态调度模型，给出了求解算法，最后给出了应用实例，说明了所提模型和算法的有效性。

王军民在总结和分析国内外相关研究工作的基础上，采用鲁棒性调度方法求解动态条件下的成像卫星调度问题[38]，将成像卫星鲁棒性调度分为鲁棒性调度方案生成和鲁棒性调度方案动态调整两个阶段,提出了成像任务收益的计算方法和基于邻域的鲁棒性指标,建立了成像卫星鲁棒性调度模型;针对成像卫星鲁棒性调度模型,提出了基于偏好的分层多目标遗传算法;提出了任务最早开始执行时间和最晚开始执行时间的计算方法,给出了遗传操作的可行性分析和参数更新方法;针对成像卫星鲁棒性调度方案动态调整问题,建立了成像卫星动态调度模型,提出了动态插入任务启发式算法。

1.2.4 自主任务规划

卫星自主运行是航天工业关注的一个重要课题,其主要挑战在于如何设计系统,使得将底层功能模块与高层决策模块集成起来,实现卫星的自主控制,即卫星能对其动作进行自主规划。

目前,NASA、美国国防部、欧洲航天局等很多机构都在研究卫星的自主控制技术以支持卫星的自主运行,完成复杂的任务目标。具体的项目计划有:美国的深空探测计划、星际漫游者(像火星旅行者)、基于空间的观测系统(像哈勃太空望远镜)及欧洲航天局的星载自主计划(project for on-board autonomy,PROBA)。

在NASA的深空航天器DS-1上采用的Remote Agent自主控制系统,是首个在任务过程中对航天器进行自主闭环控制的软件,其核心为星载RAX-PS(remote agent experiment planner/scheduler),主要生成一个可在航天器上安全执行的规划,来获得指定的高层目标[54]。

Muscettola针对哈勃太空望远镜的短期调度开发了一个集成的规划与调度系统HSTS(heuristic scheduling testbed system)[55],采用规划与调度的集成观点描述和求解哈勃太空望远镜的在线决策问题。

欧洲航天局的PROBA计划[56]验证了新的星载技术和星载自主技术的发展潜力和优势。2003年,NASA在EO-1航天器上验证了几项综合自主技术,其星载规划与调度功能是由规划软件CASPER(continuous activity scheduling planning execution and replanning)[57]提供的。

1) RAX-PS

1999年3月17日,NASA启动了第一个运行在航天器飞行软件上的基于AI的规划/调度系统RAX-PS。作为自主控制系统的一部分,星载RAX-PS的主要任务是根据飞行任务,产生约束各分系统的计划。图1.1是它的系统原理图,由两部分组成:一个是通用的规划引擎,由搜索引擎和规划数据库组成;另一个是专用的知识库,由启发函数和域模型组成。

规划与调度系统工作时必须了解被规划对象的结构、功能、资源以及各种约束条件等,RAX-PS采用域描述语言(domain description language,DDL)[58]对其进行描述,这些描述构成规划系统的域模型。DDL用状态变量描述卫星的各个功

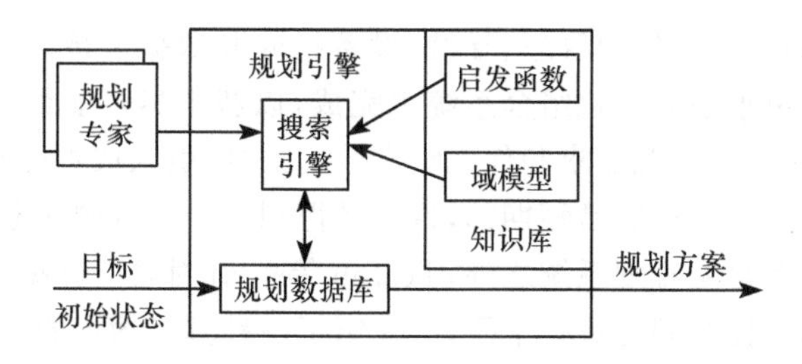

图 1.1 RAX-PS 系统原理图

能，最终飞行计划由一系列状态变量的取值组成，这些变量取值代表航天器的各种基本功能。每个取值都有各种约束条件，代表实现这些功能的前提条件，这些约束条件在进行规划时就成为操作规则。在规划域模型的基础上，该系统建立了基于约束的规划与调度模型。系统任务请求与系统初始状态一起作为模型的输入条件，规划引擎利用各种约束传播算法作为产生规划方案的主要手段。求解算法首先选择没有解决的冲突，通过约束传播产生一个约束网络。当约束网络一致时继续解决下一个冲突，直到没有冲突为止。当约束网络不一致时，采用回溯算法重新求解。在这个过程中常用启发函数加快求解过程。

2）CASPER

TechSat 21 星座中的卫星以及 EO-1 航天器上都使用了 ASE(Autonomous Sciencecraft Experiment)[59]软件。ASE 的决策模块为 CASPER，负责自主规划功能。CASPER 在考虑航天器操作和资源约束的条件下对科学活动进行规划。CASPER 用通用建模语言来表示所有的操作约束，建立航天器的约束模型，然后对这些约束进行推理生成新的考虑航天器操作、任务约束和资源约束的规划，使用局部搜索算法进行模型的求解。CASPER 生成的操作计划包括：决定下个飞行周期，以确保航天器指向合适的位置，确保有充足的电力和可用的存储空间，确保有合适的校准图像获取，确保设备为数据获取做好准备工作。CASPER 还能根据先前轨道圈所观测到的结果，重新规划包括下传在内的活动，是一个星载的、动态的、连续的规划过程。

3）PROBA

PROBA 是欧洲航天局通用研究计划中的一个项目，于 1998 年实施，目的是通过自主操作技术来验证小型、低成本任务的可行性。其主要有效载荷是地球观测遥感器 CHRIS(compact high resolution imaging spectrometer)，CHRIS 具有自主性，其观测请求是面向目标的(如一个观测请求包括目标位置和观测持续时间)，卫星将观测请求转变为一个包含了活动规划、资源管理决策和卫星指向的控制命令集。

所有与有效载荷设备操作有关的准备、命令和数据处理活动都在星上进行规划，其中包括规划、调度、资源管理、导航、设备指向和数据下传。规划和调度功能由一个星载的约束求解和优化组合系统来完成，以获得尽可能最优的数据。每个任务都有相关的约束、资源需求和优先级参数。并且，引入成本函数对长期规划进行优化，相对而言，任务调度是短期的，目的是得到一个可行的任务序列。

除了以上几个自主规划系统之外，Teston 等[60]针对航天器编队中单个航天器的局部命令与自主控制问题进行了研究，介绍了一种基于约束的时间自动机方法，并给出了调度的可行性判断条件。

在国内，针对卫星自主控制问题的研究主要集中在中国科学院空间科学与应用研究中心、哈尔滨工业大学以及国防科技大学等单位，研究比较有代表性的是中国科学院空间科学与应用研究中心的代树武、刘洋等。代树武在其博士后学位论文[31]中，对地球观测卫星的智能规划与调度技术进行了深入的研究，采用特征变量和功能模型描述卫星模型，采用最短路径算法为每个指令分配执行时间。这种算法计算量很大，不能满足实时规划的要求，不适应自主航天器的动态观测环境。刘洋在其硕士学位论文[61]里对卫星有效载荷的规划与调度问题进行了研究：将问题归结为一个资源受限条件下的任务规划与调度问题，采用基于优先级的动态规划算法进行求解，仿真结果证明其研究可行有效，但是算法的计算量依然很大，不能满足自主卫星的动态需求。

1.2.5 任务规划算法

现有研究大多将成像卫星任务规划问题建模为优化问题，然后采用各种优化算法进行求解。应用的优化算法从本质上可分为最优化算法、基于规则的启发式算法和智能优化算法三大类。

1. 最优化算法

成像卫星任务规划问题与背包问题类似，同为 NP-hard 问题，难于求解[10]。文献[31]提到，给定 N_S 个遥感设备和 N_T 个成像目标，假设所有遥感设备都有能力完成对任意目标的观测，则可能解的数目将有 $(N_S/2)\cdot(N_T-1)!$ 个。若有 5 颗卫星和 20 个目标，则资源分配的可选方式将有 6.1×10^{17} 个；若有 10 颗卫星和 25 个目标，可能解的数目将有 3.1×10^{24} 个；由此可见成像卫星任务规划问题的指数爆炸特征十分明显。

许多研究表明，最优化算法只能解决小规模的单星成像任务规划问题[62～65]。例如，文献[51]使用穷尽搜索的思想求解小规模的卫星任务规划问题。Pemberton 等[17]提出了迭代求解的方法，即先按照某种规则对所有的目标进行排序并分组，然后按照顺序对每组中的目标采用完全算法求得最优解。文献[65]在加权约束满足模型的基础上提出了 Russian Doll Search 算法，其思想类似于分枝定界法，将一个搜索分解成连续的、多嵌套的子问题，保留每次子问题的搜索结果，用这些结果来调整较大的嵌套问题的下界，从而达到提高搜索速度的目的。Bensana等[13]采用多种完全搜索算法(深度优先搜索、动态规划、Russian Doll Search)对SPOT-5卫星的任务规划进行求解。

2. 基于规则的启发式算法

基于规则的启发式算法具有简单、直观、便于实现、运算效率高等优点，是现实成像卫星任务规划系统中应用较多的算法。最常见的为基于优先级的规则，即优先安排高优先级的任务，并选择较早的时间窗。

文献[20]、[21]在Landsat 7任务规划系统中首先按照最早结束时间贪婪安排所有的任务，然后依据优先级替换已安排的任务和未安排的任务。Muraoka等[22]在Aster规划系统中以目标的重要等级为依据，采用贪婪算法安排目标成像。Nicholas等[19]分别从时间窗价格和任务的机会成本等角度，设计并比较了8种启发式算法，文献说明综合利用这些启发式算法能够得到接近问题上界的解。文献[35]通过分析我国资源卫星的特点，提出了目标选择规则、遥感器适应性规则、图像质量优先规则及目标访问参数优化规则，并依此提出了任务规划算法。

许多研究在基于规则的贪婪搜索中加入随机因素，以获得更好的解。Frank采用基于启发式的随机搜索算法(heuristic biased stochastic search，HBSS)设计了多种启发式规则，取得了一定效果。还有一些学者采用基于启发式的随机取样算法，综合考虑任务优先级、任务剩余观测机会及资源竞争度，并加入随机因素，获得了满意的结果。

3. 智能优化算法

模拟退火(simulated annealing，SA)、禁忌搜索(tabu search，TS)、遗传算法(genetic algorithm，GA)、拉格朗日松弛算法等智能优化算法在求解组合优化问题方面显示了较强的能力，在成像卫星任务规划领域中也得到了许多应用。

Vasquez等[16]在SPOT-5卫星的规划中采用禁忌搜索得到良好的结果。Oddi等[64]在对“火星快车号”探测车数据下传问题的研究中，采用了由贪婪算法和禁忌搜索算法合成的分步求解算法。Cordeau等[65]针对单星在单个轨道圈次内的规划问题，采用禁忌搜索算法进行求解。通过对任务和成对任务分别进行插入、移出、替换操作，构造6种邻域结构，并且在搜索过程中允许违反一定的时间窗约束，当违反时间窗约束时加入惩罚参数，并采用连续分化、添加扰动、内部交换以及重排策略。李菊芳[35]提出了变邻域禁忌搜索和导引式禁忌搜索，前者通过交替采用不同类型的邻域结构，提高了禁忌搜索算法对不同区域的探索能力，后者则在具有长期记忆能力的导引式局部搜索算法的基础上，融合了禁忌搜索的短期记忆特点，在求解质量和求解速度上具有良好的性能。Kuipers[66]针对灵巧卫星的单圈任务规划问题,采用类似方法,取得了良好的效果。

Lin[67]将单星任务规划问题看作带有时间窗约束,且机器准备时间与任务间顺序相关的单机调度问题,采用拉格朗日松弛方法,将主问题分解为几个子问题,并采用线性规划技术求解。

美国空军技术研究院最先对遗传算法在成像卫星任务规划中的应用开展了研究[66]。Wolfe等[15]在遗传算法的种群进化过程中,结合基于优先级的贪婪算法(priority dispatch)与前看(look ahead)技术,引入任务执行决策变量和任务执行位置决策变量,加快了搜索速度。Bonissone[68]将领域知识引入进化算法,通过显性知识和隐性知识,处理卫星成像过程中的静态和动态约束,解决了一个包含25个卫星的星座的任务规划问题。张帆[37]采用遗传算法针对单星任务规划问题提出了多目标最短路径优化算法,同时求解多条优化路径,然后通过预定义的策略选择出最终的任务规划方案。王均[36]提出了基于SPEA2及NSGA2遗传算法框架下的多目标任务规划算法。

4. 算法的比较

很多学者针对不同算法的性能进行了比较分析。文献[15]比较了贪婪算法、具有前看功能的贪婪算法以及遗传算法,实验证明采用遗传算法可以较大幅度地改进贪婪算法的规划结果。文献[13]在SPOT-5的规划问题中,分别比较了完全搜索算法和非完全搜索算法在不同规模问题下的计算性能,实验证明,当问题规模较小时,采用完全搜索算法可以得到问题的最优解;但问题规模较大时,完全搜索算法不可行,采用禁忌搜索算法可以在合理时间内得到问题的满意解。文献[36]通过比较列生成法与禁忌搜索算法的性能,也得到了相似的结论。文献[45]比较了爬山法、模拟退火算法和遗传算法,结果证明模拟退火算法具有更好的性能。

1.2.6 研究现状总结

从上述相关工作的介绍可以看出,成像卫星任务规划问题与实际应用结合紧密,是工程应用中亟待解决的问题,已经得到了世界各国研究人员的广泛关注,并取得了丰富的成果,但是还存在一些问题有待于进一步研究。

1. 点目标和区域目标的综合处理

成像卫星的观测任务包含点和区域两类目标,实际应用中往往不会采用分别处理的方式,但两类目标在处理方式、收益评价等方面存在差异,造成将两类目标综合调度存在一定困难。少数研究简化了区域目标的分解过程,将区域目标简单分解为多个互不相交的子任务,将各个子任务视为“点目标”,从而将两类目标综合规划。这种分解方式存在很大弱点，不能充分发挥卫星对区域目标的观测能力。

2. 任务合成

成像卫星对任务合成观测能极大提高卫星的观测效率，尤其对于侧摆机动性能较差的卫星来说，意义更加突出。现有成像卫星任务规划问题的研究中，大多没有考虑任务合成问题，少量研究仅在卫星调度前对某些任务进行预先合成，其效率难以保证。多颗卫星对任务间的合成观测存在很大组合复杂性，必须结合此类卫星的使用特点，研究卫星对任务的优化合成方案，以提高卫星的观测效率。

3. 成像卫星任务规划的准确建模

问题模型的正确性、准确性决定了优化结果的可信度和有效性。很多现有研究将成像卫星调度抽象为车辆路径问题、背包问题等经典问题，并应用成熟算法来进行求解。但采用标准问题建模往往要忽略实际问题的某些关键要素，导致模型不够精确，影响了调度结果的实用性。如成像卫星调度中的任务合成是影响卫星观测效率的重要因素，但仅有少量研究进行了考虑，也只是把任务合成作为调度前的一项预处理工作，未把它作为模型中的优化因素进行考虑，这显然是不够的。

4. 高效的求解算法和优化机制

多星组网是成像卫星应用的一个重要发展趋势，但多颗成像卫星任务规划相对于单颗成像卫星来说，资源数量及任务数量均显著增加，问题规模成指数级增长，复杂度也急剧增加。任务中包含区域目标时，任务被分解为多个子任务，子任务间还存在复杂的覆盖关系，多个任务间合成的组合优化更增加了成像卫星任务规划问题的求解难度。现有算法中，精确算法只适用于小规模问题。基于规则的启发式算法速度较快，但解的质量难以保证。禁忌搜索、模拟退火等邻域搜索算法的效果较好，但必须保证具有足够的迭代次数和计算时间。因此，必须结合问题特征，研究更有效的优化机制和算法。

5. 动态任务规划方法

现有研究主要集中于常规任务规划技术，常规任务规划假定有关卫星任务规划的所有信息都是确定的，没有卫星资源故障等扰动发生，规划方案一旦生成后就不再变动。从卫星应用实际情况来看，卫星所处环境、用户需求和卫星状态，都是不断变化的过程，如传感器失效或卫星失控使得卫星资源不可用，导致初始规划方案无法继续执行。因此有必要研究动态任务规划技术，针对发生的用户需求变更、资源故障等特殊情况，解决任务规划方案的鲁棒性和动态调整方法。

6. 自主任务规划技术

现代小卫星快速、灵活、高效，成本低廉，便于组网，因此成为未来卫星发展的一个主要趋势。在小卫星技术发展的不断推动下，以分布式卫星系统来完成复杂的大卫星难以完成的功能或替代越来越复杂的大卫星功能，已经成为未来成像卫星系统的发展趋势。因此，研究分布式卫星系统的自主任务规划与管理控制技术具有广阔的应用前景和重要意义。

1.3 本书的主要内容和安排

本书围绕成像卫星任务规划问题展开，以不同类型的成像卫星任务规划模型和算法为核心对成像卫星任务规划技术进行了详细阐述。

第 1 章为绪论，介绍了成像卫星任务规划问题的研究背景，全面综述了国内外研究现状，介绍了本书的主要内容和章节安排。

第 2 章详细阐述了成像卫星任务规划问题，描述了卫星成像的基本原理、成像卫星地面管控的基本流程；分析了成像卫星任务规划问题的约束条件和基本输入输出。

第 3 章阐述了成像卫星任务规划理论基础。机器调度理论和智能优化方法是目前成像卫星任务规划技术最重要的理论基础。

第 4 章阐述了成像卫星任务规划预处理技术。任务预处理主要根据任务的相关属性，选择满足条件的卫星资源，并依据卫星对任务的时间窗对区域目标等复杂任务进行分解。

第 5 章阐述了多星一体化任务规划技术。在深入分析卫星对各类目标的调度特点以及任务合成特性的基础上，建立了考虑任务合成的成像卫星调度模型，提出了动态合成启发式及快速模拟退火两种基于整体优化策略的算法。

第 6 章阐述了卫星动态任务规划技术。提出了面向动态环境的鲁棒性调度的概念和基于邻域的鲁棒性指标，建立了成像卫星鲁棒性调度模型；针对成像卫星鲁棒性调度模型，提出了基于偏好的分层多目标遗传算法 PHMOGA；针对成像卫星鲁棒性调度方案动态调整问题，建立了成像卫星动态调度模型，提出了动态插入任务启发式算法 DITHA。

第 7 章阐述了卫星自主任务规划技术。在分析分布式卫星系统特点的基础上，设计了自主任务规划与控制的框架，提出了基于多 Agent 协商的自主任务规划技术。

第 8 章介绍了多星联合任务规划系统。首先介绍系统的基本框架和工作流程，然后详细介绍各个模块的功能。

第 9 章介绍了成像卫星任务规划未来的一些新的研究领域。

参考文献

[1] 总装备部卫星有效载荷及应用技术专业组应用技术分组. 卫星应用现状与发展. 北京：中国科学技术出版社，2001.

[2] 王永刚，刘玉文. 军事卫星及应用概论. 北京：国防工业出版社，2003.

[3] 张钧屏，方艾里，万志龙. 对地观测与对空监视. 北京：科学出版社，2001.

[4] 夏洪流，曾华锋，周刚. 现代侦察监视技术. 北京：国防工业出版社，1999.

[5] 李志林，岑敏仪. 高分辨率卫星图像的回顾和展望. 铁路航测，2001，1：1-14.

[6] 王卫安，竺幼定. 高分辨率卫星遥感图像及其应用. 测绘通报，2000，6：20-21.

[7] 文沃根. 高分辨率 IKONOS 卫星影像及其产品的特性. 遥感信息，2001，9：37-38.

[8] 吴培中. 重视卫星应用的预先研究. 卫星应用，1997.

[9] 冯健翔. 人工智能航天应用研究. 北京：宇航出版社，1999.

[10] Pinedo M L. Scheduling: Theory, Algorithms, and Systems (3rd ed). Berlin: Springer, 2008.

[11] Analytical Graphics Inc. Satellite Tool Kit 5. 0, 2003.

[12] Song D, Frank A, van der Stappen, et al. An exact algorithm optimizing coverage-resolution for automated satellite frame selection. Proceedings of the IEEE International Conference on Robotics and Automation, 2004: 63-70.

[13] Bensana E, Verfaillie G, Agnese J C, et al. Exact and Approximate Methods for the Daily Management of an Earth Observing Satellite. Symposium on Space Mission Operations and Ground Data Systems. Dordrecht: Kluwer Academic, 1996.

[14] Gabrel C M V. MP for Earth Observation Satellite Mission Planning. Operations Research in Space and Air, Series: Applied Optimization, 2003.

[15] Wolfe W J, Sorensen S E. Three scheduling algorithms applied to the earth observing systems domain management science, 2000, 46(1): 148-168.

[16] Vasquez M, Hao J K. A "logic-constrained" knapsack formulation and a tabu algorithm for the daily photograph scheduling of an earth observation satellite. Computational Optimization and Applications, 2001, 20(2): 137-157.

[17] Pemberton J, Galiber F. A Constraint-Based Approach to Satellite Scheduling. Proceedings of Constraint Programming and Large Scale Discrete Optimization. Piscataway, 2001.

[18] Pemberton J. Towards scheduling over-constrained remote sensing satellites. Proceedings of the 2nd International Workshop on Planning and Scheduling for Space. San Fransisco, 2000.

[19] Nicholas G H, Magazine M J. Maximizing the value of a space mission. European Journal of Operational Research, 1994, 78(2): 224-241.

[20] Sherwood R, Govindjee A, Yan D. Aspen: EO-1 mission activity planning made easy. NASA Workshop on Planning and Scheduling for Space, 1997.

[21] Sherwood R, Govindjee A, Yan D, et al. Using ASPEN to automate EO-1 activity planning. Proceedings of the 1998 IEEE Aerospace Conference, Colorado, 1998.

[22] Muraoka H, Cohen R H, Ohno T, et al. ASTER observation scheduling algorithm. Proceedings of the 5th International Symposium on Space Mission Operations and Ground Data Systems. Tokyo, 1998.

[23] Herz A F, Mignogna A. Collection planning for the orbview-3 high resolution imaging satellite. Space Ops. 2006. Rome, 2006.

[24] Walton J. Models for the Management of Satellite-Based Sensors. Massachusetts Institute of Technology, 1993.

[25] Cohen R H. Automated spacecraft scheduling-the aster example. Jet Propulsion Laboratory: Ground System Architectures Workshop, 2002.

[26] Lemaître M, Verfaillie G. Daily management of an earth observation satellite: comparison of ILOG solver with dedicated algorithms for valued constraint satisfaction problems. Third ILOG International Users Meeting. Paris, 1997.

[27] Lemaître M, Verfaillie G, Jouhaud F, et al. Selecting and scheduling observations of agile satellites. Aerospace Science and Technology, 2002, 6(5): 367-381.

[28] Rivett C, Pontecorvo C. Improving satellite surveillance through optimal assignment of assets. Australian Government Department of Defence: DSTO-TR-1488, 2004.

[29] 陈金勇,冯阳,彭会湘.一种卫星照相规划软件的可视化设计与实现.无线电通信技术,2004,30(6):35-37.

[30] 陈站华.资源卫星任务安排测试方法的研究与实现.无线电工程,2005,35(3):62-64.

[31] 代树武.航天器自主运行关键技术的研究.北京:中国科学院空间科学与应用研究中心博士后论文,2002.

[32] 孙辉先,代树武.卫星的智能规划与调度.控制与决策,2003,18(2):203-206.

[33] 刘洋,代树武.卫星有效载荷的规划与调度.华北航天工业学院学报,2004,14(2):1-4.

[34] 贺仁杰.成像侦察卫星调度问题研究.长沙:国防科学技术大学博士学位论文,2004.

[35] 李菊芳.航天侦察多星多地面站任务规划问题研究.长沙:国防科学技术大学博士学位论文,2004.

[36] 王均.成像卫星综合任务调度模型与优化方法研究.长沙:国防科学技术大学博士学位论文,2007.

[37] 张帆.成像卫星计划编制中的约束建模及优化求解技术研究.长沙:国防科学技术大学博士学位论文,2005.

[38] 王军民.成像卫星鲁棒性调度方法及应用研究.长沙:国防科学技术大学博士学位论文,2008.

[39] 刘洋.成像侦察卫星动态重调度模型、算法及应用研究.长沙:国防科学技术大学博士学位论文,2004.

[40] Globus A, Crawford J, Lohn J, et al. Earth observing fleets using evolutionary algorithms: problem description and approach. Proceedings of the 3rd International NASA Workshop

on Planning and Scheduling for Space. NASA,2002.

[41] Morris R A,Dungan J L,Bresina J L. An information infrastructure for coordinating earth science observations. Proceeding of 2nd IEEE International Conference on Space Mission Challenges for Information Technology. Pasadena,2006.

[42] Bianchessi N. Planning and Scheduling Problems for Earth Observation Satellites:Models and Algorithms. Italy:Università degli Studi di Milano,2006.

[43] Bianchessi N,Cordeau J F,Desrosiers J,et al. A heuristic for the multi-satellite,multi-orbit and multi-user management of earth observation satellites. European Journal of Operational Research,2007,177(2):750-762.

[44] Bianchessi N,Righini G. Planning and scheduling algorithms for the COSMO-SkyMed constellation. Aerospace Science and Technology,2008,12(7):535-544.

[45] A K L,Smith S F. Maximizing flexibility:a retraction heuristic for oversubscribed scheduling problems. In Proc. 18th International Joint Conf. on AI,2003.

[46] Mougnaud P,Galli L,Castellani C,et al. MAT a multi-mission analysis and planning tool for earth observation satellite constellations. The 9th International Conference on Space Operations. Rome,2006.

[47] 李曦. 多星区域观测任务的效率优化方法研究. 长沙:国防科学技术大学硕士学位论文,2005.

[48] 祝江汉,李曦,毛赤龙,等. 多卫星区域观测任务的侧摆方案优化方法研究. 武汉大学学报(信息科学版),2006,31(10):868-870.

[49] 阮启明,谭跃进,李永太,等. 基于约束满足的多星对区域目标观测活动协同. 宇航学报,2007,28(1):238-242.

[50] 阮启明. 面向区域目标的成像侦察卫星调度问题研究. 长沙:国防科学技术大学博士学位论文,2006.

[51] Varfaillie G,Schiex T. Solution reuse in dynamic constraint satisfaction problem. Proceedings of the Twelfth Conference of the American Association of Artificial Intelligence,1994:307-312.

[52] Pemberton J C,Greenwald L G. On the need for dynamic scheduling of the image satellite. Pecora 15/Land Satellite Information IV/ISPRS Commission I/FIEOS 2002 Conference Proceedings,2002.

[53] Jonssop A K. NASA research center. Constraint Based Planning,2002.

[54] Muscettola N,Pandurang N P,Pell B,et al. Remote agent:to bodly go where no AI system has gone before. NASA Ames Research Center,1998.

[55] Muscettola N. HSTS:integrating planning and scheduling. *In*:Fox M,Zweben M. Intelligent Scheduling. San Fransisco:Morgan Kaufman,1994.

[56] 李平. ESA 的星上自主验证计划(PROBA). 飞行器测控学报,2000,3:52-60.

[57] Chien S,Knight R,Stechert A,et al. Using iterative repair to improve responsiveness of planning and scheduling. Proceedings of the Fifth International Conference on Artificial

Intelligence Planning and Scheduling, Breckenridge, 2000.

[58] Pell B, Bernard D, Chien S, et al. A remote agent prototype for spacecraft autonomy. Proceedings of the SPIE Conference on Optical Science, Engineering and Instrumentation, 1996.

[59] Cichy B, Chien S, Schaffer S. Validating the EO-1 autonomous science agent. International Workshop on Planning and Scheduling for Space, Darmstadt, 2004.

[60] Teston F, Creasey R. PROBA: ESA's autonomy and technology demonstration mission. 48th International Astronomical Congress, Turin, 1997.

[61] 刘洋. 卫星有效载荷规划与调度的算法及仿真. 北京:中国科学院空间科学与应用研究中心硕士学位论文, 2004.

[62] 徐雪仁, 宫鹏, 黄学智, 等. 资源卫星(可见光)遥感数据获取任务调度优化算法研究. 遥感学报, 2007, 11(1): 109-114.

[63] Bresina J L. Heuristic-biased stochastic sampling. Proceedings of the Thirteenth National Conference on Artificial Intelligence. Portland, 1996.

[64] Oddi A, Cesta A, Policella N, et al. Scheduling downlink operations in MARS-EXPRESS. Proceedings of the 3rd NASA Workshop on Planning and Scheduling. Huston, 2002.

[65] Cordeau J F, Laporte G. Maximizing the value of an earth observation satellite orbit. Journal of the Operational Research Society, 2005, 56(8): 962-968.

[66] Kuipers E J. Algorithm for the management of the missions of earth observation satellites. Fifth ROADEF Annual Conference. Avignon, France, 2003.

[67] Lin W C, Liao D Y, Liu C Y, et al. Daily imaging scheduling of an earth observation satellite. IEEE Transactions on Systems, Man, and Cybernetics-part a: Systems and Humans, 2005, 35(2): 213-223.

[68] Bonissone P P, Subbu R, Eklund N, et al. Evolutionary algorithms + domain knowledge = real-world evolutionary computation. IEEE Transactions on Evolutionary Computation, 2006, 10(3): 256-280.

第2章　成像卫星任务规划问题

任务规划系统是成像卫星任务管控平台的重要组成部分，在成像卫星地面业务应用系统中处于神经中枢的位置，其作用主要是解决成像卫星任务管理过程中的资源争用和任务冲突问题，优化卫星的使用效益。为了有助于读者理解，本章首先对成像卫星的工作过程进行了介绍；在此基础上对影响成像卫星任务规划的主要因素进行了分析，并总结了任务规划问题的基本输入、输出及约束条件；最后在合理简化的基础上，用数学语言对成像卫星任务规划问题进行了形式化描述。

2.1　成像卫星工作过程

虽然不同成像卫星的成像原理和有效载荷参数不同，但相对于成像卫星的任务调度问题，这些卫星的成像方式和成像约束条件有许多共同特点[1~4]。这些共同特点是进行成像卫星任务规划的基础。

2.1.1　对地成像覆盖

成像卫星一般采用近地极轨道环绕地球飞行，卫星飞行轨迹提供一维前向运动，星载遥感器侧视扫描提供垂直于轨迹方向的另外一维侧向运动，卫星每次通过地球上空时在地球上会产生一条二维扫描带，处于这个扫描带范围内的地面目标都有机会被卫星观测，如图2.1所示。

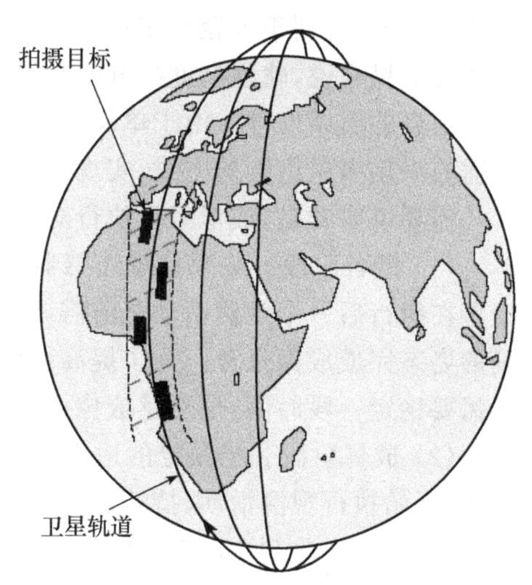

图2.1　卫星对地成像覆盖示意图

为了便于理解，首先给出如下一些术语的定义。

定义2.1　星下点轨迹[5]。卫星在地面的投影点(或卫星和地心连线与地面的交点)称星下点，可用地球表面的地理经、纬度来表示。卫星运动和地球自转使星下点在地球表面移动，形成星下点轨迹。

对于位于星下点处的地面观察者来说，卫星就在天顶。由于地球绕垂直于赤道平面的自转轴以 15°/h 的匀角速度自西向东自转,因而使得在旋转地球上的星下点轨迹有一定形状特点。星下点轨迹的意义在于它可用来确定成像卫星对地面的覆盖范围。

定义 2.2 对地覆盖[5]。成像卫星的对地覆盖就是卫星对地面的有效可视范围。

在成像卫星任务规划问题中,成像卫星对地面的覆盖是通过卫星星下点轨迹结合成像卫星最大侧视角度确定的;卫星在轨运行时,其最大侧视角度范围内所能够观测到的区域是一个以星下点轨迹为中线的带状区域,这个带状区域内的成像任务都可能被成像卫星实施成像。

定义 2.3 成像条带[5]。对地面进行成像时,成像卫星仍然处于高速运动状态,同时星载传感器都有一定的视场角,所以每次成像动作在地面上形成的都是一个具有一定幅宽的成像条带,成像条带的宽度和成像卫星的视场角相关。

定义 2.4 成像任务和成像任务方案[5]。由用户提出,需要成像卫星进行成像的地面成像目标称为成像任务。任务调度的结果称为成像任务方案。

定义 2.5 成像任务的成像侧视角和时间窗口。对于不在星下点轨迹上的成像任务,成像卫星对其成像时需要将传感器调整到特定的侧视角度以对准目标。成像任务的成像时间窗口是指卫星与任务目标相互可见的时间范围,是根据成像卫星的轨道参数和成像任务的地理位置所计算出的,成像过程必须在该时间窗口内完成。

卫星对地面覆盖情况直接影响着卫星对目标的可视程度,卫星离地面越高则覆盖区越大,有利于覆盖更多目标。考虑到地面分辨率因素,对于可见光和红外相机成像卫星来说,轨道高度越低则受气象、光照影响越小,分辨率就越高,更有利于图像信息的后续处理。由于单颗卫星对地覆盖范围和任务响应时间的局限性,通常需要采用多星组网的方式,实现对地全天候的观测。

需要说明的是,成像卫星执行对地观测活动时一般包含准备和成像两个阶段:

(1) 准备阶段。如果星载遥感器的相邻两个观测活动对应着不同成像姿态,卫星在执行后一个观测活动之前需调整星载遥感器指向,使星载遥感器能够以正确的姿态完成成像任务。为了提高图像质量,当星载遥感器调整到正确的指向后,还需要稳定一段时间,使遥感成像过程受到的扰动最小。

(2) 成像阶段。当预定的地面目标进入星载遥感器观测视场时,星载遥感器开机,开始执行观测活动,持续对地面目标成像直至预定的关机时刻,此时执行关机动作,结束当前观测活动,准备执行下一个观测活动。

2.1.2 成像卫星地面业务应用系统任务处理流程

成像卫星系统的基本任务是对地面感兴趣目标进行观测,系统中的卫星及地面设备都是为这个任务服务的。完整的成像卫星系统由卫星及其地面系统组成，是一个复杂的大系统[6]。就卫星的地面业务应用系统总体来看，除卫星地面测控任务管理外，通常包括四大部分，即卫星成像任务管理、成像数据接收、成像数据处理和成像数据分发服务[7]，如图 2.2 所示。

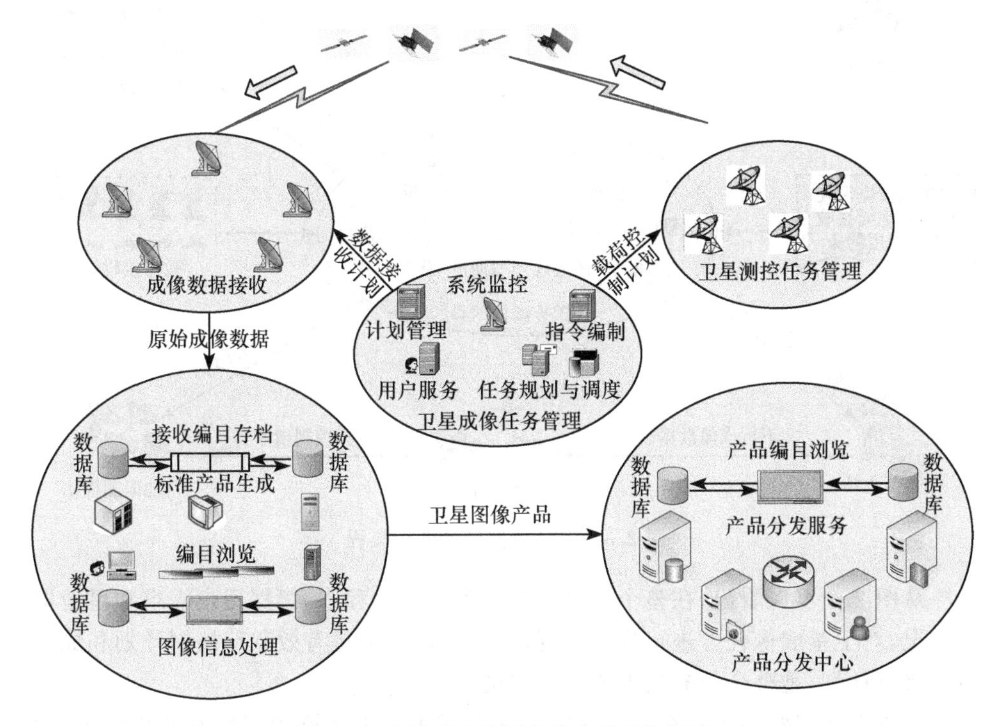

图 2.2 成像卫星地面业务应用系统组成

在成像卫星地面业务应用系统中，成像数据接收可由分布于不同地理位置的卫星地面站来完成数据接收任务。成像数据处理通常由专业化程度很高的数据处理中心来完成。成像数据分发服务可由一个分发服务中心和多个分中心通过高速数据传输网络组成，为不同地区用户提供数据分发服务。而卫星成像任务管理是整个成像卫星地面业务应用系统运行的核心，是卫星地面业务应用系统的重要组成部分，它包括根据用户需求和星地资源状况进行卫星成像任务规划，制定卫星观测计划，编制相应的卫星操作指令控制卫星有效载荷；根据各卫星地面站分布位置和设备工作状况制定相应的数据接收计划。

卫星成像任务的具体处理流程如图 2.3 所示，包括：①受理用户提出的成像数据需求；②根据卫星资源特性，对用户提出的成像数据需求进行预处理，分析需求满足可能性，对卫星成像任务做出初步分配；③结合地面数据接收资源情况和卫星资源的使用约束，依据特定的优化算法，对卫星成像任务进行规划和调度，得到优化的任务调度方案;④根据任务调度方案,制定卫星有效载荷控制计划和成像数据接收计划,控制卫星对地面目标进行观测,获取目标数据,指导卫星地面站接收成像数据。

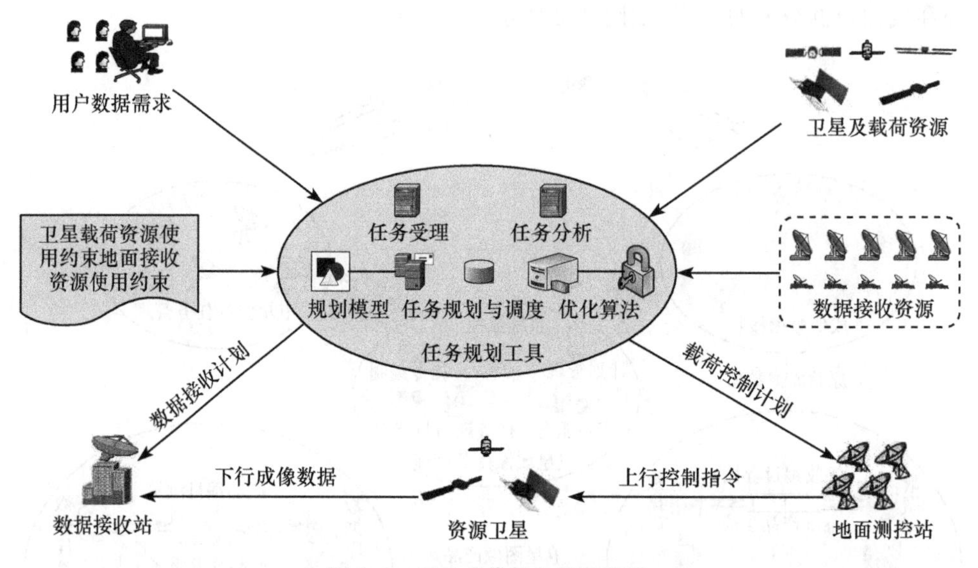

图 2.3　卫星成像任务处理流程

从图 2.3 可以看出,在整个卫星成像任务处理过程中,根据用户需求和星地资源状况,对卫星成像任务进行规划调度,制定具体的卫星有效载荷控制计划和成像数据接收计划,是整个任务处理流程的关键。

解决上述问题的重点在于如何根据任务需求和卫星资源特性及使用约束,同时考虑地面接收成像数据的可能性,建立成像卫星任务规划与调度模型,并对模型依据适宜的算法进行求解,以获得优化的卫星成像计划,最大化满足用户对成像数据的需求。

2.2　影响成像卫星任务规划的主要因素

影响成像卫星任务规划的因素主要包括:用户对成像任务的需求、卫星成像资源的可获得性和地面数据跟踪接收资源的可用性。由于本书所指的成像任务都只考虑对地观测阶段,因此这里重点分析用户对成像任务的需求和卫星成像资源的可获得性这两个因素。

2.2.1　用户对成像任务的需求

成像卫星任务规划的最终目的是满足用户对成像数据的需求,因此用户对成像任务的需求是卫星任务规划时需首先考虑的问题。用户对成像任务的需求包括成像数据的区域要求、对地观测模式、所需图像谱段和时间要求等。对于成像卫星任务规划系统来说,并不是每一个用户需求都是机会均等安排的,就像商业和服务领域设立的 VIP 服务一样,用户需求同样也可区分为重要用户需求和一般用户需求,在进行卫星成像任务规划时,当卫星资源使用发生冲突时,可根据用户需求的重要程度做出资源分配的决策,优先满足重要用户需求。

2.2.2　卫星成像资源的可获得性

卫星成像资源的可获得性主要是指卫星有效载荷资源的可利用性,包括传感器工作的可分配时间段、传感器工作模式和星上存储设备的容量等。

对于固定的地面区域来讲,由于卫星沿固定轨道飞行,所以卫星对该区域的可见时间是一定的,当卫星飞临该区域上空时,由于卫星具有侧视能力,它可观测的范围可能很大,但受传感器成像幅宽的限制,只能选定区域内某个目标进行成像。

卫星有效载荷不同的工作模式也是进行成像卫星任务规划时需要考虑的一种资源。例如,雷达成像卫星的工作模式非常复杂;不同工作模式下获取的数据地面分辨率和成像幅宽有很大的差异。

当卫星在地面接收站范围以外工作时,通常将卫星所采集的数据存储在星上数据记录设备上,在卫星经过可接收地面站时进行数据下传。由于星上数据记录设备的容量是有限的,如果数据记录设备存储能力影响到目标成像,就需要在任务规划中考虑数据存储设备的容量、工作模式等约束。

2.3　成像卫星任务规划的基本输入要素

成像卫星任务规划的基本输入项包括任务需求属性和卫星资源属性,每个基本输入项又包括若干输入要素。具体输入要素描述如下。

2.3.1　成像任务需求

从应用角度来讲,单个成像任务可由如下的基本属性来描述:

(1) 成像目标的地理位置。成像目标可分为点目标和区域目标。点目标的地理位置由区域中心点的经纬度确定;区域目标只考虑各种多边形形状,其地理位置由各顶点的经纬度坐标来确定。成像目标的地理位置决定了其与不同卫星的可见时间窗。

(2) 图像类型要求。根据遥感器类型,图像一般分为可见光、SAR、红外等类型。对于具体的成像任务,必须指明图像类型要求,便于计划编制时确定可满足该需求的星载遥感器。

(3) 地面分辨率要求。地面分辨率是遥感器的对地观测精度，指在像元的可分辨极限条件下，像元所对应的地面空间尺度。这个值越小，地面分辨能力就越高，反之则分辨能力低。在定义一个观测需求时，如果对图像的地面分辨率有一定要求，必须设置图像所允许的最大地面分辨率。

(4) 优先级。优先级是对成像任务重要性的评价，可理解为相应图像数据的价值，优先级越高说明成像任务越重要。

2.3.2 卫星及有效载荷

卫星运行轨道可通过 6 个参数来描述：升交点赤经(right ascension of the ascending node)、轨道倾角(inclination)、近地点角(argument of perigee)、轨道长半轴(semi-major axis)、轨道偏心率(eccentricity)和卫星飞过近地点的时刻。卫星轨道参数决定了其在轨运动过程中，与地球之间的相互几何关系，是计算卫星与给定地面目标的可见时间窗的直接依据。卫星及其有效载荷的主要属性包括：

(1) 星载遥感器的类型和最佳地面分辨率。星载遥感器的类型主要包括可见光成像、多光谱成像、红外成像和微波雷达成像等。星载遥感器的实际地面分辨率可能会受到遥感器侧摆的影响，但对实际目标识别能力影响不大，可认为只要最佳分辨率达到了用户的要求，就可用于执行相应的成像任务。

(2) 可接受的云层覆盖率和太阳角。这两点主要说明了光学成像设备正常工作时对太阳光照强度和气象条件的要求。可见光及多光谱成像的清晰度会受到云层覆盖率和太阳照射角的较大影响；红外成像虽然不受太阳光照的影响，但也不能穿透云层；只有微波成像可进行全天候的工作。

(3) 星载数据存储的工作参数。星载数据存储资源主要由其有效存储容量来描述。星上数据存储设备一般采用的是高速大容量的固态存储器，在能够确保快速实时记录的前提下，存储设备的容量构成了最大的资源能力限制。

(4) 卫星执行连续观测活动的最小转换时间。成像卫星携带的成像设备在执行连续的观测活动时，通常需要进行重新的调整和校准，并耗费一定的转换时间。由于这个时间具体决定于先后执行的观测活动，因此事先很难准确表示，在处理时可以根据卫星的具体特点设置为一个概略的固定值。

2.3.3 其他输入条件

1. 周期性任务

周期性任务是指要求按照某种规律执行的任务。在成像卫星任务规划问题中，周期性任务包括基于时间的周期性任务(其执行周期是由固定的时间规律给定的)和基于事件的周期性任务(其执行周期则由给定事件的发生来规定)。在给定的任务规划时间范围，周期性任务可经过预处理转化为若干个一般任务来处理。

2. 具有前后关系限制的成组任务

有些成像任务需求可能不是针对单一地面目标的，而是要求按照一定的先后顺序，完成对一系列地面目标的观测活动。对这种成组任务，可把每个目标作为一个子任务，并添加各子任务之间明确的先后关系约束。

3. 气象条件

气象条件是在实施成像的实际过程中必须考虑的因素。首先光学成像设备对云层覆盖条件有着严格的要求，如果云层覆盖较厚，那么所采集的数据其价值将大大降低，甚至没有价值。其次即使是能够穿透云层的微波成像设备，在雨天信号的衰减也会增大，因此有必要在任务规划的过程中就把天气因素考虑在内。但是成像计划通常是预先制定的，在制定计划时并不确知实际的天气情况，所以只能根据天气预报来考虑相关的约束。现在短期的天气预报已可做到较高的准确度，基本上可作为任务规划的依据。在具体处理时，气象条件的限制可反映为对可见时间窗的影响：如果在计算好的成像卫星与某成像任务的可见时间窗内，预报的气象条件不满足卫星正常工作的要求，则可以将该时间窗删除。

2.4　成像卫星任务规划的基本约束条件

2.4.1　资源约束

1. 资源能力

在多星联合成像任务调度问题中，真正完成任务的是星载遥感器而不是卫星本身，每一个星载遥感器实际上是一个独立的资源，在任何时候只能执行一项观测任务。有的卫星上可能搭载有多个遥感器。

2. 资源类型

用户要求的图像数据类型必须与卫星遥感器类型一致。卫星遥感器的类型主要有可见光、红外、多光谱和微波雷达等。

3. 存储容量

星载存储器具有一定的存储容量限制。

4. 能量约束

卫星姿态调整和侧视操作都必须消耗能量。卫星由太阳能帆板供电，电量使用和恢复都有时间上的限制。为了保证成像卫星安全可靠地运行,同时也为了保证成像卫星的成像精度,在一定时间段(如单个飞行圈次)内,侧视操作次数、总开机时间、累积成像次数和累积观测时间等都有一定的限制。

2.4.2 任务约束

1. 任务完成时间

用户对目标的图像获取时间具有一定时效性要求。例如,对于地震、洪涝灾害监视等应急任务,图像获取的实效性要求很高,否则无法满足目标区域的灾情态势评估,要求在任务规划中尽量早地安排此类观测任务。

2. 观测时间长度

大多数成像卫星采用扫描方式对目标拍摄图像。一般来说,目标越大,需要扫描的时间就越长。对于点目标来说,由于观测卫星在近极地轨道上高速运行,卫星观测所需的时间实际上只是一个时间点。但考虑到卫星拍照前需要进行一些准备工作,实施侧视成像后需要有一个稳定时间,以及卫星轨道摄动和其他空间环境的影响,在时间窗计算上肯定存在一些误差,必须使观测活动持续一定时间,以保证对地面目标顺利成像。

3. 图像分辨率

用户根据识别地面目标能力的需要会对成像的精度提出一个要求。实际成像的精度只有高于这个要求,才能算是有效的成像。

4. 周期性任务、成组任务及任务逻辑约束

周期性任务要求在一定时间内对某任务以某时间为周期进行多次重复观测。成组任务要求一组观测任务必须被同时满足,只完成其中一部分几乎没有收益。任务逻辑约束指多个观测任务之间的先后关系或互斥关系。

2.5 成像卫星任务规划的基本输出要素

本书将成像任务规划问题的优化目标设定为:完成观测任务的优先级之和最大化。成像任务规划的输出结果主要包括执行了哪些活动、每个活动需要使用的资源和活动的执行时间等。任务规划结果既可按照成像任务的编号来编排,也可按照每颗卫星的行程来编排。从便于转换卫星遥控指令的角度来看,按照卫星行程来编排任务规划结果较好。任务规划结果按照每颗卫星运行时间的推进对其执

行的各项活动进行说明，具体可表示为如下的一个元组：

（卫星标识，地面目标，相关资源，开始时间，持续时间，改变的数据存储量）

其中各元素的含义说明如下。

(1) 卫星标识：说明具体是哪颗卫星的相关活动；

(2) 地面目标：说明活动针对的成像目标；

(3) 相关资源：说明执行活动的具体星载遥感器；

(4) 开始时间：指活动开始执行的时间；

(5) 持续时间：指活动持续的时间；

(6) 改变的数据存储量：说明对地观测活动的执行对星载数据存储设备的影响。通常，对地观测活动会增加数据存储量。

2.6 成像卫星任务规划问题研究的假设与过程

2.6.1 问题假设与简化

如果要用数学模型来表述客观世界的一个实际问题，就只能抓住我们感兴趣的对象和它们之间的关系，而不可能完全真实地再现客观世界的复杂内在关系。成像卫星任务规划问题由于涉及的对象较多，对象之间的关系复杂，我们不可能考虑到全部的细节和实际约束。本书在研究成像卫星任务规划问题时同样也做了一些基本假设和简化。

1. 卫星资源只考虑有效载荷资源

卫星系统是一个十分复杂的系统，包括姿态控制、推进、电源、测控、结构和热控等分系统和总体电路等。要完成一个成像观测任务，卫星上述各服务系统资源必须保证处于正常运转状态，如当卫星在地影区时完全依靠蓄电池工作，蓄电池电量不足时遥感成像设备等有效载荷将无法工作。如果在任务规划过程中考虑这些问题，将使问题模型更加复杂。考虑到卫星在设计过程中一般已经考虑到了制约有效载荷使用的相关因素，因此本书假设卫星有效载荷的使用可不受卫星其他服务系统的限制，卫星资源只考虑有效载荷资源。

2. 每个卫星只携带一个遥感器

在成像任务调度问题中，真正完成任务的是星载遥感器而不是卫星本身；每一个星载遥感器实际上是一个独立的资源，在任何时候只能执行一项观测任务。事实上，有些成像卫星可能搭载多个遥感器。为了简化处理，本书假设每个卫星只携带一个遥感器。如果某颗卫星携带多个遥感器，可将该卫星分解成多个只携带一个遥感器的卫星。

3. 星载存储器只考虑存储容量约束

随着数据存储技术的发展,星载存储器由磁带机逐渐向固态存储器发展。磁带机的读写一般采用正记倒放模式,也就是通常所说的先记后放模式。固态存储器可顺序读写,也可随机读写,这些实用模式也使星载存储器的使用约束十分复杂,可以出现多种复杂的使用组合。在实际应用中,考虑到记录数据的时效性和完整性,假设先记录的数据先下传到地面接收站、一次记录数据不会被拆分成多次下传,也就是在进行成像任务规划时,我们只需要考虑星载存储器的容量约束,而不需要考虑它的多种复杂使用模式所带来的在计算任务及存储容量之间相互关系时的困难。

4. 不考虑立体图像数据获取任务等特殊需求

一般的成像数据获取任务只需获取给定地面目标的一幅平面图像即可,本书假设所有的成像数据获取任务都是平面图像数据要求。立体图像的获取对卫星遥感设备自身有着比较严格的要求,完成该任务的卫星资源以及使用的时间窗有更强烈的限制,这些限制会增加问题处理的难度。因此,本书暂不考虑立体成像数据获取任务要求。

5. 气象预报结果作为确定条件处理

在可见光成像卫星任务规划时,需要输入观测目标区域的气象预报信息。事实上,天气预报只是一个概率事件;考虑到目前短期天气预报已可做到较高的可信度,为了简化问题的处理,本书将天气预报结果作为一个确定性条件来处理,即只要预报的观测目标区域气象条件不符合可见光成像卫星的成像要求,就认为不能在该条件下执行成像任务。

2.6.2 问题求解过程

一般问题的求解过程基本上都可划分为建模和模型求解两个主要阶段。对于成像卫星任务规划问题而言,由于卫星遥感资源的特殊性,其执行成像任务的能力受到了诸多限制,而仅从作为基本输入的任务和资源的相关属性,很难准确地描述任务规划过程必须考虑的相关约束。因此本书在建模之前添加了一个预处理阶段,用于分析用户任务需求和资源的基本属性,对问题进行一定的简化和规范化处理,同时为建模过程进行数据准备。成像卫星任务规划问题的基本求解过程可划分为三个主要阶段,如图 2.4 所示。

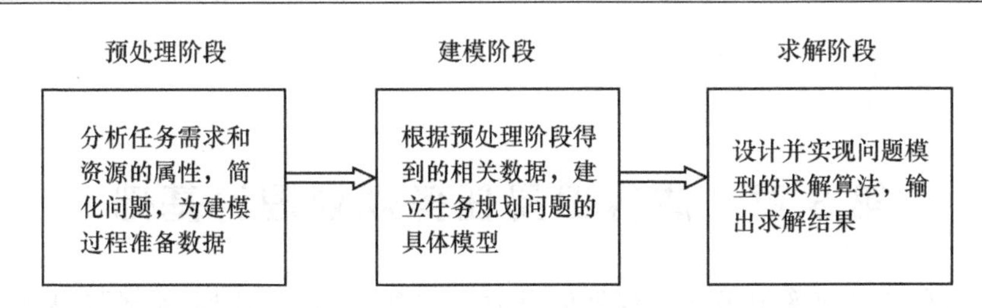

图 2.4　成像卫星任务规划问题的基本求解过程

(1) 预处理阶段。主要根据任务需求和卫星资源属性,计算分析任务执行的可能性,简化问题,为建模过程准备数据。预处理阶段的具体操作将在本书的第 4 章中详细介绍。

(2) 建模阶段的主要工作就是找出任务规划问题所涉及的各要素间的相互关系,用近似的或确定的模型来表述成像卫星调度问题。建模阶段的具体操作将在本书的第 5 章～第 8 章中详细介绍。

(3) 模型求解阶段的主要工作是依据一定的求解目标,采用可行的模型求解方法,求得成像卫星任务规划问题的解。模型求解阶段的具体操作将在本书的第 5 章～第 8 章中详细介绍。

参考文献

[1] 任萱.军事航天技术.北京:国防工业出版社,1999.

[2] 曾华锋,夏洪流,周刚.现代侦察监视技术.北京:国防工业出版社,1999.

[3] 张帆.成像卫星计划编制中的约束建模及优化求解技术研究.长沙:国防科学技术大学博士学位论文,2005.

[4] 张永生,巩丹超,刘军,等.高分辨率遥感卫星应用——成像模型、处理算法及应用技术.北京:科学出版社,2004.

[5] 王均.成像卫星综合任务调度模型与优化方法研究.长沙:国防科学技术大学博士学位论文,2007.

[6] 周军.航天器控制原理.西安:西北工业大学出版社,2001.

[7] 徐雪仁.资源卫星遥感数据获取任务规划技术研究.南京:南京大学博士学位论文,2008.

第3章　成像卫星任务规划理论基础

本书在解决成像卫星任务规划问题时基本都采用了"建模-求解"的思路。本章主要对成像卫星任务规划问题建模和求解过程中所涉及的相关基础理论和方法进行简单介绍,为后续章节的研究提供理论基础。成像卫星任务规划问题可以看作一类特殊的机器调度问题,因此首先阐述了机器调度问题的基本分类;成像卫星任务规划问题通常是复杂的组合优化问题,精确的最优化算法在求解复杂组合优化问题时往往无能为力,本书在求解成像卫星任务规划问题的过程中基本都采用智能优化算法,所以有必要对智能优化算法进行一些简单介绍。

3.1　机器调度问题的基本分类

3.1.1　机器调度问题概述

调度可看做一个将有限资源按时间分配给不同活动的过程[1]。调度问题包含活动集 $J=\{J_1,\cdots,J_n\}$、资源集 $M=\{M_1,\cdots,M_m\}$、活动间的时间约束和目标函数。活动集代表了需要调度的任务和活动,活动的完成需要一定的持续时间(processing time),且在执行时要求一定量的资源;资源集代表了完成活动所需的人力和资源,如工人、原材料、设备等。每个资源都有一个给定的能力(capacity),在任何时间,活动对资源的需求都必须满足资源的能力限制。在大多数文献中,能力为1的资源也常常被称作为机器(machine)。在本书中,如果未特指,资源的能力均为1。在定义了活动、资源及约束后,调度问题求解的目标就是在满足时间和约束的条件下,为每个活动确定开始执行时间和分配资源,以使得问题的目标函数值最小(最大)。

按照调度因素来划分,调度问题一般可分为两类:

(1) 时间分配问题。这类问题在调度前就已确定了完成活动的资源,调度的主要任务是给每个活动安排执行时间,此类问题的典型代表是Job-Shop调度问题[2,3]。

(2) 资源分配问题。这类问题事先确定了活动的执行时间,调度的主要任务是给每个活动分配资源,此类问题的典型代表是航班的机组分配问题(airline crew scheduling)[4]。

对于大多数调度问题来说,调度过程既包含时间分配,又包含资源分配,如本书研究的成像卫星调度问题就是一个混合时间和资源分配的复杂调度问题。

3.1.2　资源、活动和调度目标

1. 资源

当考虑实际调度问题中的资源类型时，最常见的两种调度问题是：分离调度(disjunctive scheduling)和累积调度(cumulative scheduling)。对于分离调度问题来说，所有资源的能力都是 1，一个资源在任何时候只能满足一个活动的需求。对于累积调度问题来说，资源可同时并行满足多个活动的需求。当然，活动对资源的需求不能超过资源的能力。

2. 活动

当考虑一个实际调度问题的活动类型时，需要区分三种不同调度问题：不可抢先调度问题(non-preemptive scheduling)、可抢先调度问题(preemptive scheduling)及柔性调度问题(elastic scheduling)。在不可抢先调度问题中，一个活动一旦开始执行，它必须不中断地执行完成，其执行过程不能被其他活动中断。在可抢先调度问题中，一个活动可在任何时间被其他活动中断，即允许其他活动优先执行。在柔性调度问题中，活动在任何时间点分配的资源量可以是 0 至资源最大能力之间的任何值，但资源需求总量必须等于一个给定的能量值(energy)。

3. 调度目标

当考虑目标函数时，必须区分实际调度问题是一个约束满足问题还是一个优化问题。对于约束满足问题来说，只需要确定是否存在一个解满足所有的约束条件。而对于优化问题来说，必须定义相应的目标函数，在调度过程中使得该目标函数最小(最大)。目标函数可根据实际问题设计，如最小化最大完工时间、最大化执行的活动数量以及最小化加工费用等。

3.1.3　机器调度问题分类

本书采用了 Graham、Lawer、Lenstra 和 Rinnooy 对调度问题的分类方法[5]，该分类方法在调度领域得到了广泛应用，可对目前大多数调度问题进行描述。Graham 等对调度问题描述方法主要包含三个主要参数：α，β 和 γ，其中 α 代表资源特性，β 代表活动特征，γ 代表优化准则。下面就 α，β 和 γ 的具体含义作简单介绍。

1. 资源特性

α 包含两个参数 α_1 和 α_2，其中 α_1 的取值含义：

(1) $\alpha_1=1$ 表示调度问题中只包含一个资源；

(2) $\alpha_1=P$ 表示调度问题中包含多个资源，每种资源都具有相同的功能，可相互替换；

(3) $\alpha_1=Q$ 表示调度问题中包含多个资源，每种资源具有一个速度属性，速度值线性影响活动的执行时间；

(4) $\alpha_1=R$ 表示调度问题中资源没有固定的速度值，同一资源执行不同的活动有快慢之分，同一活动在不同机器上的执行时间也互不相同；

(5) 除了以上几种标准的资源特性外，Graham 还定义了其他复杂的资源特性表示方式，如 Flow-Shop 问题($\alpha_1=F$)，Job-Shop 问题($\alpha_1=J$)以及 Open-Shop 问题($\alpha_1=O$)等；

(6) α 的第二个参数 α_2 表示调度问题中的资源数量，如果 α_2 省略，则认为资源数量定义在调度问题实例中。

2. 活动特征

β 为一个字符串，表示活动的各种约束特征。如果活动之间存在时间先后约束，那么 β 取值为“chain”、“tree”或“prec”，这些取值分别表示由活动时间先后约束生成的约束图为链表、树及任何类型的图。当活动定义了最早开始时间(release date)时，r_i 将被添加到 β 中；当活动定义了最终期限(deadline)时，d_i 将被添加到 β 中；当活动是允许中断时，pmtn 将被添加到 β 中。

3. 优化准则

假设 C_i 表示活动 J_i 的完成时间，δ_i 表示活动 J_i 的完工期限，则活动 J_i 的拖延时间 T_i 定义为 $\max(0, C_i-\delta_i)$；设 U_i 表示活动 J_i 是否被拖延，当 $C_i\leqslant\delta_i$ 时，$U_i=0$，否则 $U_i=1$。

调度问题的优化准则 F 通常被定义为最大(最小)化的形式。在定义 F 时，可通过给每个活动定义权值 w_i 来区分活动之间的重要程度。在此给出几种常见的优化准则。

(1) 完工时间：$F=C_{\max}=\max C_i$；

(2) 加权完工时间总和：$F=\sum w_iC_i$；

(3) 拖延时间：$F=T_{\max}=\max T_i$；

(4) 加权拖延时间总和：$F=\sum w_iT_i$；

(5) 加权推延活动总和：$F=\sum w_iU_i$。

3.2 智能优化算法

成像卫星任务规划问题是一类复杂的组合优化问题。一般来讲，组合优化问题的求解算法可分为两类：一类是精确算法，这类算法将对解空间进行完整搜索，可保证找到小规模问题的最优解；另一类是智能优化算法，这类算法放弃了对解空间搜索的完整性，因此不能保证最终解的最优性。

由于大多数复杂组合优化问题都是 NP-Hard 问题，精确搜索算法在解决大规模组合优化问题时存在很多问题[6]：

(1) 单点计算方式限制了计算效率的提高；

(2) 容易陷入局部最优解；

(3) 对目标函数和约束条件的要求限制了算法的应用范围。

针对传统优化方法的不足，人们对优化方法提出了一些新需求，这些需求主要包括以下几个方面[6]：

(1) 对目标函数和约束函数表达的要求更为宽松；

(2) 计算效率比理论上的最优性更重要；

(3) 算法随时终止能随时得到较好的解；

(4) 对优化模型中数据的质量要求更加宽松。

实际应用中对优化方法性能的需求促进了最优化方法的发展。自从 20 世纪 70 年代末起，以遗传算法、禁忌搜索、模拟退火算法为代表的智能优化方法迅速发展起来，这些方法具有广泛的普适性，在许多行业中也得到了很好的效果。由于成像卫星任务规划问题是复杂的组合问题，我们通常运用智能优化算法来进行求解。下面对常用的智能优化算法进行简要的介绍。

3.2.1　遗传算法

遗传算法(genetic algorithm，GA)是受生物进化思想启发而得到的一种全局优化算法。遗传算法的概念最早由 Bagley 在 1967 年提出，而遗传算法理论和方法的系统性研究始于 1975 年，这一开创性工作是由 Michigan 大学的 Holland 教授进行的。遗传算法在本质上是一种不依赖具体问题的直接搜索方法，求解不同问题的遗传算法的基本模式和算法流程都基本相似。遗传算法在模式识别、神经网络、图像处理、机器学习、优化控制、自适应控制、生物科学、社会科学等方面都得到广泛应用。在人工智能研究中，遗传算法被认为是与自适应系统、细胞自动机、混沌理论一样对计算技术有重大影响的关键技术[7]。

1. 遗传算法的基本概念

(1) 串(string)：个体(individual)形式，在算法中为二进制串或十进制串，对应于遗传学中的染色体(chromosome)。

(2) 群体(population)：个体的集合。

(3) 群体大小(population size)：群体中个体的数量。

(4) 基因(gene):串中的元素,用于表示个体的特征。例如,有一个串 $S=1011$,则其中的1,0,1,1 这 4 个元素分别称为基因,它们的值称为等位基因(alleles)。

(5) 基因位置(gene position):一个基因在串中的位置(简称为基因位)。基因位置由串的左向右计算,如在串 $S=1101$ 中,0 的基因位置是 3。基因位置对应于遗传学中的地点(locus)。

(6) 基因特征值(gene feature):在用串表示整数时,基因特征值与二进制数的权一致;例如,在串 $S=1011$ 中,基因位置 3 中的 1,它的基因特征值为 2;基因位置 1 中的 1,它的基因特征值为 8。

(7) 串结构空间:基因任意组合所构成的串的集合。基因操作是在结构空间中进行的。串结构空间对应于遗传学中的基因型(genotype)的集合。

(8) 参数空间:串空间在物理系统中的映射,对应于遗传学中表现型(phenotype)的集合。

(9) 适应度(fitness):表示某个体对环境的适应程度,适应度大的个体被选择作为父辈进行繁殖的概率要大。

2. 遗传算法的基本操作

遗传算法有三个基本操作[8]:选择(selection)、交叉(crossover)和变异(mutation)。

1) 选择

选择的目的是从当前群体中选出优良个体,使它们有机会作为父代为下一代繁衍子孙。根据各个体的适应度,按照一定的规则或方法从上一代群体中寻出一些优良个体遗传到下一代群体中。遗传算法选择操作的原则是适应度强的个体以较大概率为下一代贡献一个或多个后代,这样的方式体现了达尔文的适者生存的原则。

2) 交叉

交叉操作是遗传算法中最主要的遗传操作。通过交叉操作可得到新一代个体,新个体组合了父代个体的一些优良特性。将群体内的个体随机搭配成对,对每个个体,以某概率(交叉概率,crossover rate)和给定规则交换它们之间的部分基因,染色体交叉体现了信息交换的思想。

3) 变异

变异操作首先在群体中随机选择一个个体,然后某概率(变异概率,mutation rate)随机改变该个体串结构中的某个串值,或改变该个体串结构中的某些基因座上的基因为其他等位基因。同生物界一样,遗传算法中变异发生的概率很低。变异为新个体的产生提供了机会。

3. 遗传算法的算法流程

遗传算法的基本流程如图 3.1 所示。

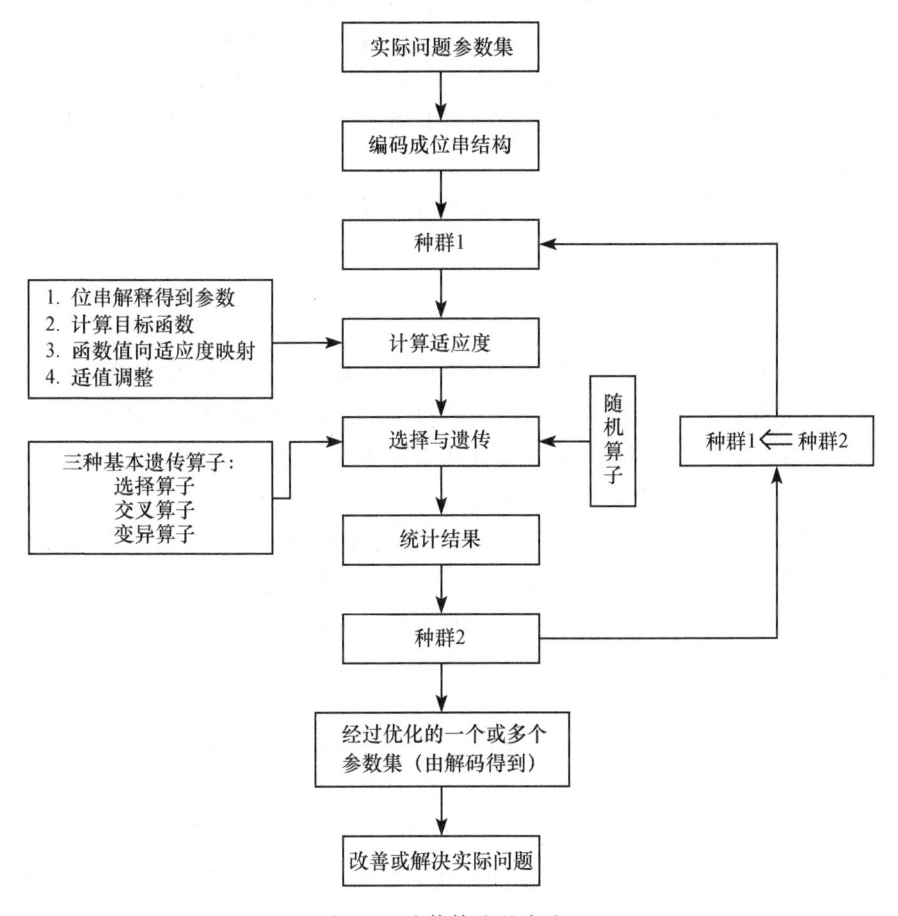

图 3.1　遗传算法基本流程

(1) 编码:从表现型到基因型的映射称为编码。遗传算法在进行搜索之前先将解空间中的数据表示成遗传算法空间中的基因型串结构数据,这些串结构数据的不同组合就构成了不同的解(方案)。

(2) 生成初始群体:随机产生 N 个初始串结构数据,每个串结构数据称为一个个体;随机产生的 N 个个体作为初始群体。遗传算法以 N 个个体作为初始点开始迭代,设置进化代数计数器 $t \leftarrow 0$ 和最大进化代数 T。

(3) 适应度评价:适应度值表明了个体或解的优劣性。对于不同的优化问题,适应度函数的定义方式不同。根据具体问题,计算群体 $P(t)$ 中所有个体的适应度。

(4) 选择:采用选择算子对当前群体执行选择操作。

(5) 交叉:采用交叉算子对当前种群执行交叉操作。

(6) 变异:采用变异算子对当前群体执行变异操作。

群体 $P(t)$经过选择、交叉、变异运算后得到下一代群体 $P(t+1)$。

(7) 终止条件判断:若 $t \leqslant T$,则 $t \leftarrow t+1$,继续执行选择、交叉和变异操作;若 $t > T$,则以进化过程中所得到的最优个体(具有最大适应度的个体)作为最优解输出,终止运算。

从该流程图可以看出,遗传算法的操作过程简单明了,计算容易。

4. 遗传算法的优点

遗传算法具有以下优点:

(1) 对可行解表示的广泛性。遗传算法的处理对象不是参数本身,而是针对那些通过参数集进行编码得到的基因个体;此编码操作使得遗传算法可直接对结构对象(泛指集合、序列、矩阵、树、图、链和表等各种一维或二维甚至多维结构形式的对象)进行操作,这一特点使得遗传算法具有广泛的应用领域。

(2) 群体搜索性。许多传统搜索方法都是单点搜索,这种点对点的搜索方法,对于多峰分布的搜索空间常常会限于局部单峰极值点。相反,遗传算法采用的是同时处理群体中多个个体的方法,即同时对搜索空间中的多个解进行评估。这一特点使遗传算法具有较好的全局搜索能力,也使得遗传算法本身易于并行化。

(3) 不需要辅助信息。遗传算法仅用适应度函数值来评估基因个体,并在此基础上进行遗传操作。更重要的是,遗传算法的适应度函数不仅不受连续可微的约束,而且其定义域可以任意设定。遗传算法对适应度函数的唯一要求是,编码必须与解空间对应,不能够有死码。由于约束条件的缩小,使得遗传算法的应用范围大大扩展。

(4) 内在的启发式随机搜索性。遗传算法不是采用确定性规则,而是采用概率的变迁规则来指导它的搜索方向。概率仅作为一种工具来引导其搜索过程朝着搜索空间更优化的区域移动。虽然看来它是一种盲目的搜索方法,实际上它有明确的搜索方向,具有内在的并行搜索机制。

(5) 遗传算法在搜索过程中不容易陷入局部最优解,即使在定义的适应度函数不是连续的、非规则的或是有噪声的情况下,也能以很大的概率来找到全局最优解。

(6) 遗传算法采用自然进化机制来表现复杂现象,能够快速可靠地解决非常困难的问题。

(7) 遗传算法具有固定的并行性和并行计算的能力。

(8) 遗传算法具有可扩展性,易于同别的优化技术混合使用。

5. 遗传算法的局限性

遗传算法作为一种优化算法,它存在自身的局限性:

(1) 编码不规范,编码存在表示的不确定性。

(2) 单一的遗传算法编码不能够全面地将优化问题的约束条件表示出来。考虑约束的一种方法就是对不可行解采用阈值,这样导致计算时间必然增加。

(3) 遗传算法容易出现过早收敛。

(4) 遗传算法在算法的进度、可信度、计算复杂性等方面,还没有有效的定量分析方法。

3.2.2 禁忌搜索算法

禁忌搜索(tabu search,TS)算法是 Glover 等[9~11]提出的一种智能优化算法,它是局部邻域搜索算法的推广,是一种全局逐步寻优算法,是人工智能在组合优化算法中的一个成功应用。

所谓禁忌就是禁止重复前面的工作。局部邻域搜索基于贪婪思想持续地在当前邻域中进行搜索,虽然算法通用、易于实现且容易理解,但其搜索性能受邻域结构和初始解的影响较大,容易陷入局部最优。为了回避局部邻域搜索易陷入局部最优的不足,禁忌搜索算法引入禁忌列表(tabu list)来记录已搜索过的局部最优点;在下一次搜索中,利用禁忌列表中的信息不再或有选择地搜索这些点,以此来跳出局部最优点,从而最终实现全局优化。

禁忌搜索的基本思想是:给定一个当前解(初始解)、空的禁忌列表和邻域构造方法,然后在当前解的邻域中逐个筛选候选解;若最佳候选解对应的优化目标值优于当前最优解,则用最佳候选解替代当前解和当前最优解,而不论该最佳候选解是否被禁忌;若最佳候选解被禁忌且其对应的优化目标值不优于当前最优解,则在当前解的邻域中选择非禁忌的最佳候选解为新的当前解,而无视它与当前解的优劣;以上两种情况下都将相应地将被接受的最佳候选解信息添加到禁忌列表中,并修改禁忌列表中各禁忌对象的任期;如此重复上述迭代搜索过程,直到满足终止规则。

禁忌搜索算法的基本流程如图 3.2 所示。其中候选解满足特赦规则是指候选解对应的优化目标值优于当前最优解,这种情况下不论候选解是否被禁忌,都可接受其作为新的当前解和当前最优解。

下面对禁忌搜索算法的一些基本概念和方法分别进行讨论。

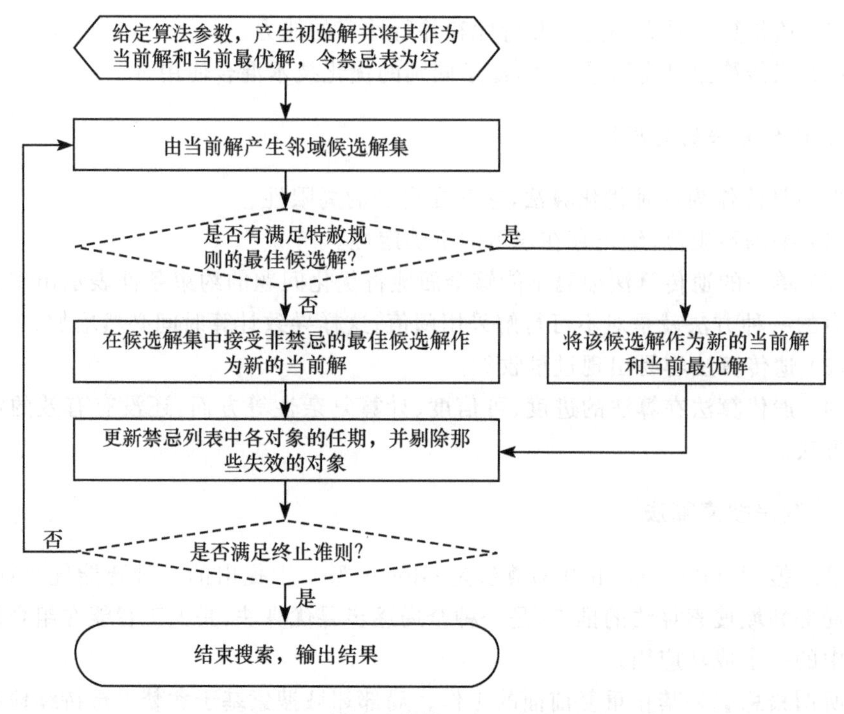

图 3.2　禁忌搜索算法的基本流程图

1. 禁忌对象

顾名思义，禁忌对象指的是禁忌表中被禁的元素。禁忌对象选取的最直接的方法就是在禁忌表中保存整个解。采用这种方式需要消耗较大的存储空间，且在判断解的禁忌状态时比较复杂。更为重要的是，基于解禁忌的禁忌算法一旦陷入某个包含许多相似特点、差质量解的局部区域，就很难跳出局部最优。为了克服该缺点，可在禁忌表中保存解中某些具有代表性的局部特征，由于某个局部特征可能在很多解中出现，所以当某个局部特征被禁忌时，许多包含该局部特征的很多解都被禁忌，从而更有利于搜索过程转到其他更好的区域。

2. 禁忌长度

禁忌长度是被禁对象不允许被选取的迭代次数，禁忌长度可以是固定值和变化值。具有固定值的禁忌列表也被称作为静态禁忌列表或短期内存结构[11]。一个静态禁忌列表总是包含最近的 t_{len} 个禁忌对象，t_{len} 代表禁忌列表的长度，要求对象 x 在 t_{len} 步迭代内被禁。当每次算法在当前解的基础上执行一个移动后，一个相应的禁忌对象将被添加到禁忌列表中，而最早的禁忌对象将从禁忌表中移出。

与静态禁忌列表相反，动态禁忌列表的禁忌长度是变化值。一般的动态禁忌列表是t_{len}依据禁忌对象的目标值和邻域结构在$[t_{min}, t_{max}]$内变化；通常根据问题规模T来确定t_{min}和t_{max}，也可使用邻域中邻居数目n来确定t_{min}和t_{max}，限定区间$[\alpha\sqrt{T}, \beta\sqrt{T}]$（$0<\alpha<\beta$）。当给定了变化区间，确定$t_{len}$的值主要根据实际问题、试验和设计者的经验。一般情况下，当函数值下降较大，可能目标函数的波谷越深，欲跳出局部最优，希望被禁的长度较大。

3. 多禁忌表

采用禁忌列表，一般希望达到以下几个目的：①从候选解中删除较差的解；②引导搜索过程到达新的、未搜索区域；③避免重复对某个局部区域搜索。在禁忌列表实现中，可根据问题需要建立多个禁忌列表，从而增加算法的适应能力和提高算法的实现效率。

4. 候选集合的确定

候选集合由邻域中的多个邻居组成，通常是从邻域中选择若干个目标值或评价值最佳的邻居入选，有时认为这种计算量还是太大，则不在邻域的所有邻居中选择，只在邻域的一部分邻居中选择若干个目标值最佳的邻居。部分邻居的选择可采用随机抽样方法来实现。

5. 终止规则

无论如何，禁忌搜索算法是一个启发式算法，不可能让禁忌长度充分大，只希望在可接受的时间内给出一个满意解，于是很多直观、易于操作的原则包含在终止规则中。下面给出几种常用的终止规则：

(1) 确定步数终止。给定一个充分大的数N，总的迭代次数不超过N次。即使算法中包含其他终止规则，但总迭代次数仍能得到保证。这种规则的优点是易于操作和可控计算时间，但却无法保证解的质量。采用这种规则时，应当记录当前最优解。

(2) 频率控制原则。当某一个解、目标值或元素序列的频率超过一个给定标准时，如果算法不做改进，只会造成频率的增加，此时循环对解的改进已无太大作用，因此终止计算。

(3) 目标值变化控制原则。在禁忌搜索算法中，记忆当前最优解，如果在给定步数内，目标值还没有改进，如果算法不做改进，此时循环对解的改进已无太大作用，因此终止计算。

(4) 目标值偏离程度原则。对于一些问题，可简单地计算出下界（上界）；记一个问题的下界为z_{lb}，目标值为$f(s)$，对给定的充分小的正数c，当$f(s)-z_{lb}\leqslant c$时，终止计算，这表示当前解与最优解的差距很小。

3.2.3 模拟退火算法

模拟退火(simulated annealing)算法是一种模拟物理退火过程的智能优化算法,它由 Metropolis 等[12]提出并由 Kirkpatrick 等[13]成功应用到组合优化问题中,具有适用范围广,求得全局最优解的可靠性高,算法简单、便于实现等优点,已在参数设计、选址问题、路径规划及其他一些规划问题中取得了令人满意的结果。美国 NASA 的 Globus 等[14]通过对比爬山法、模拟退火和遗传算法在面向点目标的调度问题中的表现,得出模拟退火整体上表现最优的结论。

退火是一种物理过程。一种金属物体在加热至一定温度后,所有分子在状态空间 D 中自由运动;随着温度的下降,这些分子逐渐停留在不同的状态;在温度最低时,分子重新以一定的结构排列。统计力学的研究表明,在温度 τ,分子停留在状态 i 满足玻尔兹曼(Boltzmann)概率分布

$$\Pr\{\bar{E}=E(i)\}=\frac{1}{Z(\tau)}\exp\left(-\frac{E(i)}{k_{\mathrm{B}}\tau}\right) \tag{3.1}$$

其中,$E(i)$为状态 i 的能量;$k_{\mathrm{B}}>0$ 为玻尔兹曼常量;$\bar{E}$ 为分子能量的一个随机变量;$Z(\tau)$为概率分布的标准化因子。

$$Z(\tau)=\sum_{s\in D}\exp\left(-\frac{E(s)}{k_{\mathrm{B}}\tau}\right) \tag{3.2}$$

通过该分布可知:在同一温度,分子停留在低能量状态的概率比停留在高能量状态的概率要大;当温度相当高时,每个状态的概率基本相同,接近平均值 $1/|D|$,$|D|$为状态空间 D 中状态的个数;当温度降低时,分子处于高能量状态的概率减小,处于低能量状态的概率升高;当温度趋向 0 时,分子停留在最低能量状态的概率趋向 1。这就是热力学中的"退火"规律。

模拟退火算法以组合优化问题与物理系统退火过程的相似性为基础。以最小化目标函数值为优化方向的组合优化问题为例,模拟退火算法的基本思想是:从处于初始温度环境的一个初始解(当前解)出发,使用随机数产生器在当前解的邻域内产生一个候选解,根据 Metropolis 准则决定是否接受该候选解作为下一次迭代的当前解。重复以上"产生新候选解→计算目标函数值之差→判断是否接受→接受或舍弃"的迭代过程,并根据一定的规则降低温度 t,算法终止时的当前解即为所得到的近似最优解。其流程如图 3.3 所示。

从模拟退火算法的基本思想可以看出,模拟退火算法在搜索策略上与传统随机搜索方法不同:它不仅引入了适当的随机因素,而且还引入了物理系统退火过程的自然机理。这种自然机理的引入使模拟退火算法在迭代过程中不仅接受使优化目标变好的试探点,还能够以一定概率接受使优化目标变差的试探点,接受概率随着温度的下降逐渐减小。模拟退火算法的这种搜索策略有利于避免搜索过程因陷

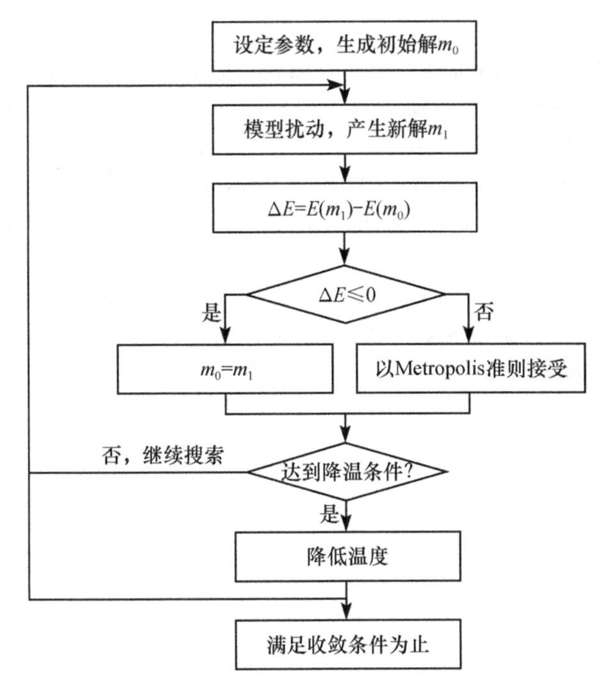

图 3.3　模拟退火算法的基本流程

入局部最优而无法自拔的弊端，有利于提高求得全局最优解得可靠性。

参考文献

[1] Baptiste P, Nuijten W P M. Constraint Based Scheduling: Applying Constraint Programming to Scheduling Problems. New York: Kluwer Academic Press, 2001.

[2] Aarts E H L, van Laarhoven P J M, Lenstra J K, et al. A computational study of local search algorithms for job shop scheduling. Journal on Computing, 1994, 6(2): 118-125.

[3] Applegate D, Cook W. A computational study of the job shop scheduling problem. Journal on Computing, 1991, 3(3): 149-156.

[4] Fahle T, Junker U, Karisch S E, et al. Constraint programming based column generation for crew assignment. Journal of Heuristics, 2002, 8(1): 59-81.

[5] Graham R L, Lawer E L, Lenstra J K, et al. Optimization and approximation in deterministic sequencing and scheduling: a Survey. Annals of Discrete Mathematics, 1979, 5: 287-326.

[6] 汪定伟，王俊伟，王洪峰，等. 智能优化方法. 北京：高等教育出版社，2007.

[7] 玄光南，程润伟. 遗传算法与工程优化. 北京：清华大学出版社，2004.

[8] Bierwirth C. Adaptive Search and the Management of Logistics System—Base Models for Learning Agents. New York: Kluwer Academic Publishers, 1999.

[9] Glover F, Fleurent C. Improved constructive multistart strategies for the quadratic assignment problem using adaptive memory. INFORMS Journal on Computing, 1999, 11(2): 189-

204.

[10] Laguna M, Glover F, Taillard E, et al. Tabu search. Annals of Operational Research, 1993.

[11] Laguna M, Glover F. Tabu Search. New York: Kluwer Academic Publishers, 1997.

[12] Metropolis N, Rosenbluth A, Rosenbluth M. Equation of state calculations by fast computing machines. Journal of Chemical Physics, 1953, 21: 1087-1092.

[13] Kirkpatrick S, Gelatt Jr C D, Vecchi M P. Optimization by simulated annealing. Science, 1983, 220: 671-680.

[14] Globus A, Crawford J, Lohn J, et al. Scheduling earth observing satellites with evolutionary algorithms // Proceedings of Conference on Space Mission Changes for Information Technology (SMC-IT), 2003.

第4章　成像卫星任务规划预处理技术

用户提交的原始成像需求往往并不指定观测资源,其可能的成像时间窗口也不明确,而且很多复杂的用户需求如周期性成像任务、大面积区域目标成像任务等是难以一次性完成观测的,如果直接将原始用户需求作为输入数据,会对任务规划建模求解过程带来很大的困难。因此,有必要预先对原始用户需求进行一些处理:一方面可以根据用户需求参数和卫星资源的能力进行初步匹配和筛选,重点是确定每个单一点目标成像任务的可选卫星及对应的成像时间窗口;另一方面需要对复杂成像任务进行分解,生成像单一点目标一样能够一次性完成观测从而可调度的单一子任务。上述过程为调度模型的建立和求解提供了必要的数据准备,并降低了模型的复杂度,提高了调度的效率,我们称之为预处理过程。本章首先介绍了任务规划预处理的一般过程,然后介绍了周期性成像任务、区域目标成像任务等复杂观测任务的分解方法,重点是针对区域目标的几种不同的分解方法。

4.1　成像卫星任务规划预处理的一般过程

4.1.1　常见的成像任务类型

按照星载遥感器视场与地面目标的相对大小,成像卫星的观测任务可分为点目标和区域目标。如图4.1所示,点目标相对星载遥感器的幅宽较小,通常是一个较小的圆形或矩形区域,能够完全被单张卫星照片的视场所包含,一般被用于指示机场、港口、军营等重点目标。简单的点目标成像任务只要求成像一次,因此可以一次性完成。

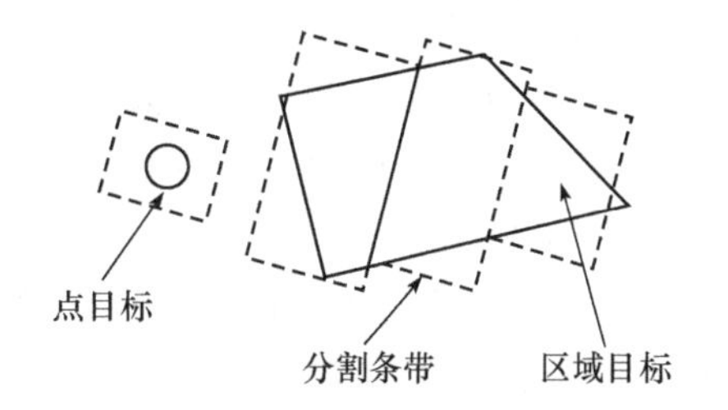

图4.1　点目标与区域目标示意图

某些复杂的点目标成像任务则要求对同一目标多次成像。比较典型的是周期性观测任务,即按照一定的周期对同一点目标进行多次成像,如战场打击效果评估等。这类任务仅当多次成像都完成时才有实际应用价值,因此成像任务难以一次性完成,需要预先对任务进行分解,生成若干能够一次性完成的单一任务,本书将它们称为元任务。

与点目标相对应,区域目标通常是一个多边形区域(图4.1),这一类目标相对较大，无法被星载遥感器单景或单个观测条带完全覆盖，也需要被多次成像（每次观测不同的部分）才能实现对区域的完整覆盖，属于一种复杂成像任务类型。区域目标一般用于战区态势监视、辅助绘制地图、海上目标搜索以及国土安全监视、农业普查等领域。

区域目标的完整图像通常是多张卫星图像（单景或条带照片）拼合在一起的结果，而如何将区域目标分解为多个单景或条带是一个需要专门研究的问题。由于具有侧摆能力的卫星可采用多种侧视角度对区域成像，不同侧视角度又对应着不同的地面场景，因此对应同一卫星的不同侧视角度即可派生出不同的区域目标分解方案。而当多星联合观测时，由于不同卫星的星下点轨迹并不平行，依照不同的卫星又可以分解得到相互交叉的不同条带，因此事先很难确定哪种条带划分和组合方式才是最恰当的。一种相对合理的方式是预先依据卫星的轨道参数以及遥感器的性能参数，考虑区域目标的不同分解方式，构造出可供卫星执行的所有候选观测活动，然后再进行调度，在调度过程中再对各候选条带进行取舍，我们称之为动态区域分解方法。关于区域目标的分解方法，本章将在后文中作为重点专门讨论。

4.1.2　任务规划预处理的一般流程

成像卫星任务规划预处理的一般流程可描述为：

(1) 把区域目标观测任务、周期性观测任务等复杂任务分解为统一的可一次性完成观测的元任务，并创建对应每个元任务的所有对地观测活动。

(2) 初步确定可能完成每个对地观测活动的可选资源（具体到卫星的星载遥感器），其主要依据是图像类型和地面分辨率是否匹配，对没有匹配资源的活动，将直接删除对应的观测任务。

(3) 计算剩下的观测任务目标与其各可选资源的可见时间窗口，并根据天气预报，考察每个时间窗是否满足执行活动所要求的云层覆盖率和太阳高度角等条件，不满足条件的时间窗将被删除，而对最终没有可用时间窗的活动也将直接删除对应的观测任务。

(4) 确认问题所包含的所有对地观测活动需要使用的资源或可选资源集，以及这些活动可能被执行的时间窗。

成像卫星任务规划预处理的基本步骤如图 4.2 所示。

经过预处理的一般过程以后，复杂任务被分解成了可调度的元任务，方便了问题建模；同时那些没有可能完成的成像任务需求直接被删除了，不能满足任务要求的时间窗口也被删除了，从而使得原问题得到了一定程度的简化，对求解而言也有效削减了不必要的解搜索空间；而且，所有任务被抽象成了统一的形式，能够用一个统一的数据格式来表示与任务和资源相关的属性和约束，从而为建模过程提供了直接的数据输入。

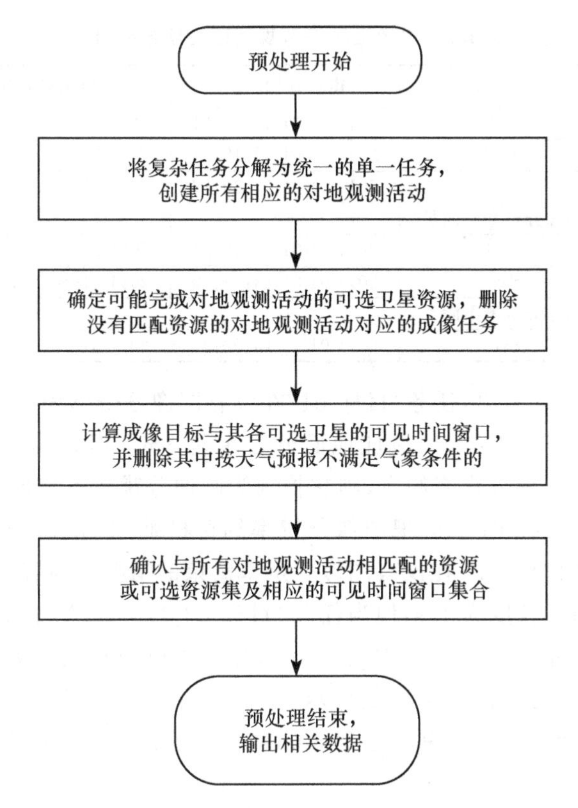

图 4.2　成像卫星任务规划预处理的基本步骤

4.1.3　任务规划预处理结果示例

预处理完成后得到的最重要的数据就是单个元任务对不同卫星传感器的多个可用时间窗口，为了有助于读者理解，本书给出了一些典型例子来说明预处理所起的作用。

1. 实时图像地面分辨率的影响

地面分辨率，也称空间分辨率，定义为在像元的可分辨极限条件下，像元所对应的地面空间尺度，它用来描述成像卫星对地观测成像精度水平。地面分辨率值越小，精度就越高，就可以观测到微小地面目标，甚至地面目标的微小细节。

通常所说的卫星传感器的最佳地面分辨率是指在卫星对地面目标垂直过顶时的地面分辨率，而在卫星运行过程中，其对给定目标的地面分辨率是随着成像角度和姿态不断变化的。仅当实时地面分辨率满足成像任务的最低要求时，对应的时间窗口才是可用的。以卫星 Sat1、Sat2、Sat3 对目标-01 和目标-02 生成的成像任务为例，它们在预处理后具体的可见时间窗口如表 4.1 所示。

表 4.1 成像卫星任务规划预处理结果(1)

任务名称	分配资源	窗口开始时间	窗口结束时间	持续时间/s
目标-01	Sat1	2011-01-01 08:19:21	2011-01-01 08:19:37	16
	Sat2	2011-01-01 08:19:21	2011-01-01 08:19:37	16
	Sat3	2011-01-01 07:00:37	2011-01-01 07:00:53	16
目标-01_G2	图像分辨率不满足	—	—	—
目标-01_G5	Sat1	2011-01-01 08:19:21	2011-01-01 08:19:37	16
目标-02	Sat3	2011-01-01 13:59:10	2011-01-01 13:59:27	17
目标-02_G10	图像分辨率不满足	—	—	—
目标-02_G30	Sat3	2011-01-01 13:59:22	2011-01-01 13:59:27	5

从表 4.1 中可以看出,任务"目标-01"在没有图像分辨率约束的情况下拥有三个可用时间窗口,其中 Sat1 的最佳地面分辨率是 3m。但是如果任务"目标-01_G2"设置了 2m 的图像分辨率约束,则它将因为图像分辨率不满足而没有可用时间窗口。直到任务"目标-01_G5"把图像分辨率约束松弛到 5m 时,Sat1 才能满足任务的要求。任务"目标-02" 在没有图像分辨率约束的情况下拥有一个与 Sat3 的可用时间窗口,其窗口长度为 17s,但当任务"目标-02_G10"设置了 10m 的图像分辨率约束时(Sat3 的最佳地面分辨率是 10m),却因为侧视角度较大、实时图像地面分辨率不够导致该时间窗口不满足要求,从而没有可用时间窗口。直到任务"目标-02_G30"把图像分辨率约束松弛到 30m 时,才有了一个时间长度为 5s 的可用时间窗口。

因此,从以上两个算例可以看出,实时图像地面分辨率对于计算可见时间窗口有着重要的影响,如果只考虑卫星传感器的最佳地面分辨率,那么可见时间窗口分析计算结果的可靠性将大打折扣,也就是说一个最佳图像分辨率为 3m 的卫星传感器不一定每时每刻都能拍到实际图像地面分辨率为 3m 或接近 3m 的卫星图像,甚至与最佳地面分辨率相差甚远。

2. 图像类型的影响

如果观测任务的卫星图像类型定义为"无要求",那么预处理过程将在所有卫星传感器中为其选择能力匹配的资源;如果卫星图像类型定义为可见光、红外或 SAR 图像中的一种,那么预处理过程将只对相应图像类型的卫星传感器进行分析计算。以对目标-03 生成的观测任务为例,它们在预处理后具体的可见时间窗口如表 4.2 所示。

从表 4.2 的预处理结果可以看出,任务"目标-03"在没有要求图像类型的情况下,Sat3 和 Sat4 都有能力完成它,但当任务"目标-03_红外"限制了卫星图像的类型后,只有支持红外图像的 Sat3 才能完成任务。这个例子也说明,用户如果对图像类型没有特殊的要求,应尽量避免无必要的图像类型限制,以免因时间窗口太少而不能被顺利安排。

表 4.2　成像卫星任务规划预处理结果(2)

任务名称	分配资源	窗口开始时间	窗口结束时间	持续时间/s
目标-03	Sat3	2011-01-01 03:10:53	2011-01-01 03:11:09	16
	Sat4	2011-01-01 03:10:53	2011-01-01 03:11:09	16
目标-03_红外	Sat3	2011-01-01 03:10:53	2011-01-01 03:11:09	16

3. 太阳光照条件的影响

对于红外成像或 SAR 成像等全天候成像卫星传感器而言,不用考虑成像时太阳光照条件的影响,但对于光学成像的卫星传感器来说,太阳光照条件对于卫星图像的质量至关重要。从表 4.3 的预处理结果可以看出,任务“目标-04”在没有太阳光照角度约束的情况下拥有一个时间窗口,而“目标-04_可见光_S40”设置了大于 40°的太阳光照角度时,将没有可用时间窗口。

表 4.3　成像卫星任务规划预处理结果(3)

任务名称	分配资源	窗口开始时间	窗口结束时间	持续时间/s
目标-04	Sat4	2011-01-01 04:51:48	2011-01-01 04:52:01	13
目标-04_可见光_S40	太阳光照条件不满足	—	—	—

上述预处理过程中,成像时间窗口的计算比较专业,可采用目前在航天领域广泛应用的 STK 软件。其他步骤中比较复杂的主要是周期性点目标成像任务和区域目标成像任务的分解方法,特别是区域目标分解方法,对任务规划问题建模求解过程有着很大影响。以下将分别展开讨论。

4.2　周期性任务分解技术

周期性任务分解主要指由周期性点目标成像任务派生出具体的对地观测活动。周期性任务主要包括两类:时间特征的周期性任务和事件特征的周期性任务。

4.2.1　时间特征的周期性任务分解

时间特征的周期性任务主要是指对同一个目标每隔多长时间进行一次或多次观测活动,它是在作战、抢险救灾等紧急情况下的一类重要任务。时间特征的周期性任务可以根据时间周期分解为若干个可以一次性完成的子任务,这些子任务都可以看作元任务。

例如,定义一个时间范围为 24h 的周期性任务,周期要求是每隔 3h 对给定目标观测两次,如图 4.3 所示,将对应地生成 16 个子任务。每一个子任务的优先级、目标、约束条件、持续时间等属性全部从父任务中继承，但它具有自己的最早开始时间和最迟结束时间。

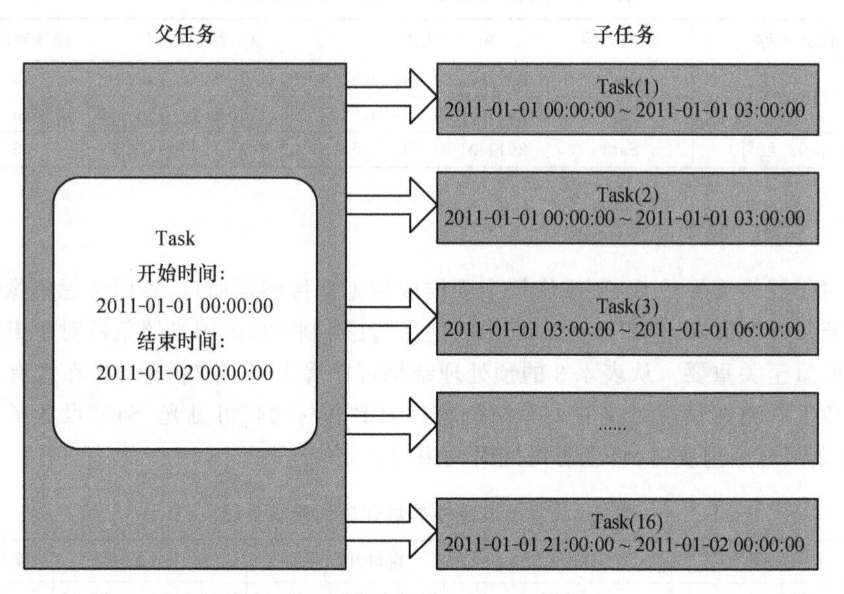

图 4.3　时间特征的周期性任务分解

4.2.2　事件特征的周期性任务分解

事件特征的周期性任务是指对同一个目标而言，一旦具备特定的需求条件即自动生成对其进行成像观测的一系列任务。如在作战过程中，针对一些特别重要的目标，要求只要卫星对该目标有观测的过顶条件，就对其进行一次观测活动，这类任务能够有效度量卫星系统对特定区域内同一目标的连续观测能力。

例如，对于某一个观测目标而言，卫星 1、卫星 2、卫星 3 与该目标的可见时间窗口如图 4.4 所示，如定义对该目标的观测任务是每过顶即成像一次，则可以派生

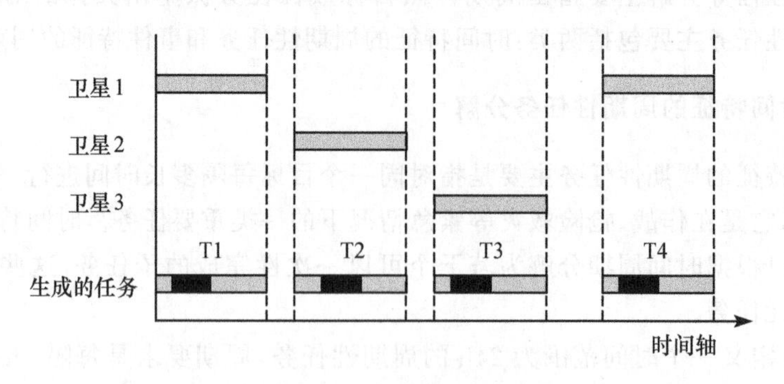

图 4.4　事件特征的周期性任务分解

出 T1、T2、T3 和 T4 共 4 个时间要求不同的观测任务。图中黑色时段为任务的持续时间。

4.3　区域目标静态分解技术

区域目标静态分解技术是指预先以固定方式将区域目标分解为多个互不相交的小区域(点或条带),并将其视为点目标进行调度。现有文献中描述的多为区域目标静态分解技术,主要的方法有以下几种。

4.3.1　依据单景分解

文献[1]将区域分解转化为集合覆盖问题,首先在轨道方向上按照标准像幅长度等距离分解区域目标,然后采用垂直于轨道方向的横条按照标准像幅的尺寸将区域分解成多个独立场景,使得能以尽量少的场景覆盖指定区域。经过分解后,区域目标调度被转化为针对这些独立场景的点目标调度。文献[2]也采用类似方法,只在分解顺序及分解单元大小上存在差异。图 4.5 为一个区域目标的集合覆盖分解示意图。

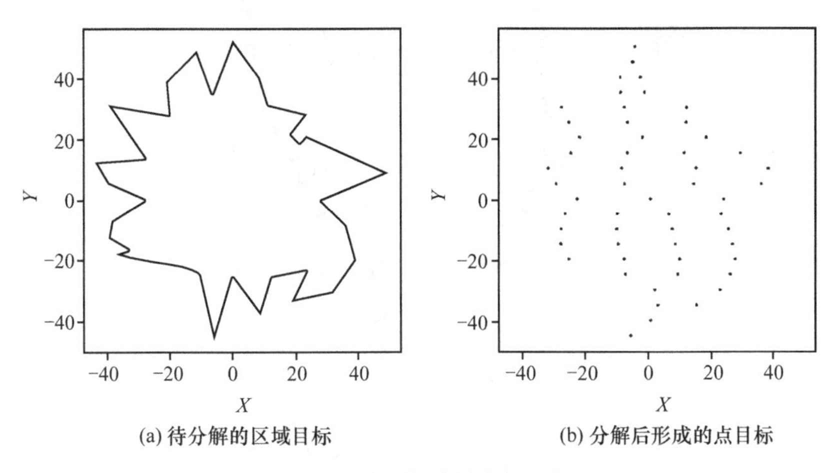

(a) 待分解的区域目标　(b) 分解后形成的点目标

图 4.5　区域目标单景分解示意图

4.3.2　采用预定义的参考系统分解

预定义的参考系统有全球参考系统(worldwide reference system,WRS)和网格参考系统(grid reference system,GRS)。参考系统按照一定的坐标系,将全球划分为多个带有编号的场景。按照预定义的参考系统对区域进行分解时,只需要检索与区域目标相关的场景，并进行规划即可。其适用于 Landsat 等陆地观测卫星全球性或区域性的普查。如图 4.6 所示，按照 GRS 参考系统，台湾地区被分解为 22 个场景。

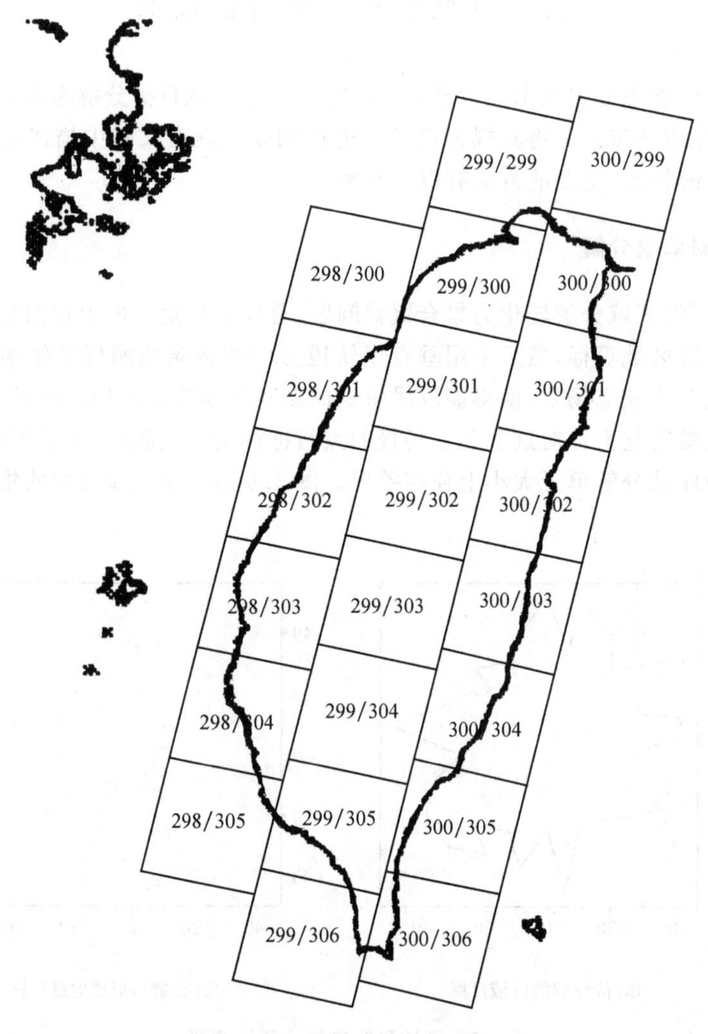

图 4.6　台湾地区覆盖示意图

4.3.3　采用固定宽度的条带进行分解

文献[3]依据卫星的飞行径向和遥感器幅宽，将区域分解为固定宽度的平行条带。如图 4.7 所示，图中实线多边形为区域轮廓，虚线矩形为分解后的条带。其中，条带的宽度按照卫星的幅宽而定，条带的方向与卫星的飞行径向平行。

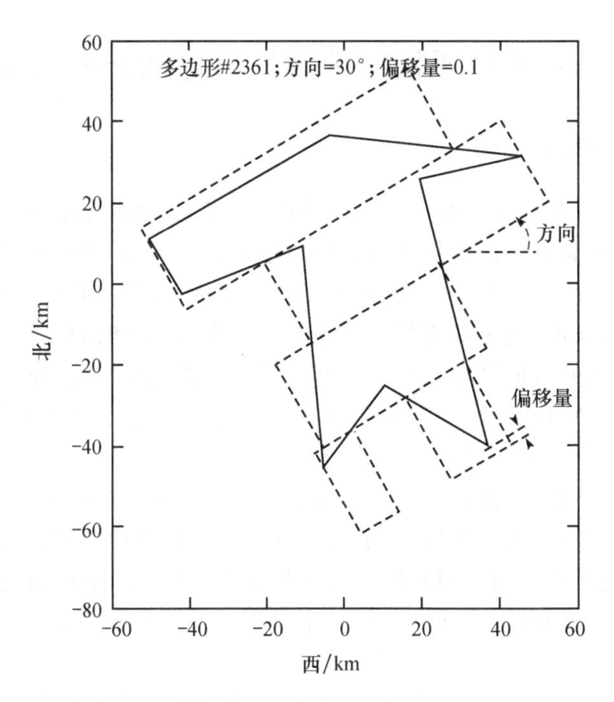

图 4.7　按固定的宽度与方向分解区域目标

4.3.4　静态区域目标分解技术的不足

从分解得到的子任务间的关系来看,这三种方法均为"完全分解"方式,即分解后的子任务间相互独立,不存在重叠,其收益也相互独立(互不影响)。因此,每个子任务均可以视为单独的点目标。采用此类分解方式可以将区域目标转化为点目标,并采用针对点目标调度的模型及算法求解。

从卫星的观测效率来看,采用这三种方法必须提前确定分解的参数(单景大小、条带宽度及划分方向),并采用固定参数进行分解。其中,单景的大小、条带的宽度是依据卫星遥感器参数而定,条带的划分方向依据卫星的轨道参数而定。当使用多颗卫星观测区域目标时,由于不同卫星在轨道倾角及星载遥感器幅宽等参数上均存在差异,若采用这些分解方法,将不能体现不同卫星的性能差异,不能充分发挥卫星的观测能力,会降低对区域目标的观测效率。因此,这三种方法更适合于单颗卫星对区域目标观测的情况。

针对多颗卫星多个遥感器的情况,本书设计了两种区域目标动态分解方法:基于高斯投影的区域目标动态分解技术和基于 MapX 的区域目标动态分解技术。

4.4 基于高斯投影的区域目标动态分解技术

4.4.1 区域目标投影策略

区域目标的分解需要在长度和面积方面对地球表面进行度量。目前用于计算时间窗口的STK软件采用的星下点、区域目标顶点等地理坐标都是基于大地坐标系、以经纬度表示的,然而大地坐标系不是平面坐标系,度不是标准的长度单位,不便于计算面积和长度,而平面坐标系则易于对长度、角度和面积等内容进行量测和计算,加之本书所研究的区域目标是具有一定范围的地球表面,曲面的特征不能够被忽略。为了避免直接把区域当做平面看待会出现的裂隙或褶皱情况,可以采用投影的方法来解决这个问题。

在选择投影方案时,需要考虑多方面的因素:投影结果的用途、投影图形的比例尺要求、区域目标的大小范围、区域目标的常见形状和位置等。高斯投影[4~7]在长度和面积上变形较小,投影精度高,可满足军事上各种需要;而且自1952年起我国将其作为国家大地测量和地形图的基本投影,因此可采用高斯投影来完成对区域目标的动态分解。

高斯投影是按分带方法各自进行投影,各带坐标自成独立系统。高斯投影中每个投影带的坐标都是对本带坐标原点的相对值,各带的坐标范围完全相同,因此不同对象通过高斯投影可能获得相同的坐标。当成像卫星任务规划问题包含多个区域目标时,本书采用了以下策略来区别不同区域目标的投影坐标:

(1) 把不同的区域目标投影在不同的投影平面内;

(2) 将星下点坐标投影到高斯平面时,采用其对应区域目标所采用的中央子午线经度;

(3) 高斯投影正算过程在横轴坐标前加上固定格式的中央子午线经度,以区别某一坐标系统对应哪一个中央子午线。如(4231898m,123655933m),其中123为中央子午线经度。这种方法相当于将整个投影图形在东西方向平移,不会影响区域目标各顶点的几何关系,而又有利于在反算过程中解析平面坐标所对应的中央子午线信息。

我们也考虑了区域目标覆盖范围经差较大的情况,此时使用宽带高斯投影作为解决方案,可解决经差在9°以内的区域目标投影需求。当然,由于高斯投影自身特点的限制,如果要考虑经差超过9°、范围非常大的区域目标,则需要根据区域目标的形状大小及地理特点考虑其他方法。

4.4.2 基于高斯投影的区域目标动态分解过程

在设计将区域目标分解成为条带集合的方法时,本书参考了Lemaître等[3]和

Mancel[8]的分解方法。Lemaître 等[3]按照星载遥感器的技术参数将以多边形表示的区域目标划分为多个相邻等幅宽的矩形条带,其中每个矩形条带对应于星载遥感器的一个观测活动。这种分解方法也是美国 NASA 在 HIRIS 遥感器实际应用中使用的方法[1]。为了便于描述,特定义以下符号:

(1) T 表示一个给定的时间范围(如 24h 内);

(2) $S=\{s_1,s_2,\cdots,s_{(N_S)}\}$表示 N_S 个星载遥感器资源;

(3) $T_P=\{t_1,t_2,\cdots,t_{(N_T)}\}$表示 N_T 个观测目标,$D=\{D_1,D_2,\cdots,D_{(N_T)}\}$表示所有观测目标在各自平面坐标系中定义的范围;

(4) $VW_{ij}=\{vw_{ij}^1,vw_{ij}^2,\cdots,vw_{ij}^{N_{ij}}\}$表示遥感器 s_i 对观测目标 t_j 的时间窗集合;N_{ij} 为遥感器 s_i 与观测目标 t_j 的可见时间窗总数;

(5) 对任意时间窗 $vw_{ij}^k(1\leqslant k\leqslant N_{ij})$,遥感器所在卫星平台的局部轨迹方程为 $x=a_{ij}^k y+b_{ij}^k,ys_{ij}^k\leqslant y\leqslant ye_{ij}^k$,其中 ys_{ij}^k 和 ye_{ij}^k 分别为轨迹线的起始点横坐标和终止点横坐标。

假设在给定时间范围 T 内,安排星载遥感器资源 S 对多个区域目标 T_P 进行观测,已知所有区域目标在各自平面坐标系中的范围定义 D、图像类型要求、星载遥感器参数、光照条件要求等信息,设任意遥感器 s_i 对区域目标 t_j 的时间窗集合为 VW_{ij},基于高斯投影的区域目标动态分解处理的工作流程可表述如下:

步骤 1　选择一个未处理的时间窗 vw_{ij}^k,基于其对应的局部轨迹方程、起止点和星载遥感器 s_i 的参数计算出遥感器在平面直角坐标系中的观测范围 va_{ij}^k。星载遥感器的观测范围指在满足空间分辨率要求的情况下通过调整侧摆角和前后仰角所能观测到的区域。

步骤 2　若用户希望从已有场景参考库中挑选场景,则根据区域目标 t_j 和观测范围 va_{ij}^k 的重叠情况从参考库中筛选合适的场景,计算各场景对应的遥感器侧摆角度,并转至步骤 5;否则转至步骤 3。

从参考库中筛选场景时必须考虑以下规则:

(1) 场景必须与区域目标 t_j 相交;

(2) 场景必须位于星载遥感器 s_i 的观测范围 va_{ij}^k 内;

(3) 场景必须能够被星载遥感器 s_i 一次性完成;

(4) 当卫星运行在时间窗 vw_{ij}^k 所对应的轨道圈次上,星载遥感器 s_i 必须有机会观测被选择的场景。

这种从参考库中挑选场景的方法类似于 Landsat 7 卫星的全球参考系统。如图 4.8 所示,在当次过境时间窗内,最终选择编号为[100/300,100/301,100/302,100/303,101/299,101/300,101/301,101/302,101/303,101/304]的场景作为候选观测场景,其他场景或是位于星载遥感器观测范围之外,或是在时间窗 vw_{ir}^k 所对应的轨道圈次内无法被观测,所以都没有被选择。图中横、纵坐标轴采用高斯平面直角坐标系定义,总视场是星载遥感器在垂直于轨道方向的观测范围。

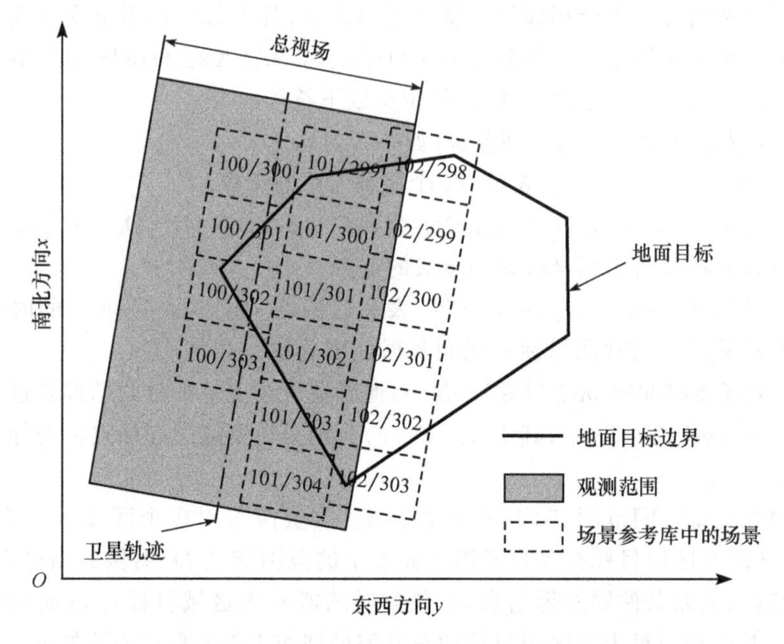

图 4.8　从场景参考库中挑选场景的示意图

步骤 3　将区域目标分解成为条带集合 $v\text{Strip}_{ij}^{k}$,并同时根据条带位置与卫星平台飞行高度计算每个条带对应的遥感器侧摆角度。

由于 Lemaître 等[3]所给出的分解方法都没有考虑卫星观测范围这一重要影响因素,分解出的观测场景有可能没有合适的可见时间窗,由此会产生一种极端情况:分解得到的条带都没有可见时间窗,浪费过境观测机会。图 4.9 给出了一个极端情况的例子:根据卫星局部轨迹的方向分解得到的三个候选观测条带没有一个完全位于星载遥感器的观测范围内,因此都不具备可见时间窗,最终导致卫星在该

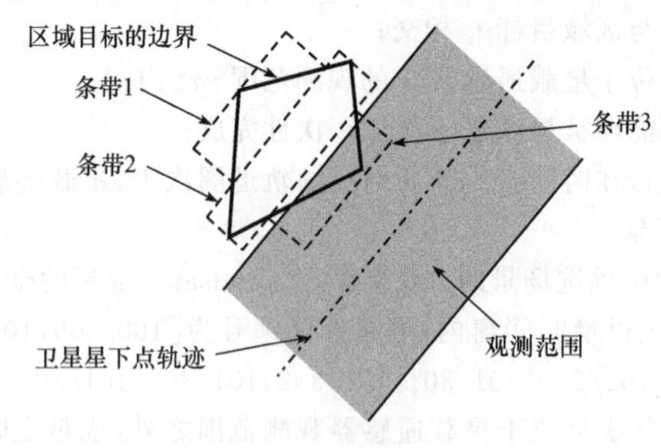

图 4.9　极端情况的示例

次过境机会不执行任何观测活动，浪费一次宝贵的观测机会。

针对 Lemaître 分解方法会浪费观测机会这一缺陷，本书对其进行了改进，提出了一种更加完善的区域目标分解处理方法，在分解过程考虑了观测范围(va_{ij}^k)和偏移参数($\Delta\lambda_i$)的影响，将区域目标的局部或全部分解成为数个相邻的、等幅宽的条带集合，如图 4.10 所示。它借鉴了 Lemaître 分解区域目标成条带的思想，通过采用观测范围作为分解过程参考边界，预先排除了无法观测的区域，避免了分解结果没有可见时间窗的情况，并且通过引入偏移参数，使调度人员能够根据具体情况选择偏移参数以调整相邻条带的重叠程度，能够更好地反映调度人员的偏好。

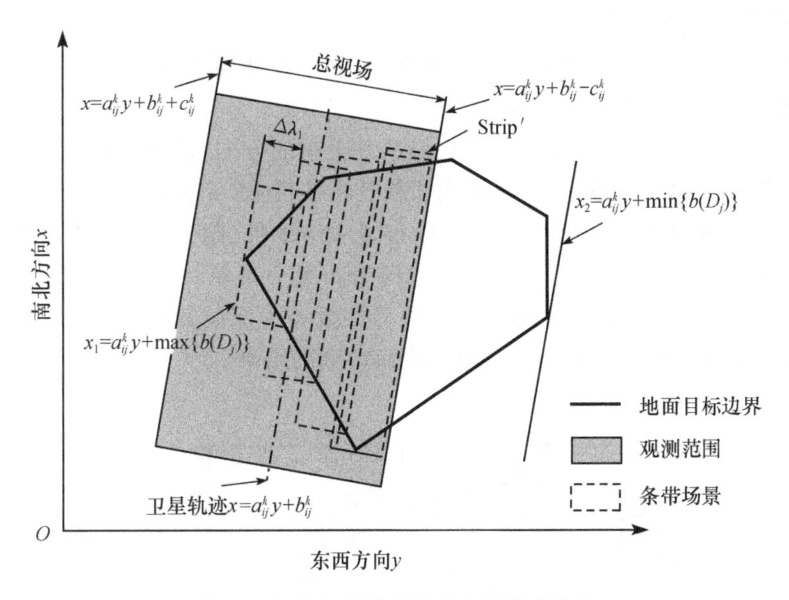

图 4.10　分解区域目标成为相邻的条带

分解区域目标的过程总是沿着区域目标和观测范围的重叠部分由西向东进行，在垂直轨道方向以偏移参数 $\Delta\lambda_i$ 为间隔由西向东逐条地布置条带，使相邻两个条带的西侧边界(平行于卫星轨道方向)间距等于偏移参数 $\Delta\lambda_i$，直到条带集合完全覆盖区域目标位于观测范围内的部分。

设星载遥感器观测范围 va_{ij}^k 平行于卫星轨道方向边界的直线方程分别为 $x=a_{ij}^k y+b_{ij}^k+c_{ij}^k$ 和 $x=a_{ij}^k y+b_{ij}^k-c_{ij}^k$，$c_{ij}^k>0$。过区域目标 t_j 的各顶点作平行于卫星轨迹的直线，将常数项最大和最小的两条直线分别记为 $x_1=a_{ij}^k y+\max\{b(D_j)\}$ 和 $x_2=a_{ij}^k y+\min\{b(D_j)\}$。区域目标 t_j 位于直线 $x_3=a_{ij}^k y+\min\{b_{ij}^k+c_{ij}^k,\max\{b(D_j)\}\}$ 与 $x_4=a_{ij}^k y+\max\{b_{ij}^k-c_{ij}^k,\min\{b(D_j)\}\}$ 之间的部分就是接下来要进行分解处理的内容。

若直线 x_3 与 x_4 之间的距离大于或等于一个像幅宽度 $v\text{Width}_i$，则首先以直线 x_3 为(将要布置的)条带的西侧边界在区域目标内布置一个条带，然后依次在垂直轨道方向按照偏移参数 $\Delta\lambda_i$ 由西向东逐条地布置条带。随着分解过程的进行，需要分解的区域逐渐变窄，当条带东侧边界与直线 x_4 间距离小于 $\Delta\lambda_i$ 时，以 x_4 为边界向着轨迹线 $x=a_{ij}^k y+b_{ij}^k$ 布置一个条带，如图 4.10 中条带 Strip′。如果在开始分解时直线 x_3 与直线 x_4 之间的距离就小于一个像幅宽度 $v\text{Width}_i$，当满足 $\min\{b_{ij}^k+c_{ij}^k,\max\{b(D_j)\}\}\geqslant b_{ij}^k$ 条件时，则以直线 x_3 为边界向着轨迹线布置一个条带，否则以直线 x_4 为边界向着轨迹线布置一个条带。以上分解过程中，条带的长度(轨道方向)采用了 Lemaître 等[9]、Walton 等[1]的方法，根据条带与区域目标边界的交点位置决定。

步骤 4　若遥感器采用单景模式成像，则基于单景覆盖范围把集合 $v\text{Strip}_{ij}^k$ 中的条带分解成单景，否则转至步骤 5。

对任意条带 vS($vS\in v\text{Strip}_{ij}^k$)，按照从北至南的方向，参考单景覆盖范围将条带 vS 分解成相邻的单景，直到这些相邻单景将条带 vS 完全覆盖。如果在布置单景覆盖条带时剩下的未覆盖部分不足以布置一个单景，则参考最近布置的单景的南部边界(垂直轨道方向)沿着轨道方向向南布置一个单景，使由条带 vS 分解得到的单景两两相邻。图 4.11 显示了在偏移参数等于像幅宽度时分解区域目标成条带后，再按单景覆盖范围大小分解条带而得到的结果。

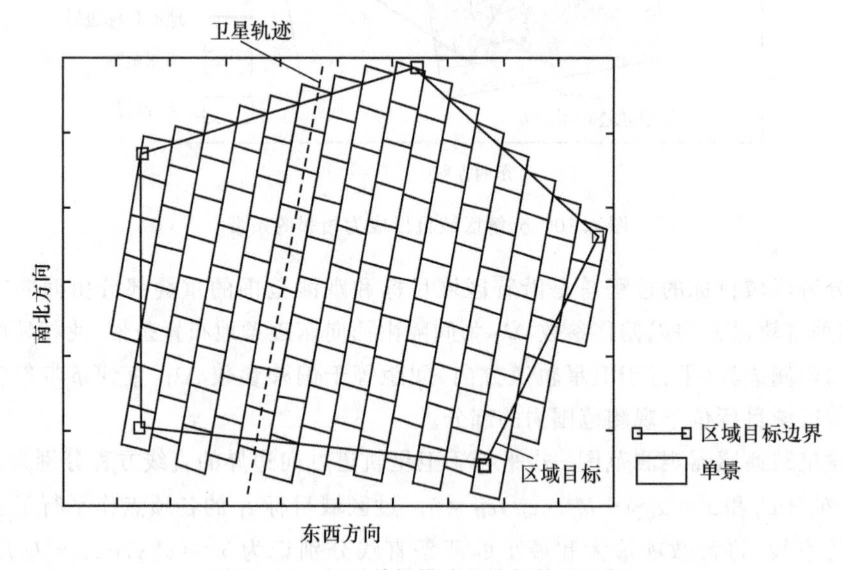

图 4.11　针对单景模式的分解结果示例

将条带分解为单景的过程弱化了星载遥感器观测范围 va_{ij}^k 的影响，这主要是因为在分解区域目标成为条带集合时，条带一般都超出区域目标边界，星载遥感器对条带状场景的可见时间窗跨度会超出星载遥感器对整个区域目标的时间窗 vw_{ij}^k，此时不能继续以星载遥感器观测范围 va_{ij}^k 作为本阶段分解过程的参考边界。

由于在将条带分解成为单景的过程中没有考虑地面目标与星载遥感器的可视机会，所以最终得到的单景集合内虽然大部分能够有合适的可见时间窗，但也可能存在少数场景会因为光照条件的限制而没有与星载遥感器的可见时间窗。对于后一种情况，本书将在时间属性计算阶段进行相应的处理。

步骤 5　若还有未处理的遥感器对区域目标的时间窗，转至步骤 1；否则转至步骤 6。

步骤 6　输出区域目标的分解结果。

4.5　基于 MapX 的区域目标动态分解技术

如前所述，高斯投影策略在大地坐标系和平面坐标系之间转换时存在着一定的误差，特别是当区域目标的经度跨度较大时，基于高斯投影的区域目标动态分解方法将受到限制。为此，我们另外提出了一种基于 MapX 的区域目标动态分解技术，其在以下几个方面进行了改进：

(1) 采用立体几何计算卫星在某侧视角度下对区域目标的覆盖范围，克服了高斯投影在区域目标经度差上的限制。

(2) 依据卫星每次经过区域目标时对区域的可观测范围，按照星载传感器的侧视角度对区域目标进行分解，结果更加精确。

(3) 根据多边形顶点的经纬度坐标，采用 MapInfo 软件计算多个条带对区域目标的综合覆盖率，效率更高。

本方法采用了按照角度对区域的分解操作，因此需要求得卫星在某观测角度下对地面的覆盖范围。以下首先介绍卫星在某观测角度下对地面覆盖区域的计算方法。

4.5.1　卫星对地面覆盖区域的计算

如图 4.12 所示，已知时刻 t 卫星的星下点为 A，时刻 t' 卫星的星下点为 A'，设卫星在时刻 t 至 t' 采用侧视角度 θ 进行观测，覆盖地面区域的顶点依次为 $\{R,L,L',R'\}$。要获取该区域的坐标信息，必须获得四个顶点的经纬度坐标。图 4.13 为时刻 t 卫星的侧面剖析图，卫星的视场角为 Δg，由图可知，$\theta_1=\theta+\frac{1}{2}\Delta g$，$\theta_2=\theta-\frac{1}{2}\Delta g$。问题的关键在于根据星下点坐标、侧视角度 θ_1，θ_2 及卫星的轨道等信息得到 L，R 的坐标。设时刻 t 卫星星下点 A 的经纬度坐标为 (λ,φ)，卫星在遥感器侧视面内(垂直于轨道面)以角度 θ 偏离卫星与球心的矢径;由于卫星可采用角度 θ 进行左右侧视,因此要根据需要对左右两侧的观测点分别计算。

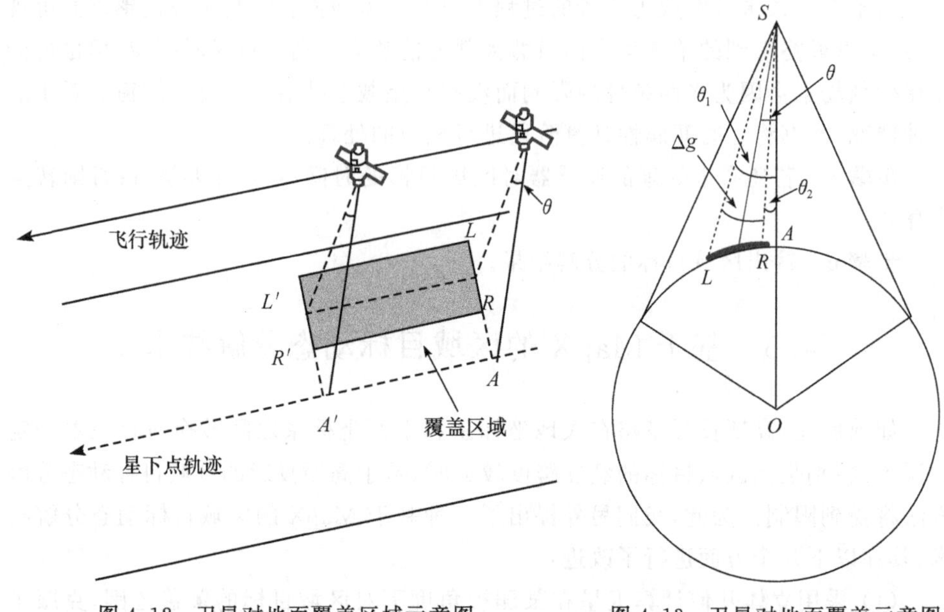

图 4.12　卫星对地面覆盖区域示意图　　　图 4.13　卫星对地面覆盖示意图

根据相关几何关系绘图(图 4.14),将地球近似认为是圆球体,图中 O 为地球球心,设时刻 t 卫星位置为 S,A 为星下点,过 A 点做线段 AO 的垂线交赤道平面

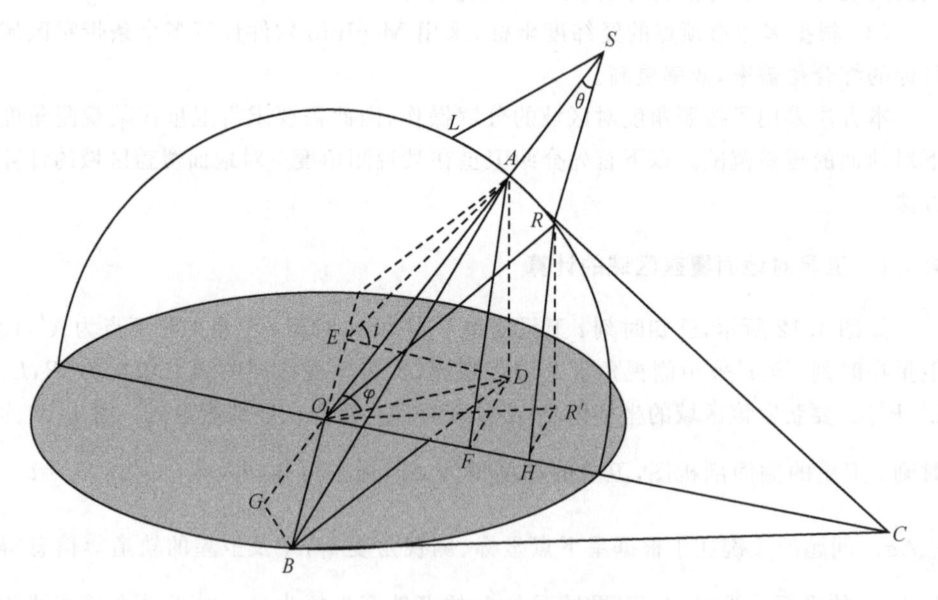

图 4.14　卫星覆盖几何关系示意图

于 C,连接 OC。B 为赤道与卫星轨道面的交点,取与 OA 呈锐角的点 B,则平面 BOC 为赤道面,平面 AOB 为卫星轨道面,平面 AOC 为时刻 t 遥感器侧视面。从 A 点向赤道平面做垂线 AD 得垂足为 D,从 D 点依次做 OB 和 OC 的垂线得垂足分别为 E 和 F,连接 AE 和 AF。过 B 做 SO 的垂线得垂足 G,侧视面内偏离 SO 为 θ 角的与地球表面的交点分别为 L 和 R,需要计算两点的经纬度坐标(λ_R,φ_R),(λ_L,φ_L)。L 和 R 具有类似的几何关系,以 R 为例进行求解,做 RR' 垂直于赤道面,并做 $R'H$ 垂直于 OC。不难看出,$OE\perp AD$,$OE\perp ED$,则 $OE\perp$ 平面 AED;$\angle AED$ 为卫星的轨道倾角,$\angle AED=i$,$\angle AOD=\varphi$,$\angle LSA=\angle RSA=\theta$,设地球半径为 r,时刻 t 卫星轨道高度为 h,则

$$\begin{cases}\varphi_R=\arcsin\left(\dfrac{\sin\left(\arcsin\sqrt{\dfrac{\sin^2\varphi}{1-\sin^2 i+\sin^2\varphi}}-\arcsin((1+h/r)\cdot\sin\theta)+\theta\right)}{\sqrt{\dfrac{1}{1-\sin^2 i+\sin^2\varphi}}}\right)\\ \lambda_R=\lambda-(\arccos(\cos\angle AOC/\cos\varphi)-\arccos(\cos\angle ROC/\cos\varphi_R))\end{cases}\tag{4.1}$$

$$\begin{cases}\varphi_L=\arcsin\left(\dfrac{\sin\left(\arcsin\sqrt{\dfrac{\sin^2\varphi}{1-\sin^2 i+\sin^2\varphi}}+\arcsin((1+h/r)\cdot\sin\theta)-\theta\right)}{\sqrt{\dfrac{1}{1-\sin^2 i+\sin^2\varphi}}}\right)\\ \lambda_L=\lambda-(\arccos(\cos\angle AOC/\cos\varphi)-\arccos(\cos\angle LOC/\cos\varphi_L))\end{cases}\tag{4.2}$$

详细推导过程如下:

由 $\begin{cases}AD=r\cdot\sin\varphi\\ OD=r\cdot\cos\varphi\\ S_{BOD}=S_{AOB}\cdot\cos i\end{cases}$,可知

$$\sin\angle AOB=\sin\angle BOD\cdot\cos\varphi/\cos i\tag{4.3}$$

又由于 $\tan i=|AD|/|DE|$,$|DE|=OD\cdot\sin\angle BOD$,则

$$\sin\angle BOD=\tan\varphi/\tan i\tag{4.4}$$

$$\angle BOD=\arcsin(\tan\varphi/\tan i)\tag{4.5}$$

$$\sin\angle AOB=\sin\varphi/\sin i\tag{4.6}$$

$$\angle AOB=\arcsin(\sin\varphi/\sin i)\tag{4.7}$$

由 $V_{A-BOC}=V_{C-AOB}$ 可知

$$\sin\varphi\cdot\sin\angle BOC=\sin\angle AOC\cdot\sin\angle AOB\tag{4.8}$$

由于 AC 和 BE 为两异面直线并且相互垂直,作 $BG\perp AO$ 于 G,则由两互相垂直的

异面直线距离公式,可得

$$|BC|^2 = |BG|^2 + |AG|^2 + |AC|^2 \tag{4.9}$$

因此

$$\cos\angle BOC = \cos\angle AOB \cdot \cos\angle AOC \tag{4.10}$$

由式(4.8)和式(4.10)可得

$$\sin\angle AOC = \sqrt{\frac{\sin^2\varphi}{1 - \sin^2 i + \sin^2\varphi}} \tag{4.11}$$

$$\angle AOC = \arcsin\sqrt{\frac{\sin^2\varphi}{1 - \sin^2 i + \sin^2\varphi}} \tag{4.12}$$

$$\sin\angle BOC = \sqrt{\frac{1}{1 - \sin^2 i + \sin^2\varphi}} \Big/ \sin i \tag{4.13}$$

$$\angle BOC = \arcsin\left(\sqrt{\frac{1}{1 - \sin^2 i + \sin^2\varphi}} \Big/ \sin i\right) \tag{4.14}$$

由于$\triangle AFD$与$\triangle RHR'$相似,因此,$|AF|/|RH| = |AD|/|RR'|$,即

$$\sin\angle AOC / \sin\angle ROC = r \cdot \sin\varphi / |RR'| \tag{4.15}$$

又有

$$\angle ROC = \angle AOC - \angle AOR \tag{4.16}$$

在$\triangle SOR$中,由正弦定理得$r/\sin\theta = (r+h)/\sin(\theta + \angle AOR)$,即

$$\angle AOR = \arcsin((1 + h/r) \cdot \sin\theta) - \theta \tag{4.17}$$

由式(4.11)～式(4.17)可知

$$|RR'| = \frac{r \cdot \sin\left(\arcsin\sqrt{\frac{\sin^2\varphi}{1 - \sin^2 i + \sin^2\varphi}} - \arcsin((1 + h/r) \cdot \sin\theta) + \theta\right)}{\sqrt{\frac{1}{1 - \sin^2 i + \sin^2\varphi}}} \tag{4.18}$$

则有

$$\varphi_R = \arcsin\left(\frac{\sin\left(\arcsin\sqrt{\frac{\sin^2\varphi}{1 - \sin^2 i + \sin^2\varphi}} - \arcsin((1 + h/r) \cdot \sin\theta) + \theta\right)}{\sqrt{\frac{1}{1 - \sin^2 i + \sin^2\varphi}}}\right) \tag{4.19}$$

又由$\lambda_R = \lambda - (\angle DOC - \angle R'OC)$,因此

$$\lambda_R = \lambda - (\arccos(\cos\angle AOC/\cos\varphi) - \arccos(\cos\angle ROC/\cos\varphi_R)) \quad (4.20)$$

同理,L 的坐标(λ_L,φ_L)也可以根据对应的几何关系进行求解。

由此可得到卫星在采用任一角度对地面观测时,能够覆盖的地面区域的顶点坐标,便于区域目标分解时,获取不同观测角度下对区域的覆盖信息。

4.5.2　基于 MapX 的区域目标动态分解方法

为便于表述,进行如下定义:

(1) 遥感器 s_i 的视场角为 Δg_i,最大侧视角度和最小侧视角度分别为 $\max g_i$ 和 $\min g_i$,进行区域目标分解时的角度偏移量为 $\Delta\lambda$。

(2) 携带遥感器 s_i 的卫星(简称卫星 s_i)在第 k 个时间窗内对区域目标 t_j 进行分解后的元任务集合为 $O_{ijk}=\{o_{ijk1},o_{ijk2},\cdots,o_{ijk(N_{ijk})}\}$;区域目标 t_j 依据卫星 s_i 分解的元任务集合为 $O_{ij}=\{O_{ij1},O_{ij2},\cdots,O_{ij(N_{ij})}\}$;任务 t_j 分解的元任务集合为 $O_j=\{O_{1j},O_{2j},\cdots,O_{mj}\}$。

任务 t_j 分解后的子任务集合可以表示为

$$O_j=\bigcup_{i=1}^{N_S}\bigcup_{k=1}^{N_{ij}}\bigcup_{p=1}^{N_{ijk}} o_{ijkp},\quad i\in\{1,2,\cdots,N_T\}$$

下面描述多颗卫星观测多个区域目标时的动态分解方法:

步骤 1　遍历 T_p 中的每个区域目标。针对区域目标 t_j 的遥感器类型要求及最低分辨率要求,选择可用卫星集合 S'。

步骤 2　遍历 S'中的每个卫星,根据每颗卫星 s_i 对区域目标 t_j 进行分解。

步骤 3　根据卫星轨道预报,计算 s_i 与区域目标 t_j 的时间窗集合 VW_{ij},并删除其中不满足区域目标 t_j 时间要求的时间窗。

步骤 4　遍历 VW_{ij} 中的每个时间窗 VW_{ijk},根据每个时间窗进行分解。

步骤 4.1　在时间窗 VW_{ijk} 内,卫星 s_i 指向区域目标 t_j 顶点的最小、最大角度 $g_{\min}(i,j)$,$g_{\max}(i,j)$。

步骤 4.2　在时间窗 VW_{ijk} 内,卫星 s_i 对区域目标 t_j 有效观测的最小角度和最大角度分别为 g_S 和 g_E。

$$g_S=\max\left\{g_{\min}(i,j)+\frac{1}{2}\Delta g_j,\min g_j\right\}$$

$$g_E=\min\left\{g_{\max}(i,j)-\frac{1}{2}\Delta g_j,\max g_j\right\}$$

步骤 4.3　按照不同观测角度 g'对区域目标进行分解。g'从最小角度 g_S 开始,以 $\Delta\lambda$ 为角度偏移量进行偏移,直至最大角度 g_E。

步骤 4.4　在每种观测角度 g'下,均生成一个子任务 o_{ijkp},o_{ijkp} 的观测角度 g_{ijkp}为 g',其开始时间 ws_{ijkp}和结束时间 we_{ijkp}分别为卫星 s_i 采用 g'角度观测时,

出入区域目标的时刻。根据 ws_{ijkp}，we_{ijkp} 及对应时刻的星下点坐标，采用卫星对地面覆盖区域的计算公式，得到卫星在此角度下覆盖的条带的顶点坐标，从而得到条带的坐标信息。

步骤 4.5 将卫星 s_i 与区域目标 t_j 在时间窗 VW_{ijk} 内分解的子任务加入集合 O_{ijk}。

步骤 5 将卫星 s_i 与区域目标 t_j 在各时间窗内分解得到的子任务加入集合 O_{ij}。

步骤 6 将所有卫星与区域目标 t_j 分解的子任务加入集合 O_j。

步骤 7 依次分解其他任务，若分解完毕，则返回并输出结果。

由于区域目标分解得到的每个子任务都是成像卫星的一个可选观测活动，为便于统计子任务对区域目标的覆盖关系，必须记录其坐标信息。子任务的坐标信息采用顺时针顺序的四个顶点的经纬度坐标来表示。分解得到的子任务采用六元组表示

$$o_{ijkv} = \{\text{AtomicId}, \text{TaskId}, \text{SatId}, \text{Win}, \text{Angle}, \text{Coordinate}\}$$

分别为子任务标识、任务标识、卫星标识、时间窗、观测角度及子任务的坐标信息。

采用多颗成像卫星对多个区域目标进行观测时，在完成对区域目标的动态分解后，就得到大量的候选子任务，每个子任务都是成像卫星的一个可选观测活动。可选观测活动的增多以及多个可选观测活动之间可能存在的互斥关系，无疑增加了模型描述的复杂性，同时也对后续的求解算法提出了严峻的挑战。但是，区域目标的动态分解能够充分利用多星的能力。在区域目标的静态分解模式下，只能采用单颗卫星对给定区域目标逐个进行观测，因此需要耗费很长时间(几天甚至几个月)才能完成对该区域目标的观测。在区域目标的动态分解模式下，可采用多颗卫星对给定区域目标协同进行观测，因此可快速完成对该区域目标的观测，能极大提高对用户需求的快速响应能力，这点对于突发应急任务的观测尤为重要。

参考文献

[1] Walton J. Models for the management of satellite-based sensors. Ph. D. Dissertation, Massachusetts Institute of Technology, 1993.

[2] Rivett C, Pontecorvo C. Improving satellite surveillance through optimal assignment of assets. Australian Government Department of Defense: DSTO-TR-1488, 2004.

[3] Lemaître M, Verfaillie G. Daily management of an earth observation satellite: comparison of ILOG solver with dedicated algorithms for valued constraint satisfaction problems. Third ILOG International Users Meeting, Paris, 1997.

[4] 胡毓钜，龚剑文，黄伟. 地图投影. 北京：测绘出版社，1981.

[5] 钱曾波,刘静宇,肖国超.航天摄影测量.北京:解放军出版社,1992.
[6] 朱华统.常用大地坐标系及其变换.北京:解放军出版社,1990.
[7] 朱华统,杨元喜,吕志平.GPS坐标系统的变换.北京:测绘出版社,1994.
[8] Mancel C. Complex optimization problems in space systems. American Association for Artificial Intelligence,2003.
[9] Lemaître M, Verfaillie G, Jouhaud F, et al. Selecting and scheduling observations of agile satellites. Aerospace Science and Technology,2002,6(5):367-381.

第5章 多星一体化任务规划技术

成像卫星的观测任务可分为点和区域两类目标，二者在调度方式上存在很大区别。为了提高卫星的观测效率，必须考虑如何将二者进行综合调度。另外，对于许多侧摆机动性能受限的成像卫星来说，还存在对观测任务进行合成观测的需求。因此，制定成像卫星调度方案时，还必须对任务进行一定的优化合成。

本章阐述了多星一体化任务规划技术。在深入分析卫星对各类目标的调度特点以及任务合成特性的基础上，建立了多星一体化调度模型，提出了动态合成启发式及快速模拟退火两种算法。

5.1 问题分析

若将成像卫星看做是机器，观测任务看做是工件，则成像卫星调度问题可当做一类多机调度问题(multi-machine scheduling problem)，如加工工件(观测目标)均需要一定时间，并消耗一定资源；机器加工不同工件时需要准备时间及释放时间，卫星观测不同目标时需要进行姿态转换等。但成像卫星调度具有很多特殊性。

成像卫星调度的主要特点是具有时间窗约束，即观测任务必须在时间窗内执行。通过卫星轨道预报及对目标的访问计算，可得到卫星对目标的多个时间窗，观测任务的时间窗与特定卫星资源相关联。从调度理论研究来看，其他应用领域的研究均没有考虑工件的加工时间窗与机器相关这一约束条件，且许多研究仅考虑了单个时间窗的情况，而没有考虑存在多个时间窗的情况。从优化目标来看，大多数理论研究中，考虑的优化目标是最小化加工时间或最小化加工费用，其所有的工件都必须安排加工。成像卫星调度为过多订购(oversubscribed)问题[1,2]，任务需求远大于资源的能力，只能安排部分任务，优化目标是最大化安排任务。因此，多颗成像卫星的综合调度需要在机器调度理论的基础上，寻求新的更有效的建模求解方法。

5.1.1 点目标和区域目标的综合调度

由于点目标可被卫星单次观测完成，因此面向点目标的成像卫星调度实质上就是为每个点目标分配卫星资源，并确定具体的观测时间。面向点目标的成像卫星调度相对简单，可映射为车间调度、多维背包等问题，通过建立规划模型、约束满足问题等模型，并采用各种优化算法进行求解。

区域目标的范围较大，必须由卫星多次观测才能完成覆盖。因此，制定成像卫星对区域目标的成像方案时，必须首先依据卫星的轨道特征以及遥感器参数，将区域目标进行分解，然后再进行调度。面向区域目标的调度与面向点目标的调度存在很大区别[3~5]，主要体现在以下几个方面：

(1) 需要考虑区域目标的覆盖范围。在面向点目标的调度中，点目标的覆盖范围可被忽略并简化为一个点，仅有持续观测时间的要求。区域目标的覆盖范围是区域目标的重要特征，不能被忽略，必须考虑成像卫星观测范围与区域目标的位置关系。

(2) 需要构造可供卫星执行的候选观测活动。在面向点目标的调度中，可通过计算卫星与地面目标的时间窗数量，得到每个点目标的候选观测活动集合。区域目标的范围一般都远超出遥感器的观测能力。因此，成像卫星对区域目标调度时，首先需要对区域目标进行分解，构造可供卫星执行的候选观测活动。

(3) 区域目标可分配给多个卫星共同观测。点目标覆盖范围较小，能够被遥感器的瞬间视场完全覆盖，卫星对点目标观测一次即可认为完成任务。区域目标的面积较大，单个遥感器一般只能观测到区域目标的一部分，客观上需要多个卫星资源通过协同，在限定时间内尽量多地获得目标的图像数据，面向区域目标的成像卫星调度需要考虑如何协同多颗卫星进行观测。

(4) 区域目标中的部分地物会被重复观测。当运行在不同轨道的多颗卫星同时对一个地面目标观测时，由于轨道倾角不同，得到的瞬间视场(或观测条带)容易产生重叠现象，如图 5.1 所示。另外，当单个遥感器观测同一区域目标中多个场景时，也可能产生重叠覆盖现象。对于时效性要求较高的任务来说，重复观测会降低卫星对区域目标的观测效率，应尽量减少重复观测并尽可能多地观测尚未被观测的地区。所以，定量分析重复观测场景并采取措施减少重复观测，是面向区域目标的卫星调度中需要着重考虑的问题。

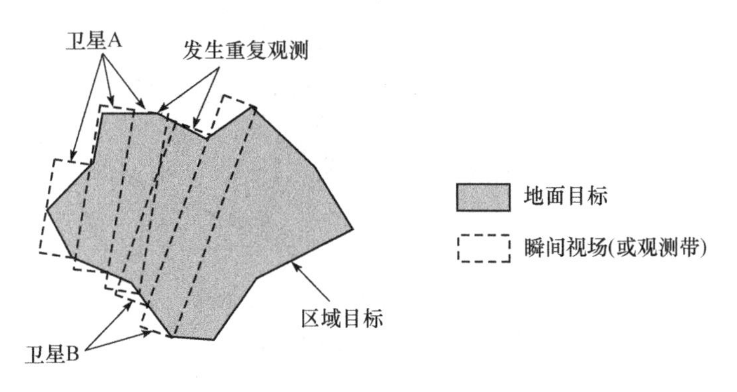

图 5.1　遥感器因轨道倾角差异产生重复覆盖现象

(5) 区域目标可能只被部分完成。在面向点目标的调度中，每个点目标的观测需求只存在两种状态：安排观测和未安排观测。而区域目标在两种状态之外还存在着部分满足状态，即区域目标被部分观测的情形。为了量化卫星对区域目标的观测情况，必须采用区域目标被观测的覆盖率或覆盖面积等参数进行量化分析。

由于上述特殊性质，卫星对区域目标进行成像调度时，首先要对区域目标进行分解，构造相应的观测活动。在调度过程中，由于观测活动间存在交叉覆盖，因而总体收益并非各个观测活动收益之和，必须以安排的观测活动对区域目标的综合覆盖率进行衡量。

在成像卫星的实际应用中，用户提交的任务需求通常既包含点目标，又包含区域目标。现有的成像卫星调度系统通常采取优先安排一类目标，然后依据卫星的剩余能力，安排其他观测任务的方式，但这种方式属于分阶段的优化方式，往往不能充分利用卫星资源的能力。理想方式是将两类目标进行综合调度。

5.1.2 成像卫星调度中的任务合成

许多成像卫星的侧摆机动性能较差，卫星在每个轨道圈次内的侧视成像次数具有严格限制，导致卫星在单个轨道圈次内只能观测很有限的目标；而且其侧摆的速率较慢，卫星对不同目标的观测活动之间，需要消耗较长的时间进行姿态转换，这都大大影响了卫星的观测效率。

为了提高卫星的观测效率，可采用任务合成的观测方式对多个目标进行成像。如图 5.2 所示，卫星遥感器具有一定的视场，成像时能够覆盖地面一定宽度的条形区域，若多个目标能够同处于此条形区域内，则可以对它们进行合成成像。

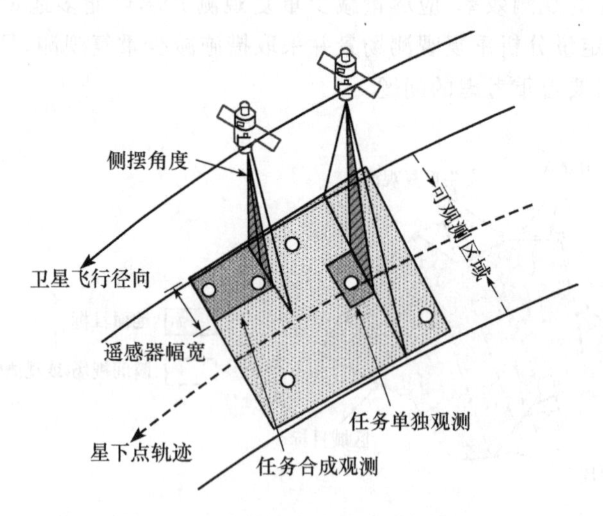

图 5.2 成像卫星合成观测示意图

成像卫星对地面目标成像时，为获取最佳的图像质量，应使遥感器对准目标中心点成像。采用合成观测方式成像时，要调整观测角度以兼顾多个目标，因而遥感器并非对准每个目标的中心进行成像。采用侧视成像还可能会引起图像分辨率变化并产生一定的图像畸变[6]；但在一定范围内，为了扩大观测范围，采用合成观测方式是可接受的，本书忽略其对成像质量带来的影响。

卫星采用合成观测有许多优势。首先，可有效减少多个观测活动之间的姿态转换时间。如图 5.3 所示，任务 i 及任务 j 间转换时间不足，只能将其中一个任务安排观测。若采用合成观测，则无须转换时间，能够将任务 i 及任务 j 全部观测。

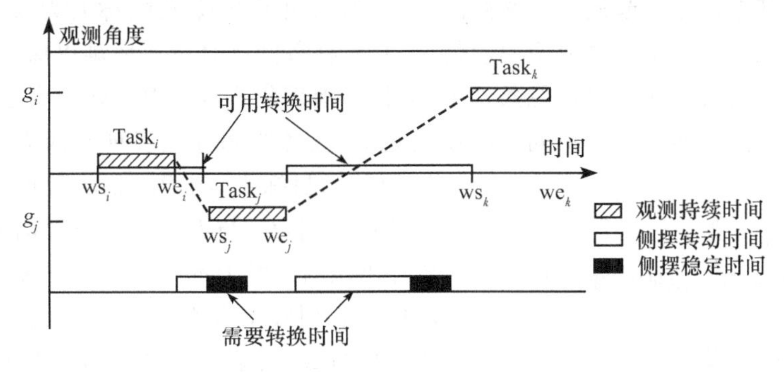

图 5.3　观测任务间转换示意图

其次，由于侧摆活动会消耗一定的能量，且会对卫星的姿态稳定产生影响，因而卫星对每个轨道圈次内的侧摆成像次数具有严格限制。若不采用合成观测，每个轨道圈次内能够观测的任务数量非常有限。另外，对一些相邻的任务采用一次成像活动完成观测，有利于减少卫星的开关机及侧摆次数，从而保护卫星资源。

成像卫星调度中考虑任务合成因素后，问题变得更加复杂，主要表现在以下几个方面：

(1) 任务合成条件的复杂性。成像卫星对多个任务进行合成观测必须满足两个条件：多个任务在穿越卫星轨迹方向上的距离必须在遥感器的单个视场宽度内，距离差可用角度换算，允许的最大角度差为遥感器视场角(角度约束)；单次最长开机时间限制，即卫星对多个任务合成观测时，其时间窗必须在单次最长开机时间范围内(时间约束)。

(2) 不同类型任务间合成的复杂性。当观测任务中包含区域目标时，必须结合区域目标任务的特点，考虑任务间的合成观测情况。图 5.4 为任务中包含区域目标时，成像卫星对任务的合成观测示意图。图 5.4(a)为成像卫星采用某观测条

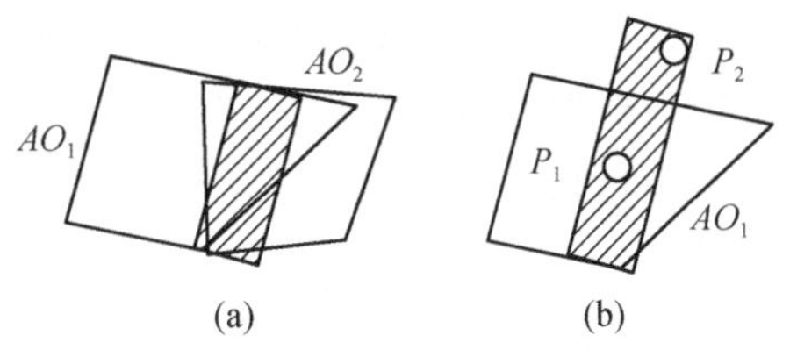

图 5.4　包含区域目标的合成观测示意图

带对两个区域目标进行合成观测的示意图。图 5.4(b)为成像卫星对区域目标、点目标的合成观测示意图,其中区域 AO_1 覆盖了点目标 P_1,因此可通过选择卫星的观测条带对 P_1 进行合成观测。点目标 P_2 处于区域AO_1 之外,可通过延长成像卫星的观测时间,将目标 P_2 在同一个观测带内进行合成观测。合成任务中包含区域目标时,不但要考虑成像卫星的观测条带对区域目标的累积覆盖率,还要考虑对其他目标的观测情况,问题更加复杂。

(3) 任务间合成的组合复杂性。在单颗卫星条件下,任务间的合成方式较少,可采用一定的启发式信息,在任务调度前预先将某些相邻的任务合成,并将合成后的任务与其他任务一起调度。文献[7]、[8]均采用了类似方式,称之为预先合成方式。该方式只适用于单颗成像卫星情况,且对任务间的合成效率难以保证,严重依赖于合成启发式。在多星成像条件下,受目标地理位置以及卫星轨道参数的影响,每个任务可由多颗卫星在不同时间窗内观测,任务之间存在多种合成方案。如图 5.5 所示,目标 P_1 与 P_2 可在 T_1 时刻被卫星 A 合成观测,P_2 与 P_3 又可在 T_2 时刻被卫星 B 合成观测。由于不同的合成方案在资源消耗以及观测效果方面存在差异,如果采用预先合成方式,就要在生成调度方案前确定哪些任务将被观测,具体被哪颗卫星观测,任务合成的效果难以保证。特别是当卫星数量增多时,每颗卫星可选择不同的合成方案,因此有必要从整体角度对任务间的合成进行优化,以选择最佳的任务合成方式,安排更多的任务。

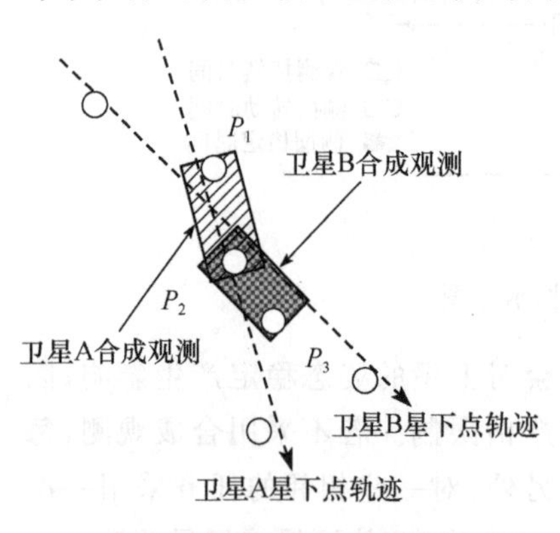

图 5.5　任务间合成观测示意图

综上,多星一体化任务规划涉及的对象较多,对象间约束关系也比较复杂。为了降低模型求解的难度,抓住问题的关键,在考虑实际应用和未来发展趋势的基础上,进行了如下一些简化:

(1) 不考虑周期性任务需求。周期性任务是用户要求在某时间段内重复观测某目标,可将周期性任务分解为多个一般性的任务,可经过一定的预处理措施将其转化为一般性的任务。

(2) 不考虑图像融合问题。区域目标需要由多颗卫星共同观测,其图像是多颗卫星获取图像拼接后的产物。区域目标若没有对图像类型做特殊要求,即认为所有卫星均可对其进行观测,本书不考虑不同类型卫星观测后获取图像的融合问题。

(3) 区域目标的收益为线性回报函数。本书假设区域目标的回报函数都是线性的,即认为观测区域目标所获取的收益与其被观测的覆盖率成正比。即位于区域目标范围内的各部分都具有相同的价值，且卫星对区域目标的某些部分进行重复观测不产生额外的收益。

多星一体化调度问题可概括为：在满足多颗成像卫星资源约束及任务需求的条件下，对点目标和区域目标进行综合调度，为观测任务分配卫星资源和时间，在此基础上优化任务间的合成观测，制定优化的观测方案，以最大化完成任务的优先级之和。多星一体化调度要解决两个难题：如何对点目标和区域目标进行综合调度，在此基础上如何优化任务间的合成观测。

5.2　多星一体化调度问题建模

多星一体化调度问题中包含点目标和区域目标两类任务，在进行调度之前，区域目标需要进行分解，调度过程中需考虑任务间的合成，其中涉及的因素很多，导致对问题建模困难。本节首先从统一点目标和区域目标的角度出发，将点目标视为特殊的区域目标，也进行分解，将两类目标统一为“元任务”；接着定义包含多个元任务的合成任务来描述任务间的合成观测关系，并分别构造收益函数以适应各类目标在收益计算方面的差异；最后建立了多星一体化任务规划模型。

5.2.1　元任务构造

成像卫星在每个时间窗内可采用多种侧视角度对区域目标成像。因此可在每个时间窗内根据不同的成像角度，采用基于 MapX 的区域目标动态分解方法(参见第 4 章的预处理技术)将区域目标分解为多个子任务，每个子任务对应于卫星对区域目标的一个可选观测活动。与之类似，也可根据卫星与点目标的时间窗，将点目标分解，获取卫星对点目标的可选观测活动。其与区域目标分解的区别在于：卫星观测点目标时，遥感器要对准目标中心点成像，卫星在每个时间窗内只能采用固定角度对点目标成像。为统一描述，把点和区域目标分解的子任务统一为元任务。

定义 5.1　元任务(atomic task)：o_{ijkv}表示卫星 s_i 在第 k 个时间窗内对任务 t_j 进行分解后得到的第 v 个子任务，o_{ijkv}代表了卫星对任务的一次观测活动。

本书采用以下的六元组来表示元任务：

$$o_{ijkv} = \{\text{AtomicId}, \text{TaskId}, \text{SatId}, \text{Win}, \text{Angle}, \text{Coordinate}\}$$

其中，AtomicId 为元任务标识；TaskId 为观测任务标识；SatId 为该观测活动采用的卫星资源标识；Win 表示该观测活动的起止时间；Angle 为该观测活动中卫星采用的侧视角度；Coordinate 标识了观测活动对地面覆盖区域的坐标信息。点目标分解的元任务坐标信息为点目标的经纬度坐标，区域目标分解的元任务坐标信息为分解得到条带的四个顶点的经纬度坐标，该信息用于统计条带对区域目标的覆盖率。

将点目标和区域目标分解后的子任务统称为元任务的意义在于，这些子任务都可由单颗卫星一次观测完成，并且是不可再分的子任务。由于卫星观测任务具有与资源相关的时间窗约束，因而给每个元任务还指定了观测的资源、时间及角度。从本质上看，每个元任务是执行任务的一个可选观测活动，将点和区域目标统一为元任务，并作为调度的基本元素，避免了两类目标在处理上的差异，也便于对点及区域目标的统一调度。

定义 5.2　元任务组(atomic task group)：每个任务分解后得到的元任务集合称为该任务的元任务组。任务 t_j 分解得到的元任务组 O_j 为

$$O_j = \bigcup_{i=1}^{N_S} \bigcup_{k=1}^{N_{ij}} \bigcup_{v=1}^{N_{ijk}} o_{ijkv}, \quad j \in [1, 2, \cdots, N_T]$$

其中，N_S 表示卫星数目；N_{ij} 为卫星 s_i 对任务 t_j 的时间窗数量；N_{ijk} 表示在卫星 s_i 与任务 t_j 的第 k 个时间窗内构造的元任务数量。卫星 s_i 对元任务 o_{ijkv} 进行观测时，时间窗为[ws_{ijkv}，we_{ijkv}]，观测角度为 g_{ijkv}。

由上可知，采用元任务能够统一描述成像卫星对点目标和区域目标的观测活动。任务与元任务之间存在“一对多”的关系，一个任务具有多个元任务，而每个元任务均属于特定的任务。安排任务的过程实质上就转化为选择并安排元任务的过程。如安排任务 t_j 时，若选择了元任务 o_{ijkv}，就表示将采用卫星 s_i 在时间[ws_{ijkv}，we_{ijkv}]内，采用 g_{ijkv} 角度对任务 t_j 成像。反之，也可根据元任务与任务的归属关系，得到任务的完成情况，从而屏蔽了点目标和区域目标在处理上的差异。

5.2.2　合成任务定义及分析

任务合成是多星一体化调度问题中的关键要素，必须采取一定方式对其进行抽象并描述，以反映合成观测活动对多个任务的合成观测关系。由元任务定义可知，安排任务过程实质上为选择并安排元任务的过程，因此可定义包含多个元任务的合成任务，描述成像卫星对多个任务合成观测而产生的合成观测活动。

定义 5.3　合成任务(composite task)：成像卫星对多个任务合成观测产生的任务称为合成任务。合成任务中包含多个元任务，每个元任务均具有时间窗，因而合成任务中包含了具有时序关系的多个元任务。

多个任务之间合成必须满足一定条件，且合成观测活动的观测时间和观测角度均是由其包含的元任务所决定的，下面分析合成任务与其包含的元任务的关系。卫星观测点目标时，可通过调整卫星的侧视角度，将多个目标包括在某观测带内。当卫星观测区域目标时，由于区域目标元任务的观测角度在分解时就已经确定，若对其调整，则卫星对区域的观测部分会发生偏移。因此，不能调整卫星对区域目标元任务的观测角度，只能通过扩展观测时间来实现对多个目标的合成观测。由于

区域目标的特殊性，将按照只包含点目标的合成任务与包含区域目标的合成任务两种情况，分别讨论合成任务与其包含的元任务间的关系。

1. 只包含点目标的合成任务

首先讨论最简单的情况，即由两个点目标的元任务生成合成任务的情况。

设卫星 s_i 的单次最大开机时间为 Span_i，视场角为 Δg_i。若点目标 t_j，t_j'分别存在两个元任务 o_{ijkv} 与 $o_{ij'k'v'}$，并且满足如下约束条件：

$$\max\{\text{we}_{ijkv},\text{we}_{ij'k'v'}\}-\min\{\text{ws}_{ijkv},\text{ws}_{ij'k'v'}\}\leqslant \text{Span}_i \tag{5.1}$$

$$|g_{ijkv}-g_{ij'k'v'}|\leqslant \Delta g_i \tag{5.2}$$

则两个元任务可被卫星 s_i 合成观测。其中，式(5.1)为时间约束，表示两个元任务的时间窗必须在卫星的单次最大开机时间内；式(5.2)为角度约束，表示两个元任务的侧视角度必须在遥感器的单个视场角度限制内。任务合成必须同时满足时间约束和角度约束，统称为任务合成约束。设该合成任务为卫星 s_i 的第 l 个合成任务，以 b_{il} 表示，合成任务 b_{il} 具有如下性质。

性质 5.1　两个元任务 o_{ijkv} 与 $o_{ij'k'v'}$ 满足合成约束条件，则其合成任务 b_{il} 的开始时间 ws_{il}、结束时间 we_{il}、观测角度 g_{il} 分别为

$$\text{ws}_{il}=\min\{\text{ws}_{ijkv},\text{ws}_{ij'k'v'}\} \tag{5.3}$$

$$\text{we}_{il}=\max\{\text{we}_{ijkv},\text{we}_{ij'k'v'}\} \tag{5.4}$$

$$g_{il}=\frac{g_{ijkv}+g_{ij'k'v'}}{2} \tag{5.5}$$

证明　由于合成任务覆盖了两个元任务，合成任务的观测开始时间为两个元任务的最早开始时间，观测结束时间为两个元任务的最晚结束时间，因此有 $\text{ws}_{il}=\min\{\text{ws}_{ijkv},\text{ws}_{ij'k'v'}\}$，$\text{we}_{il}=\max\{\text{we}_{ijkv},\text{we}_{ij'k'v'}\}$。为能够同时覆盖两个目标，成像卫星采用两个元任务观测角度的中间值进行成像，由于两个元任务观测角度的差值在卫星视场角 Δg_i 范围内，采用该角度能够覆盖两个元任务，合成任务的观测角度为两个元任务观测角度的均值。

合成任务 b_{il} 可与其他的任务继续合成，并生成新的合成任务。因此，可推广到任意多个元任务合成的情况。设合成任务 b_{il} 包含的点目标元任务集合为 SO_{il} ($|\text{SO}_{il}|\geqslant 1$)，$\text{SO}_{il}$ 中元任务的开始时间集合为 SWS_{il}，结束时间集合为 SWE_{il}，观测角度集合为 SG_{il}，则 SO_{il} 中元任务能否合成的约束条件为

$$\max_{\text{we}_{ijkv}\in \text{SWE}_{il}}\text{we}_{ijkv}-\min_{\text{ws}_{ijkv}\in \text{SWS}_{il}}\text{ws}_{ijkv}\leqslant \text{Span}_i \tag{5.6}$$

$$\max_{g_{ijkv}\in \text{SG}_{il}}g_{ijkv}-\min_{g_{ijkv}\in \text{SG}_{il}}g_{ijkv}\leqslant \Delta g_i \tag{5.7}$$

同理，可得到 SO_{il} 中的元任务合成后，生成的合成任务 b_{il} 的性质。

性质 5.2　若 SO_{il} 所包含的元任务满足合成约束条件，则其合成任务 b_{il} 的开始时间 ws_{il}、结束时间 we_{il}、观测角度 g_{il} 分别为

$$ws_{il} = \min_{ws_{ijkv} \in SWS_{il}} ws_{ijkv} \tag{5.8}$$

$$we_{il} = \max_{we_{ijkv} \in SWE_{il}} we_{ijkv} \tag{5.9}$$

$$g_{il} = \frac{\max\limits_{g_{ijkv} \in SG_{il}} g_{ijkv} + \min\limits_{g_{ijkv} \in SG_{il}} g_{ijkv}}{2} \tag{5.10}$$

证明　与性质 5.1 类似，合成任务的开始时间为 SO_{il} 中元任务的最早开始时间，结束时间为 SO_{il} 中元任务的最晚结束时间。为能够同时覆盖这些元任务，成像卫星采用元任务观测角度中最大、最小角度的中间值进行成像，因此，合成任务的观测角度为元任务中最大、最小观测角度的均值。

2. 包含区域目标的合成任务

区域目标分解的元任务代表了卫星在特定侧视角度下对地面覆盖的条形区域，如果对其观测角度进行修正，则卫星的观测条带就会偏移，不能覆盖原定的区域。因此，当合成任务中包含区域目标分解的元任务时，卫星必须采用区域目标分解的元任务的观测角度进行成像。如图 5.6 所示，若合成任务包含了某区域目标的元任务时，该合成任务的观测角度必须等于区域目标元任务的观测角度。因此，这种情况下的合成任务只能通过扩展观测时间来实现对点目标的合成观测。而且，若待合成元任务中包含多个区域目标元任务时，区域目标元任务的观测角度必须相同才有可能合成。

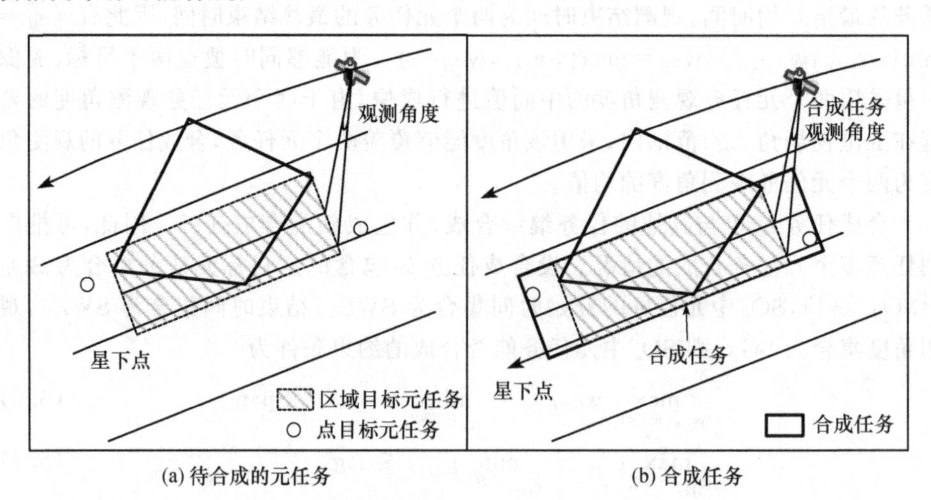

图 5.6　包含区域目标元任务的合成任务示意图

设区域目标元任务集合为 PO_{il}（$|PO_{il}| \geqslant 1$），PO_{il} 中元任务的开始时间集合为 PWS_{il}，结束时间集合为 PWE_{il}，观测角度集合为 PG_{il}。首先给出 SO_{il} 和 PO_{il} 中的元任务能够合成的约束条件

$$\max_{we_{ijkv} \in SWE_{il} \cup PWE_{il}} we_{ijkv} - \min_{ws_{ijkv} \in SWS_{il} \cup PWS_{il}} ws_{ijkv} \leqslant Span_i \tag{5.11}$$

$$\forall g'_{ijkv} \in PG_{il} \Rightarrow$$

$$\max_{g_{ijkv} \in SG_{il}} g_{ijkv},\ \min_{g_{ijkv} \in SG_{il}} g_{ijkv} \in \left[g'_{ijkv} - \frac{\Delta g_i}{2}, g'_{ijkv} + \frac{\Delta g_i}{2}\right] \tag{5.12}$$

如果 $|PO_{il}| \geqslant 2$，则

$$\forall o_{ijkv}, o'_{ijkv} \in PO_{il},\quad o_{ijkv} \neq o'_{ijkv} \Rightarrow g_{ijkv} = g'_{ijkv} \tag{5.13}$$

其中，式(5.11)为时间约束，表示元任务的时间窗必须在卫星的单次最大开机时间内。式(5.12)和式(5.13)为角度约束，式(5.12)表示其中包含的点目标元任务的观测角度必须在以区域目标元任务观测角度为中心的视场角度内，式(5.13)表示若其中包含多个区域目标元任务，则区域目标元任务的观测角度必须相同。包含区域目标元任务的合成任务具有如下性质。

性质 5.3　若 SO_{il} 和 PO_{il} 中元任务满足合成观测的约束条件，则其合成任务 b_{il} 的开始时间 ws_{il}，结束时间 we_{il}，观测角度 g_{il} 分别为

$$ws_{il} = \min_{ws_{ijkv} \in SWS_{il} \cup PWS_{il}} ws_{ijkv} \tag{5.14}$$

$$we_{il} = \max_{we_{ijkv} \in SWE_{il} \cup PWE_{il}} we_{ijkv} \tag{5.15}$$

$$g_{il} = g'_{ijkv},\quad \forall g'_{ijkv} \in PG_{il} \tag{5.16}$$

证明　与性质 5.1 类似，由于合成任务 b_{il} 覆盖了 SO_{il} 及 PO_{il} 中的多个元任务，因而其开始时间为 SO_{il} 与 PO_{il} 中元任务的最早开始时间，结束时间为 SO_{il} 与 PO_{il} 中元任务的最晚结束时间。由 SO_{il} 和 PO_{il} 中元任务能够合成的约束条件可知，若 PO_{il} 中包含多个元任务，则其观测角度必定相等，故有 $g_{il} = g'_{ijkv}$，$\forall g'_{ijkv} \in PG_{il}$。

5.2.3　收益函数构造

点目标和区域目标的特征决定了其收益计算方式存在差异，点目标只需安排一个元任务即可视为完成任务，只存在安排与未安排两种状态。区域目标还存在部分完成状态，必须统计多个元任务对区域目标的综合覆盖率，以计算观测区域目标获取的收益。

多星一体化调度问题包含了点目标和区域目标两类目标，必须综合计算两类目标的收益。因此，构造收益函数时必须兼顾二者的差异，对两类目标分别计算。

由于点和区域目标均分解为元任务,任务的收益可根据其元任务的完成状态进行计算。设任务完成情况下,任务 t_j 的收益(优先级)为 LP_j,x_{ijkv}^{l} 为其元任务 o_{ijkv} 的完成状态,定义为

$$x_{ijkv}^{l}=\begin{cases}1, & \text{若元任务 } o_{ijkv} \text{ 安排在卫星 } s_i \text{ 的第 } l \text{ 个合成任务内观测}\\ 0, & \text{否则}\end{cases}$$

根据任务 t_j 的元任务的安排状态,可得到卫星观测任务 t_j 的收益。下面针对两类目标分别建立收益函数。

设卫星 s_i 共有 $N_{(B_i)}$ 个合成任务,则点目标的收益函数为

$$\mathrm{CSpot}(t_j)=\sum_{i=1}^{N_S}\sum_{k=1}^{N_{ij}}\sum_{v=1}^{N_{ijk}}\sum_{l=1}^{N_{(B_i)}}x_{ijkv}^{l}\times \mathrm{LP}_j \tag{5.17}$$

由于点目标在每个观测时间窗内只分解了一个元任务($N_{ijk}=1$),因此,式(5.17)可以简写为

$$\mathrm{CSpot}(t_j)=\sum_{i=1}^{N_S}\sum_{k=1}^{N_{ij}}\sum_{l=1}^{N_{(B_i)}}x_{ijk1}^{l}\times \mathrm{LP}_j \tag{5.18}$$

点目标具有唯一性约束,即只能安排一次成像。在调度过程中,只会安排点目标的一个元任务,此处并不会重复计算点目标的收益。

区域目标的收益是根据其所有被安排的元任务对区域目标的综合覆盖率而定,必须首先计算多个元任务对区域目标的覆盖率 $\mathrm{Cover}(t_j)$:

$$\mathrm{Cover}(t_j)=\left(\bigcup_{i=1}^{N_S}\bigcup_{k=1}^{N_{ij}}\bigcup_{v=1}^{N_{ijk}}\bigcup_{l=1}^{N_{(B_i)}}x_{ijkv}^{l}\psi(o_{ijkv})\right)\cap\psi(t_j) \tag{5.19}$$

此处采用集合论中的"并"关系表示多个元任务代表的小区域的组合关系,采用"交"关系表示多个元任务对区域的覆盖关系。其中 $\psi(o_{ijkv})$ 表示元任务 o_{ijkv} 所表示的多边形区域(条带或单景),$\psi(t_j)$ 表示区域目标 t_j 代表的多边形区域。

以图 5.7 为例,阐明元任务间的"并"以及元任务与区域目标的"交"关系。假设安排了两个元任务 o_1,o_2 对区域目标 P 进行观测,先对安排的元任务进行"并运算",得到 o_1,o_2 的并集 $O=o_1\cup o_2$,如图 5.7(b)所示;再对区域 O 与 P 进行"交"运算,如图 5.7(c)中阴影部分所示,$O\cap P$ 即为两个元任务对区域的有效观测区域。通过统计 $O\cap P$ 的面积与 P 面积的比率,即可得到对区域目标被观测的综合覆盖率。

统计区域目标覆盖率时,涉及大地坐标系下几何体的并、交运算,以及对区域面积的运算,为简化计算过程,算法中集成了 MapXtreme 2005 软件包[9]。MapXtreme 2005 是 MapInfo 公司在 Windows 下的软件开发工具包,提供了绝大部分 MapInfo Professional 支持的地图功能,具有强大的地图绘制及分析计算功能,并

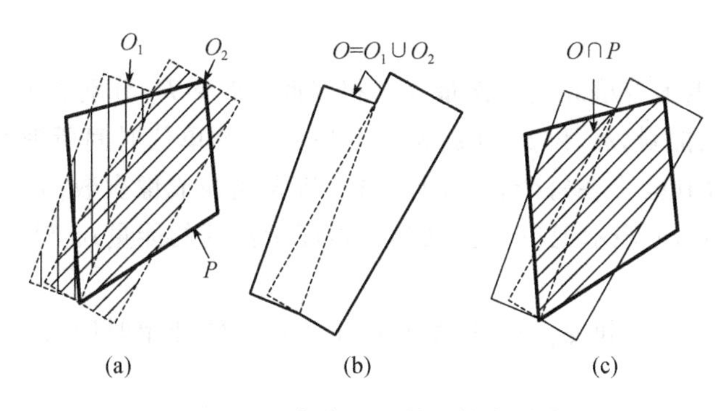

图 5.7　元任务对区域的综合覆盖

支持多种应用程序开发方式。本书采用 MultiPolygon 定义几何体对象，通过 Intersection 函数返回几何体对象间的交集；通过 Combine 函数生成几何体之间联合的并集；通过 Area 函数计算几何体的面积，可得到多个元任务对区域目标的综合覆盖率。

文献[10]采用网格统计法统计多个观测条带对区域目标的综合覆盖率，与之相比，本书通过集成 MapXtreme 2005 软件包的功能，采用"并"运算消除了多个元任务对区域目标的重叠覆盖，采用"交"运算得到了多个元任务对区域目标的综合覆盖，不但提高了计算的准确性和计算效率，还减轻了编码强度，更利于在工程应用中实现。

得到多个元任务对区域目标的综合覆盖率后，就可根据回报函数得到区域目标的收益。本书假设区域目标的收益为线性回报函数，即卫星观测区域目标获取的收益与对区域目标的覆盖率成正比。因此，区域目标的收益为

$$\begin{aligned}\text{CPolygon}(t_j) &= \text{Cover}(t_j) \times \text{LP}_j \\ &= \left(\left(\bigcup_{i=1}^{N_S}\bigcup_{k=1}^{N_{ij}}\bigcup_{v=1}^{N_{ijk}}\bigcup_{l=1}^{N_{(B_i)}} x_{ijkv}^{l}\psi(o_{ijkv})\right) \cap \psi(t_j)\right) \times \text{LP}_j \end{aligned} \tag{5.20}$$

5.2.4　多星一体化调度模型

将点目标、区域目标统一表示为元任务，并由合成任务表示多个任务间的合成观测关系后，可结合实际问题约束，建立多星一体化调度模型。多星一体化调度问题中的约束较多，若采用规模模型、背包问题模型或图论等模型对问题建模，难以表达并处理各种复杂约束。约束满足问题(constraint satisfaction problem，CSP)能够用具有一定语义的更自然的语言描述问题中的各种变量和约束，建模过程相对直观和简单[11]。因此，本书采用约束满足问题建立了多星一体化调度模型。首先对模型中的符号进行定义。

(1) 有 N_T 个观测目标，设前 h 个观测目标为点目标；后 N_T-h 个观测目标为

区域目标。

(2) Span_i 表示卫星 s_i 的单次最大开机时间；M_i 和 P_i 分别表示卫星 s_i 的最大存储容量及最大能量；m_i 和 p_i 分别表示卫星 s_i 观测单位时间所消耗的存储容量及能量；R_i 表示卫星 s_i 在每个轨道圈次内的最大侧视成像次数；ϑ_i 表示卫星 s_i 的侧摆速率[(°)/s]；ρ_i 表示卫星 s_i 侧摆单位角度所消耗的能量；d_i 表示卫星 s_i 的侧摆稳定时间。

(3) ws_{ijkv}、we_{ijkv} 和 g_{ijkv} 分别表示元任务 o_{ijkv} 的开始时间、结束时间及观测角度。

(4) b_{il} 表示卫星 s_i 的第 l 个合成任务，ws_{il}、we_{il} 和 g_{il} 分别表示合成任务 b_{il} 的开始时间、结束时间及观测角度。SO_{il} 表示合成任务 b_{il} 中包含的点目标元任务集合，SWS_{il}、SWE_{il} 和 SG_{il} 分别表示 SO_{il} 中元任务的开始时间、结束时间及观测角度集合。PO_{il} 表示合成任务 b_{il} 中包含的区域目标元任务集合，PWS_{il}、PWE_{il} 和 PG_{il} 分别表示 PO_{il} 中元任务的开始时间、结束时间及观测角度集合。

(5) $B_i=\{b_{i1},b_{i2},\cdots,b_{i(N_{(B_i)})}\}$ 表示卫星 s_i 的合成任务集合，$N_{(B_i)}$ 为合成任务数量。

卫星合成任务的数量在调度前很难确定，需要在调度过程中动态地进行计算。因此，需要分析一下卫星合成任务数量的性质。

性质 5.4 卫星 s_i 的合成任务数量 $N_{(B_i)}$ 满足

$$N_{(B_i)} \leqslant h+\sum_{j=h+1}^{N_T} N_{ij} \tag{5.21}$$

证明 由点目标观测的唯一性可知，卫星 s_i 对每个点目标最多观测一次，因而卫星对点目标的观测次数最多为 h。卫星可能对区域目标多次观测，但观测次数不能超出卫星 s_i 对所有区域目标的时间窗数量 $\sum_{j=h+1}^{N_T} N_{ij}$，卫星 s_i 对所有目标的观测次数小于或等于 $h+\sum_{j=h+1}^{N_T} N_{ij}$。由于卫星的每个合成任务均对应卫星的一个观测活动，因而其合成任务数量 $N_{(B_i)}$ 满足 $N_{(B_i)} \leqslant h+\sum_{j=h+1}^{N_T} N_{ij}$。

由此性质就可得到每颗卫星合成任务数量上限。多星一体化任务规划问题的决策变量表示为

$$X=\{x_{ijkv}^l \mid i=1,\cdots,N_S,j=1,\cdots,N_T,k=1,\cdots,N_{ij},$$
$$v=1,\cdots,N_{ijk},l=1,\cdots,N_{(B_i)}\}$$

其中

$$x_{ijkv}^l=\begin{cases}1, & \text{若元任务 } o_{ijkv} \text{ 安排在卫星 } s_i \text{ 的第 } l \text{ 个合成任务 } b_{il} \text{ 内观测} \\ 0, & \text{否则}\end{cases} \tag{5.22}$$

由于合成任务对应于成像卫星的观测活动，是处理各种约束时的主要检查对

象，因而需要推导出决策变量与合成任务开始时间、结束时间及观测角度的关系表达式。

由决策变量可得到合成任务 b_{il} 包含的点目标元任务集合 SO_{il}，其对应的开始时间集合 SWS_{il}、结束时间集合 SWE_{il} 以及观测角度集合 SG_{il} 为

$$\begin{cases} SO_{il} \triangleq \{o_{ijkv} \mid x_{ijkv}^{l} = 1, j \in [1,h]\} \\ SWS_{il} \triangleq \{ws_{ijkv} \mid x_{ijkv}^{l} = 1, j \in [1,h]\} \\ SWE_{il} \triangleq \{we_{ijkv} \mid x_{ijkv}^{l} = 1, j \in [1,h]\} \\ SG_{il} \triangleq \{g_{ijkv} \mid x_{ijkv}^{l} = 1, j \in [1,h]\} \end{cases} \tag{5.23}$$

同理，还可以得到合成任务 b_{il} 包含的区域目标分解的元任务集合 PO_{il} 对应的开始时间 PWS_{il}、结束时间 PWE_{il} 及观测角度集合 PG_{il} 为

$$\begin{cases} PO_{il} \triangleq \{o_{ijkv} \mid x_{ijkv}^{l} = 1, j \in [h+1,N_T]\} \\ PWS_{il} \triangleq \{ws_{ijkv} \mid x_{ijkv}^{l} = 1, j \in [h+1,N_T]\} \\ PWE_{il} \triangleq \{we_{ijkv} \mid x_{ijkv}^{l} = 1, j \in [h+1,N_T]\} \\ PG_{il} \triangleq \{g_{ijkv} \mid x_{ijkv}^{l} = 1, j \in [h+1,N_T]\} \end{cases} \tag{5.24}$$

可根据性质 5.3 得到合成任务 b_{il} 的开始时间 ws_{il}、结束时间 we_{il}

$$ws_{il} = \min_{ws_{ijkv} \in SWS_{il} \cup PWS_{il}} ws_{ijkv} \tag{5.25}$$

$$we_{il} = \max_{we_{ijkv} \in SWE_{il} \cup PWE_{il}} we_{ijkv} \tag{5.26}$$

依据性质 5.2、性质 5.3 可得到合成任务 b_{il} 的观测角度 g_{il}。

如果 $PO_{il} = \phi$，则

$$g_{il} = \frac{\max\limits_{g_{ijkv} \in SG_{il}} g_{ijkv} + \min\limits_{g_{ijkv} \in SG_{il}} g_{ijkv}}{2} \tag{5.27}$$

否则

$$g_{il} = g'_{ijkv}, \quad \forall g'_{ijkv} \in PG_{il}$$

下面建立多星一体化调度问题的优化模型。依据式(5.19)可得到卫星观测点目标的总收益为

$$C_{\text{Spot}} = \sum_{j=1}^{h} \text{CSpot}(t_j) = \sum_{j=1}^{h} \sum_{i=1}^{N_S} \sum_{k=1}^{N_{ij}} \sum_{l=1}^{N_{(B_i)}} x_{ijkv}^{l} \times LP_j \tag{5.28}$$

依据式(5.20)可得到卫星观测区域目标的总收益为

$$
\begin{aligned}
C_{\text{Polygon}} &= \sum_{j=h+1}^{N_T} \text{CPolygon}(t_j) \\
&= \sum_{j=h+1}^{N_T} \text{Cover}(t_j) \times \text{LP}_j \\
&= \sum_{j=h+1}^{N_T} \left(\left(\bigcup_{i=1}^{N_S} \bigcup_{k=1}^{N_{ij}} \bigcup_{v=1}^{N_{ijk}} \bigcup_{l=1}^{N_{(B_i)}} x_{ijkv}^{l} \psi(o_{ijkv}) \right) \cap \psi(t_j) \right) \times \text{LP}_j
\end{aligned} \tag{5.29}
$$

$\psi(o_{ijkv})$表示条带o_{ijkv}的多边形区域,$\psi(t_j)$表示区域目标t_j的多边形区域。问题的优化目标为完成任务的收益之和最大化

$$\max J = C_{\text{Spot}} + C_{\text{Polygon}} \tag{5.30}$$

多星一体化调度问题需要满足以下约束:

(1) 点目标的唯一性约束,即每个点目标只能被观测一次

$$\forall j = 1,\cdots,h: \sum_{i=1}^{N_S} \sum_{k=1}^{N_{ij}} \sum_{l=1}^{N_{(B_i)}} x_{ijk1}^{l} \leqslant 1 \tag{5.31}$$

(2) 合成任务间转换时间约束

$$\forall i = 1,\cdots,N_S, \quad l = 1,\cdots,N_{B_i} - 1: \text{we}_{il} + | g_{il} - g_{i(l+1)} | / \vartheta_i + d_i \leqslant \text{ws}_{i(l+1)} \tag{5.32}$$

每个合成任务均对应卫星的一个观测活动,合成任务间必须满足转换时间约束,转换时间包括侧摆转动时间以及侧摆后的稳定时间。

(3) 卫星的存储约束

$$\forall i = 1,\cdots,N_S: \sum_{l=1}^{N_{(B_i)}} (\text{we}_{il} - \text{ws}_{il}) m_i \leqslant M_i \tag{5.33}$$

(4) 卫星的能量约束

$$\forall i = 1,\cdots,N_S: \sum_{l=1}^{N_{(B_i)}} (\text{we}_{il} - \text{ws}_{il}) p_i + \sum_{l=1}^{N_{(B_i)}-1} | g_{i(l+1)} - g_{il} | \rho_i \leqslant P_i \tag{5.34}$$

卫星进行成像及侧摆活动时均需要消耗一定的电能,因而将卫星能量消耗表示成与卫星观测时间及遥感器侧视角度相关的函数。卫星消耗的能量不能超出其最大的能量限制。

(5) 卫星单个轨道圈次内的最大侧视成像次数约束。

卫星在轨运行过程中,按照不同的轨道圈次进行轨道预报,卫星对每个轨道圈次内的侧视成像次数具有限制。依据卫星观测活动的开始时间及结束时间可以获取其所属的轨道圈次编号,从而可以对此约束进行检验。

设卫星s_i的轨道圈次集合为$\text{Orbit}_i = \{\text{orbit}_{i1}, \text{orbit}_{i2}, \cdots, \text{orbit}_{iN_{O_i}}\}$,其中,$N_{O_i}$

表示轨道圈次的数目，orbit_{ir}代表卫星s_i的第r个轨道圈次。轨道圈次orbit_{ir}内包含N_{ir}个合成任务$\{b_{ir_1},b_{ir_2},\cdots,b_{ir_{N_{ir}}}\}$，则有

$$\forall i=1,\cdots,N_S,\quad r=1,\cdots,N_{O_i}:N_{ir}\leqslant R_i \tag{5.35}$$

(6) 任务间合成的时间约束

$$\forall i=1,\cdots,N_S:\max_{\text{we}_{ijkv}\in \text{SWE}_{il}\cup \text{PWE}_{il}}\text{we}_{ijkv}-\min_{\text{ws}_{ijkv}\in \text{SWS}_{il}\cup \text{PWS}_{il}}\text{ws}_{ijkv}\leqslant \text{Span}_i \tag{5.36}$$

(7) 任务间合成的角度约束

如果$\text{PO}_{il}=\phi$，则

$$\max_{g_{ijkv}\in \text{SG}_{il}} g_{ijkv}-\min_{g_{ijkv}\in \text{SG}_{il}} g_{ijkv}\leqslant \Delta g_i$$

否则

$$\begin{cases}\forall g'_{ijkv}\in \text{PG}_{il}\Rightarrow \\ \max\limits_{g_{ijkv}\in \text{SG}_{il}} g_{ijkv},\ \min\limits_{g_{ijkv}\in \text{SG}_{il}} g_{ijkv}\in[g'_{ijkv}-\Delta g_i/2,g'_{ijkv}+\Delta g_i/2] \\ \text{如果}\ |\text{PO}_{il}|\geqslant 2,\text{则} \\ \forall o_{ijkv},o'_{ijkv}\in \text{PO}_{il},o_{ijkv}\neq o'_{ijkv}\Rightarrow g_{ijkv}=g'_{ijkv}\end{cases} \tag{5.37}$$

(8) 在卫星的合成任务序列中，如果第l个合成任务为空，则其后的合成任务均为空

$$\forall i=1,\cdots,N_S,\quad l=1,\cdots,N_{B_i}-1:|\text{SO}_{il}|+|\text{PO}_{il}|=0$$
$$\Rightarrow|\text{SO}_{i(l+1)}|+|\text{PO}_{i(l+1)}|=0 \tag{5.38}$$

除上述约束外，每个调度问题还具有调度时段，成像卫星日常调度的调度时段一般为24h，制定成像计划时必须将任务安排在调度时段内进行观测。对任务预先处理及任务分解时，均是在调度时段内按照卫星对任务的时间窗将任务分解为元任务。作为模型输入的元任务的观测时间均是在调度时段内的，模型中无须考虑调度时段约束。

另外，任务还具有许多成像约束，如有效观测时段(最早观测时间、最晚观测时间)、要求图像类型、最小地面分辨率等约束。调度前的任务分解阶段均对这些约束进行了处理，因此，模型中也无须考虑这些约束。将这些约束检测在任务分解阶段预先处理，可减少问题中的变量个数，并避免过多的约束检查，从而能够提高算法的效率。

5.2.5 多星一体化调度模型分析

1. 模型的合理性

本书根据第4.3.2节中的区域目标动态分解方法对区域目标进行划分，并将

点目标和区域目标统一为元任务。在此基础上，定义了合成任务描述卫星对任务的合成观测，分析了合成任务与元任务的关系。通过对多星一体化调度问题的数学抽象，建立了多星一体化调度模型，本章建立的模型具有如下特点：

(1) 对点目标和区域目标的综合处理。卫星成像任务同时包含点目标和区域目标两类目标，制定卫星观测计划时，必须对两类目标综合考虑。以往研究仅考虑一种目标，不能对两类目标进行综合处理，本模型通过对点目标和区域目标进行分解，将两类目标统一为元任务，并分别构造收益函数，实现了在同一模型中对两类目标的综合处理，更符合实际情况。

(2) 在任务分解阶段处理任务成像约束。为达到一定的成像效果或获取目标的特定信息，任务具有一定的成像约束，如成像类型约束、最低分辨率约束和有效观测时段约束等。因此，制定成像计划时，必须根据目标的成像需求和卫星的能力，确定由哪个卫星对哪些目标进行观测。许多研究将任务成像约束作为模型中的约束条件，使问题建模及求解十分复杂。本书在任务处理阶段处理任务约束，模型中无须考虑这些约束，这样既简化了模型，也删除了不满足条件的元任务，缩小了问题求解空间，简化了求解过程，能够提高问题的求解效率。

(3) 考虑了成像卫星调度中的任务合成。任务合成能够提高成像卫星的观测效率，以往研究均未将任务合成作为模型中的一个优化因素，而仅依据一定规则，对相邻目标预先合成。本书模型将任务合成作为模型中的一个重要优化因素，更加符合问题的实际情况，并得到更好的优化结果。

另外，模型中还考虑了成像卫星调度中的大多数约束。综上可知，本书建立的模型考虑了卫星资源以及成像任务的多种约束，在对点目标和区域目标综合调度的基础上考虑了任务的优化合成，本书建立的模型是合理的。

2. 模型的数学复杂性

本书建立的多星一体化调度模型包含了以下几个典型的组合优化子问题：

(1) 指派(assigning)。与指派问题类似，由于不同卫星及其搭载的遥感器的性能(遥感器类型、分辨率)不同，因而需要从全局的角度出发，指派合适的卫星对目标进行观测。

(2) 调度(scheduling)。类似于并行机调度问题[12]，需要确定卫星对任务的观测顺序，并指定观测任务的具体时间。成像卫星调度具有时间窗约束，只能在卫星与目标的时间窗内安排任务。由于卫星成像调度的特殊性，其同时要指定卫星对目标成像的角度。

(3) 分批(batching)。问题中需要考虑卫星对多个任务间的合成观测，可将其视为一类特殊的分批调度(batch scheduling)问题[13]。即将多个任务作为一个批次，由卫星一起执行观测。但成像卫星任务调度中的任务合成与车间的批调度相比，具有许多特殊性，导致问题更加复杂，其特殊性将在后文详细介绍。

综上可知，多星一体化调度问题涵盖了多个组合优化问题，下面简要分析问题的数学复杂性。

为便于分析，仅考虑问题的简化情况。假设目标均为点目标，且每个卫星均满足目标的观测需求，均具有与任务的时间窗口，且忽略任务间的合成观测。设任务总数为 N_T，卫星的数量为 N_S，则其搜索空间大小满足以下定理。

定理 5.1　多星一体化任务规划问题的备选解空间上界 N_f 近似为

$$N_f = \sum_{N=0}^{N_T} N!\mathrm{C}_{N_T}^{N}\mathrm{C}_{N+N_S-1}^{N_S-1} = \sum_{N=0}^{N_T} \mathrm{P}_{N_T}^{N}\mathrm{C}_{N+N_S-1}^{N_S-1} \tag{5.39}$$

证明　由于成像卫星调度为过多订购问题，因此模型中不要求卫星能够完成所有的任务，假设卫星能够完成 N 个任务($0 \leqslant N \leqslant N_T$)，其可能情况有 $\mathrm{C}_{N_T}^{N}$。由于任务间的不同排列对应不同的解，N 个任务具有 $N!$ 种排列组合方式。在确定问题的候选解的数量时，可认为任何一种任务排列方式均能满足各个卫星的约束，此处忽略卫星能量约束、转换时间约束等影响。

将 N 个任务的某个排列分配给 N_S 个卫星的过程，可以看做在该排列中加入卫星的过程，其中各个子排列段包含的任务交由该卫星完成。设将 N 个任务的某个排列分配给 N_S 个卫星的方案数目为 $C(N, N_S)$。

当 $N_S = 1$ 时，$C(N, N_S) = 1$；

当 $N_S = 2$ 时，$C(N, N_S) = \mathrm{C}_{N+1}^{1}$；

当 $N_S = 3$ 时，$C(N, N_S) = \mathrm{C}_{N+1}^{1}\mathrm{C}_{N+2}^{1}$；

一般的，当 $N_S = m$ 时，$C(N, N_S) = \mathrm{C}_{N+1}^{1}\mathrm{C}_{N+2}^{1}\cdots\mathrm{C}_{N+m-1}^{1} = \mathrm{C}_{N+m-1}^{N_S-1}$。

因此有

$$C(N, N_S) = \mathrm{C}_{N+N_S-1}^{N_S-1} \tag{5.40}$$

由此，得到问题的备选解空间上界 N_f 为

$$N_f = \sum_{N=0}^{N_T} N!\mathrm{C}_{N_T}^{N}\mathrm{C}_{N+N_S-1}^{N_S-1} = \sum_{N=0}^{N_T} \mathrm{P}_{N_T}^{N}\mathrm{C}_{N+N_S-1}^{N_S-1} \tag{5.41}$$

为更直观地说明问题的复杂性，图 5.8 给出了备选解数量随卫星数量 N_S 和任务数量 N_T 变化的趋势图。由图 5.8 可知，随着卫星及任务数量的增加，备选解数量也迅速增加，可见问题的复杂程度随着问题规模的增大而迅速增加，呈现出指数爆炸的趋势。

在上述分析中，仅考虑了点目标而忽略了区域目标，区域目标分解后得到的元任务数量更多，变量数目更多。另外，若考虑任务间合成观测的影响，其组合优化特征更加明显，这些均给问题的求解带来了很大的困难。

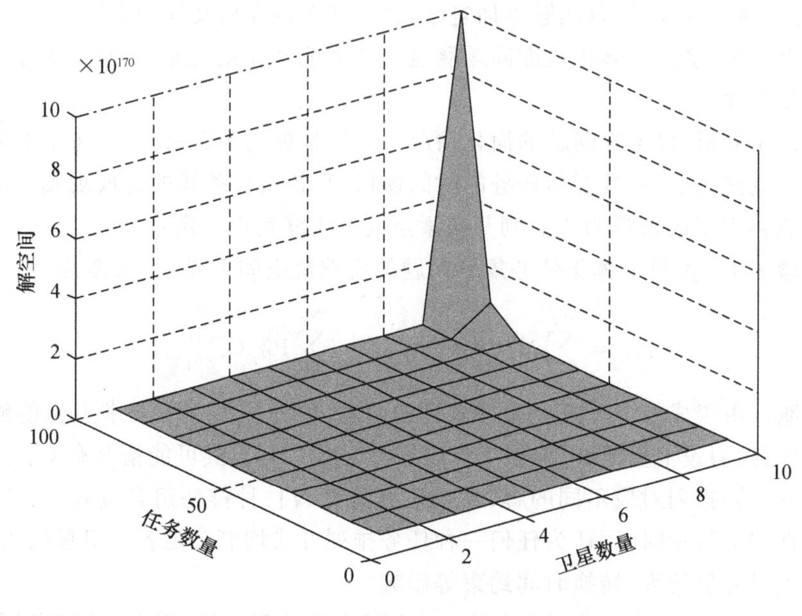

图 5.8 解空间变化趋势图

5.3 基于整体优化策略的问题求解

为提高卫星的观测效率，本书在调度过程中对任务进行动态合成。面对这种包含了多个组合优化特性的大规模问题，可采用整体优化策略进行求解。整体优化策略采用整体式建模方法，对问题建立整体优化模型，并采用启发式、智能优化等算法对问题的整个解空间进行优化求解，这也是目前许多调度问题中应用的主要优化求解策略。本书针对多星一体化任务规划问题建立了整体优化模型，其中综合考虑了任务指派、任务调度以及任务合成。

5.3.1 基于整体优化策略算法的基础组件

为了便于设计并实现多种算法，本章首先建立了基于整体优化策略算法的基础组件。邻域搜索是优化算法中应用较多的算法，许多算法的思想都是基于邻域搜索的，算法基础组件也基于邻域搜索的概念进行设计，首先对邻域搜索进行简要介绍。

邻域搜索通过邻域函数产生新状态并按一定方式转移状态来完成优化过程。邻域搜索算法种类繁多，包括模拟退火、禁忌搜索等，不同算法的优化机制和适用性各有不同，在某些细节上存在差异，但在优化流程上具有很大的共性。其优化流程可描述如下：算法从若干初始解出发，在参数控制下由当前状态的邻域中产生出若干候选解,并以某种策略在当前解和候选解中确定新的当前状态,伴随参数的调节重复上述搜索过程,直至满足终止准则,并结束搜索过程。文献[13]分析了邻域搜索算法的基本原理,提出了邻域搜索算法的统一结构。设计算法时,需要考虑如下因素:

(1) 搜索机制。它是构造算法和实现优化的关键,是决定搜索行为的根本。贪婪机制可构造局部优化算法,概率分布机制可设计概率性全局搜索算法,系统动态演化机制可设计具有遍历性和自学习能力的优化算法。

(2) 搜索方式。它决定优化结构,即每代有多少解参与优化。并行方式优化性能较好,但计算和存储量较大;串行方式始终只保留一个当前状态,处理简单,但效率较差。

(3) 邻域函数。它决定邻域结构和邻域解的产生方式。不同的编码方式将使解空间的优化曲面形状和解的分布有所差异,对邻域函数的设计有直接影响。当编码确定后,邻域结构可采用不同形式,以考虑新状态产生的可行性、合法性以及对搜索效率的影响。当邻域结构确定后,候选解的产生方式是确定性的、随机性的或混沌性的。

(4) 状态更新方式。它指以何种策略确定新的当前状态。确定性方式容易陷入局部极小值,而随机性方式以一定概率接受差解,往往能取得较好的全局优化性能。

(5) 控制参数。它是影响算法搜索进程和行为的关键因素之一,合适的参数有助于增强算法的优化能力和效率,较好的策略是动态修改参数使其适应性能的动态变化。

(6) 终止准则。它是判断算法收敛的标准。收敛理论为终止准则提供了明确的设计方案,但理论分析所得的收敛准则很苛刻,难以应用。实际设计时往往采用与性能相关的近似准则,或兼顾质量和效率等多方面性能,或根据需要着重强调某方面的性能。总之,通过对上述各环节的多样化设计,可构造出各种邻域搜索算法。

为便于在成像卫星调度的工程中应用,本章设计了成像卫星调度算法的基础组件。其是在邻域搜索算法基础上的进一步抽象,即抽象出邻域搜索算法的共性的内容,以便于在其基础上开发各类算法,称之为与算法无关组件。与之对应,设计具体算法的六个因素可以称为与算法相关组件,其组成如图 5.9 所示。

与算法无关的组件包括如下三个部分:解的基本编码、解的基本邻域及解的评价。将此三部分作为基础组件进行统一定义,便于在其基础上设计各种算法,同时还便于对各种算法进行统一性维护,并保持不同算法在约束处理、收益计算等方面的一致性。

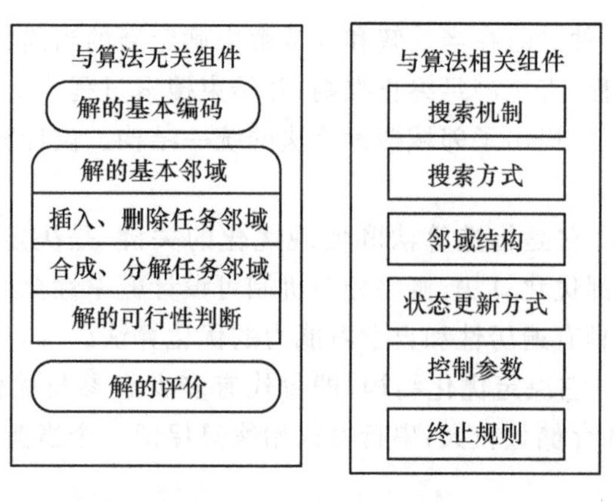

图 5.9　算法组件图

1. 解的基本编码

针对问题提出有效的编码方式是解决组合优化问题的关键之一。解的编码需要结合问题领域知识,实现决策变量到解个体的变化,以利于在搜索过程中对解的表达以及对各种邻域结构变换的操作。通过将问题的解用一种编码表示,把问题的状态空间与编码空间相对应,从而可将搜索过程在编码空间上进行,编码的选择是影响算法性能与效率的重要因素。组合优化问题一般可以采用二进制编码、实数编码、整数编码、字母排列编码及一般数据结构编码。借鉴遗传算法中的编码原则,好的编码方式应具备如下的性质[14]:

(1) 不冗余:从编码到解的映射应是一一对应的。

(2) 合法性:对编码的任意一个排列都对应着一个解。

(3) 完备性:即任意解都对应着一个编码。

(4) Lamrrickian 性质:某基因的等位基因的含义不依赖于其他基因。

(5) 因果性:由于变异带来的基因型空间中的小扰动在表现型空间中也对应着小扰动。

与其他问题相比,多星一体化调度问题的显著特点是:首先,解中必须考虑合成任务与元任务的关系;其次,卫星资源能力有限,任务不能全部完成;最后,问题中的约束很多,必须在可行解范围内构造解。设计问题编码时,也必须充分考虑这些特点。

问题模型中的决策变量为 0-1 变量,可采用二进制编码方式,但采用简单的二进制编码必然会产生不可行解或非法解,效率较差。因此,在算法基础组件中定义了解的基本编码,设计算法时可采用基本编码,也可根据需求进行特殊编码,只需在编码之间做相应的转换即可。下面对解的基本编码进行详细介绍。在介绍具体的编码方式之前,首先介绍虚拟资源的概念。

1）虚拟资源

卫星受资源能力限制，如最大开机时间、最大侧视成像次数等约束，完成任务的数量有限，因此，并不是所有的任务均能够被安排。针对此资源受限情况，参考了带时间窗约束的车辆路径问题的研究成果[15,16]，引入虚拟资源来表示虚拟卫星，并虚拟执行所有不能被真实资源完成的任务[3]。虚拟卫星资源与真实卫星资源相比，具有以下特点：

（1）虚拟资源不受遥感器类型及能力限制，能够虚拟地完成所有的任务。

（2）虚拟资源执行任务可违反点目标的唯一性约束，即虚拟执行同一个点目标的多个元任务。

（3）虚拟资源的存储资源、能量资源及单个轨道圈次内的最大侧摆次数等能力没有限制。

（4）虚拟资源中的元任务间不能进行合成观测。

（5）真实卫星资源中，对于两个观测角度不同的元任务不能同时观测，且由一个观测活动转换到另外一个观测活动，必须具有足够的转换时间。而虚拟资源不受此限制，即观测的元任务间的执行时间可以重叠，且无须转换时间。

（6）被虚拟资源执行的元任务不产生任何收益。

可以看出，虚拟资源可完成任何真实资源无法完成的任务，可将其理解为所有待安排的元任务的“共享池”。

2）解的编码结构

多星一体化调度的结果需要给出：卫星的观测计划，由于卫星的每个合成任务对应一个观测活动，因而卫星观测计划就是卫星的合成任务信息，包含每个合成任务的起止时间及观测角度；卫星观测的元任务信息，即每个合成任务（观测活动）中执行了哪些元任务，或某个元任务是由卫星在哪次观测活动中执行的。因此，调度结果需要提供两部分信息：卫星观测的合成任务信息及元任务信息。

由于卫星的观测活动具有严格的时序关系，因而可采用活动序列图对合成任务进行编码。在活动序列图中，每颗卫星资源分别记录了其资源上的合成任务序列，将每个合成任务看作一个观测活动，每个资源上的活动按照开始时间排列，每个活动包含前驱活动与后续活动。

对任意活动 $b_{il} \in B_i$，prev_{il} 和 next_{il} 分别指向 b_{il} 的前驱活动和后续活动。若观测活动 $b_{i(l+1)}$ 紧接在活动 b_{il} 后面执行，则 $\mathrm{next}_{il} = b_{i(l+1)}$，$\mathrm{prev}_{i(l+1)} = b_{il}$；如果观测活动 b_{il} 是资源上活动序列的最后一个活动，则 $\mathrm{next}_{il} = \mathrm{null}$；若活动 b_{il} 是资源上活动序列的起始活动，则 $\mathrm{prev}_{il} = \mathrm{null}$。

图5.10为包含3颗卫星的编码结构图，在卫星Sat-A的活动序列中，$\mathrm{prev}_{A1} = \mathrm{null}$，$\mathrm{next}_{A1} = \mathrm{A2}$；$\mathrm{prev}_{A2} = \mathrm{A1}$，$\mathrm{next}_{A2} = \mathrm{A3}$；$\mathrm{prev}_{A3} = \mathrm{A2}$，$\mathrm{next}_{A3} = \mathrm{null}$。

采用活动序列图表示卫星的合成任务为求解问题提供了很大的便利：①合成

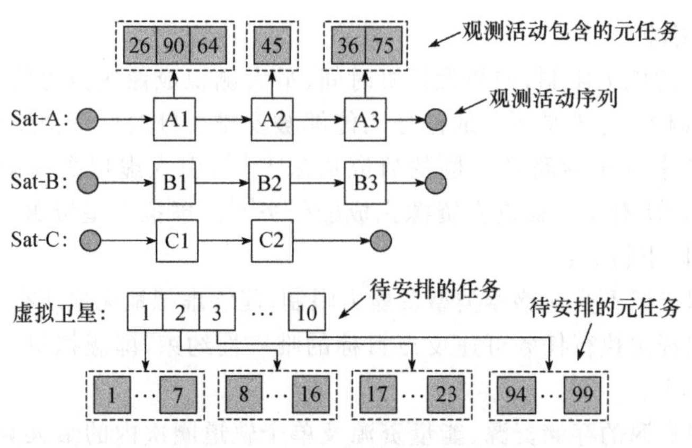

图 5.10 解的编码结构示意图

任务间具有严格的时序关系，且必须具有与观测角度相关的时间间隔，采用活动序列图可以很方便地计算任意活动与前后活动间的时间关系；②基于活动序列图的表现形式直观易用，在构造邻域候选解时，可以直接破坏原有活动间的前后关系并构造新的前后关系；③活动序列图为输出调度方案提供了便利，活动序列图本身就是调度方案的一种表现形式，采用此方式能够便捷地输出调度方案。

每个合成任务还附属了该观测活动的相关信息，如轨道圈号、所包含元任务中的最小角度、最大角度、实际观测角度、观测开始时间及结束时间等，表 5.1 为卫星 Sat-A 包含的三个合成任务的信息示例。

表 5.1 卫星合成任务信息表

合成任务号	轨道圈号	最小角度/(°)	最大角度/(°)	观测角度/(°)	开始观测时间	结束观测时间
A1	102	7.47	11.95	9.71	2006-05-01 14:18:39	2006-05-01 14:24:36
A2	103	−20.91	−20.91	−20.91	2006-05-01 15:58:20	2006-05-01 15:58:27
A3	104	−35.6	−31.48	−33.54	2006-05-01 17:31:19	2006-05-01 17:40:24

为标识卫星观测的元任务信息，本书采用合成任务序号将合成任务与观测的元任务相关联，标识该元任务在哪个合成任务中被观测。卫星 Sat-A 观测的元任务信息如表 5.2 所示。由表 5.2 可知，Sat-A 的合成任务 A1 中观测了元任务(26、90、64)，合成任务 A2 中观测了元任务 45，合成任务 A3 中观测了元任务(36、75)。

表 5.2 卫星观测的元任务信息表

元任务号	任务号	开始时间	结束时间	观测角度/(°)	轨道圈号	合成任务号
26	4	2006-05-01 14:18:39	2006-05-01 14:18:46	7.47	102	A1
90	9	2006-05-01 14:24:29	2006-05-01 14:24:36	11.95	102	A1
64	7	2006-05-01 14:20:20	2006-05-01 14:20:27	9.25	102	A1

续表

元任务号	任务号	开始时间	结束时间	观测角度/(°)	轨道圈号	合成任务号
45	6	2006-05-01 15:58:20	2006-05-01 15:58:27	−20.91	103	A2
36	5	2006-05-01 17:40:17	2006-05-01 17:40:24	−35.6	104	A3
75	8	2006-05-01 17:31:19	2006-05-01 17:31:26	−31.48	104	A3

为了获取调度方案,需要对解进行解码。解码是编码的逆过程,可实现解个体到决策变量的变换。对解进行解码时,首先根据每个卫星的活动序列图输出其观测计划,即按时序排列的合成任务信息。然后,根据卫星的合成任务编号,在卫星观测的元任务表中,检索其包含的元任务信息,获取每个合成任务内包含的元任务信息。

2. 解的基本邻域结构

邻域结构的作用是指导如何由一个(组)解来产生另外一个(组)新解。按照邻域搜索的概念,组合优化问题可用二元组(S,g)来定义,其中S表示满足问题所有约束的可行解(feasible solution)集合,g是目标函数,可把S中的任意元素s映射到一个实数。问题求解目标是在S中寻找某个解s,使得目标函数g最小化(最大化目标函数可转化为最小化目标)。因此,问题可以表示为

$$\min g(s), \quad s \in S \tag{5.42}$$

组合优化问题(S,g)的一个邻域结构(neighborhood structure)N可定义为从S向其幂集的一个映射

$$N: S \rightarrow 2^S \tag{5.43}$$

该映射将为每个$s \in S$关联一个邻居集$N(s) \subseteq S$。$N(s)$又可称为解s的邻域(neighborhood),其中包含了所有能够从解s经过一步移动到达的解,这些解称作s的邻居(neighbor)。

邻域搜索算法中,算法可从某个初始解开始,以迭代的方式反复尝试在当前解的邻域内,寻找一个更好的解,进而作为新的起点继续进行搜索,直到满足一定条件为止。邻域结构恰恰是定义如何从当前解通过移动得到问题的新解,如TSP问题中的2-opt邻域、or-opt邻域等。下面将结合问题特征,设计各种邻域结构。

本问题涉及两种安排任务方式:单独安排任务观测或将任务与其他任务合成观测,因此本书设计了插入邻域和合成邻域。在搜索过程中,可能要撤销某些任务,撤销任务也有两种方式:将某合成任务全部删除或将合成任务中的部分任务删除,因此本书设计了删除邻域和分解邻域,下面对这几个邻域分别进行介绍。

1) 插入邻域 Insert(o_{ijkv})

该邻域的功能是将元任务o_{ijkv}作为一个单独观测活动插入卫星s_i的观测列

表,图 5.11 为插入邻域操作示意图。其中涉及两个操作:根据待插入元任务 o_{ijkv} 生成一个新的合成任务,插入卫星的活动序列,并检查其可行性:若满足约束,则将元任务 o_{ijkv} 从虚拟卫星资源的任务列表中删除;若不满足约束,则撤销操作。

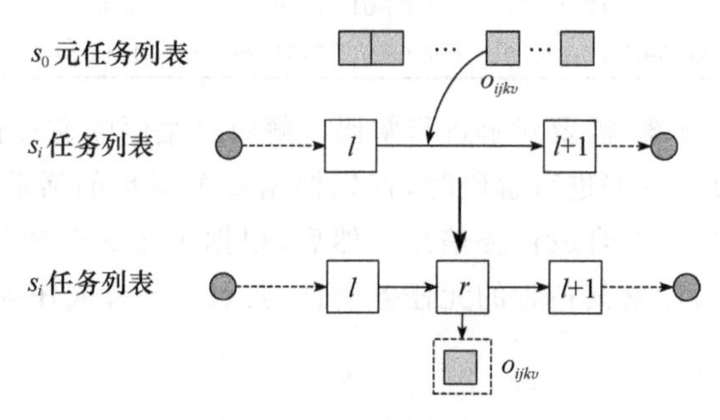

图 5.11 插入邻域示意图

2) 合成邻域 Compose(o_{ijkv})

该邻域的功能是将元任务与卫星活动序列中的某个观测活动(合成任务)进行合成操作,使得卫星能够对多个任务合成观测,图 5.12 为合成邻域示意图。将元任务 o_{ijkv} 与活动序列中的观测活动合成时,要根据元任务的观测开始时间检索可能与之合并的合成任务,并判断是否满足合成观测条件。若元任务 o_{ijkv} 与其中的某个观测活动 b_{jl} 满足合成观测条件,则尝试将其进行合成观测。加入新任务后,合成任务的观测时间及观测角度均产生变化,因此要更新 b_{jl} 的观测角度及观测时间,并检查是否满足卫星资源约束。若满足约束条件,则合成成功,设置 o_{ijkv} 的合成任务标识为 b_{jl};否则,撤销操作。

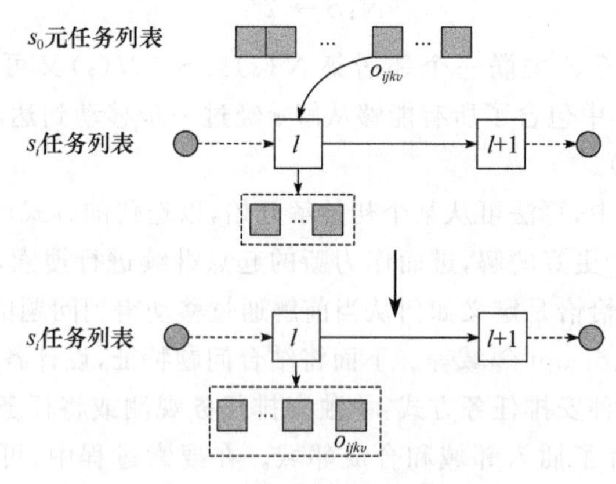

图 5.12 合成邻域示意图

3) 删除邻域 Delete(b_{jl})

该邻域的功能是移除卫星资源活动序列中的某个观测活动。图 5.13 为删除邻域示意图。使用删除邻域时,只会减少卫星资源消耗,因而无须进行约束检查,

只需将合成任务 b_{jr} 从卫星的活动序列中删除，同时将该合成任务中包含的若干个元任务加入虚拟卫星资源的任务列表。

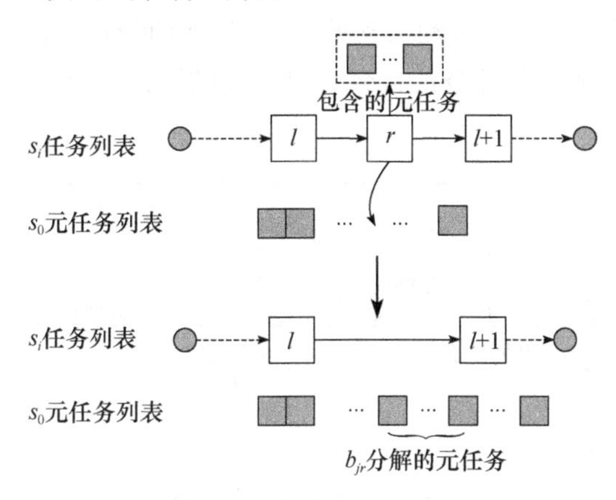

图 5.13　删除邻域示意图

4）分解邻域 Decompose(o_{ijkv})

该邻域将合成任务 b_{jl} 分解，删除其中某个元任务 o_{ijkv} 与其他任务的合成关系，并将该元任务移至虚拟卫星的元任务列表，图 5.14 为分解邻域示意图。分解任务时，将 b_{jl} 中包含的 o_{ijkv} 加入虚拟卫星资源的任务列表，并依据 b_{jl} 中剩余的元任务，更新 b_{jl} 的观测起止时间及观测角度等属性。与删除邻域类似，采用该邻域时无须进行卫星约束的检查操作。

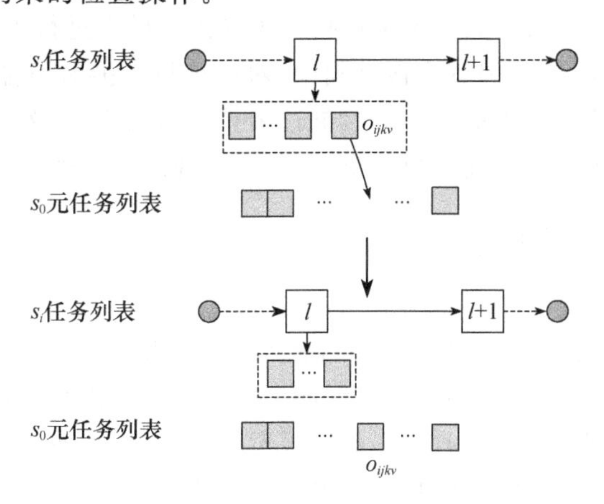

图 5.14　分解邻域示意图

由于合成任务包含的元任务间具有时序关系，只有删除最早开始或最晚结束的元任务才会对合成任务产生影响。因此，分解邻域只针对合成任务两侧的任务进行拆分。如图 5.15 所示，合成任务 b_{jl} 包含四个元任务。若删除元任务 o_2 或 o_3，此次观测活动的开始时间和结束时间没有变化，故卫星的持续开机时间、消耗的能量及侧摆次数等没有减少。这种变化不会释放卫星资源，也不能增加安排其他任务的潜在机会，对求解没有促进作用，还会减小解的收益。相反，若删除合成任务两侧的元任务 o_1 或 o_4 时，此观测活动的持续观测时间减少，同样会减少卫星资源的消耗，能够增加完成其他任务的机会。因此，该邻域只针对合成任务两端的元任务进行分解操作。

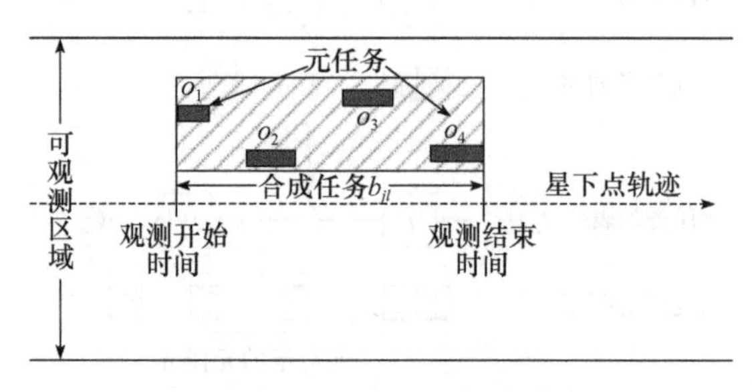

图 5.15　合成任务组成示意图

上述四种基本邻域，是对当前解进行邻域变化的最基本操作。设计具体算法时，可根据问题特征及算法特性，设计更加有效的邻域结构，如 5.3.3 节快速模拟退火算法中的再分配邻域(relocate)、交换邻域(swap)等。

设计其他与本问题相关的邻域结构时，均可由上述四种基本邻域组合产生。例如，安排任务可看作"依次尝试对任务所属的元任务进行合成操作或插入操作"，交换任务可看作"删除某任务后，再加入另一任务"，因此交换邻域可看作"删除邻域"与"插入邻域"的组合。其他邻域结构均可在此基础上进行扩展，因而称这四种邻域结构为"基本邻域"。邻域变换过程中，对解进行变换有可能违反卫星资源的使用约束，因此必须进行解的可行性判断。要依据任务列表及资源约束进行约束检查，其中还可采用许多快速约束检查机制，以提高约束检查效率。

3. 解的评价函数及改进策略

1) 解的评价函数

由多星一体化任务规划模型可知，衡量调度结果的指标为调度方案的收益。可通过遍历每颗卫星观测活动中所包含的元任务，并根据任务类型分别计算每个任务的收益，并得到解的总体收益。邻域搜索时，通过对当前解 Sol 进行邻域变换以产生新解 Sol′，并通过收益函数进行评价，以判断解的优劣。若 Sol′的收益大于 Sol 的收益，则 Sol′优于 Sol，表示为 Sol′≻Sol。若 Sol′的收益等于 Sol 的收益，则二者无差异，表示为 Sol′～Sol。

在计算收益时，均涉及区域目标的覆盖率统计等操作；若每次对变换产生的新解都采用上述方式计算，需要进行大量的重复计算，会影响算法的效率。通过对解的收益变动因素进行分析，可以发现，解的收益变化与邻域结构变化相关。计算新解 Sol′的收益时，可根据邻域变化情况，在 Sol 的基础上计算因任务变化而导致的收益变化，就能大大减少计算收益时的运算量。例如，采用插入邻域 Insert(o_{ijkv})对 Sol 进行变换，新解 Sol′的收益可在 Sol 的基础上，增加因观测元任务 o_{ijkv} 而获得的收益。

2）解的改进策略

依据邻域结构对解收益的影响，可分为改进型邻域和调整型邻域。改进型邻域能够直接改进解的质量，如加入一个新任务或以高优先级任务替换低优先级任务。调整型邻域则不会直接改进解的质量，如交换任务的观测时间，删除某较低优先级的任务等。为了对解进行改进，应优先使用改进型邻域，当搜索陷入局部最优时，再优先使用调整型邻域，以对解进行扰动，从而有助于将解逃离局部最优。本章的插入邻域及合成邻域均属于改进型邻域。

为了提高解的质量，本书基于整体优化策略的算法均采用了如下改进策略：对于元任务 o_{ijkv}，优先使用合成邻域，其次再使用插入邻域。即优先安排任务与其他任务合成观测，当无法合成观测时，再单独安排观测。

正如 5.2.2 节对成像卫星调度中的任务合成分析中所述，卫星在单个轨道圈次内的侧摆次数有限，对任务合成观测能够大大提高卫星的观测能力。本书的改进策略主要基于如下考虑：卫星在单个轨道圈次内的最大侧摆次数约束是成像卫星调度中的瓶颈约束，应尽量将能够合成观测的任务优先安排合成观测，而不是单独安排观测。

在定义了算法的基础组件后，就可在此基础上，根据具体应用需求，设计相应算法。下面将分别介绍本章的两种基于整体优化策略的算法：动态合成启发式算法和快速模拟退火算法。

5.3.2　任务动态合成启发式算法

基于规则的启发式算法具有简单、直观、实现效率高的优点，便于依据卫星管理部门的业务规则和偏好设计算法，是现实成像卫星任务调度系统中应用较多的算法[17~19]。本节通过分析多星一体化任务规划问题的特征，提出了五种启发式规则，其中涉及任务选择、资源选择、时间窗选择以及任务间合成方案的选择[20]。与预先合成方式相比，算法中对任务间的合成操作是在调度过程中动态进行的，称为动态合成启发式算法。

1. 任务选取规则

在任务选取规则中，本书定义了任务需求度 Need_i 来描述任务 t_i 待安排的紧急程度。

$$\text{Need}_i = \frac{w_i}{\text{Opportunities}_i} \tag{5.44}$$

其中，w_i 是任务的优先级；Opportunities_i 是该任务剩余观测机会的数量，即当前可用时间窗的数目。该策略的目的是优先安排价值高且剩余观测机会少的任务，此启发式为任务的选取规则。

2. 资源选取规则

1) 资源竞争度

成像卫星的电能、存储容量以及侧摆次数等资源有限，只能完成部分任务，因此任务间对资源存在竞争。为表达任务对卫星资源的竞争程度，本书定义资源竞争度这个概念，用来描述任务 t_j 对卫星 s_i 资源的竞争情况

$$\text{Contention}_{ij} = \sum_{r=1}^{k} \frac{\text{Capacity}(i,r) - \text{Requires}(i,j,r)}{\text{RequestedCapacity}(i,r)} \tag{5.45}$$

设卫星有 k 种资源，RequestedCapacity(i,r)表示卫星 s_i 的候选任务对其 r 类资源的总需求量；Capacity(i,r)表示卫星 s_i 的 r 类资源的剩余量；Requires(i,j,r)为任务 t_j 对卫星 s_i 的 r 类资源的需求量。资源竞争度体现了任务对卫星资源的竞争程度。在为任务选取资源时，应尽量选取资源竞争度小的卫星，这也符合多星调度中负载均衡的需求。

2) 时间窗争用度

由于卫星同一时刻只能采用一种姿态成像，因此不同任务不但对卫星的电能、存储等资源竞争，在时间窗上也存在竞争，本书定义了时间窗争用度来衡量任务对时间窗 κ 的竞争程度

$$\text{Con}_{\kappa} = \sum_{j=1}^{m} \frac{\text{ConflictSpan}_{\kappa j}}{\text{ConflictWinSpan}_{\kappa j}} \times \omega_j \tag{5.46}$$

其中，m 表示未安排任务的数目；ω_j 表示未安排任务 t_j 的优先级(值)；ConflictWinSpan$_{\kappa j}$ 表示将当前任务安排到时间窗 κ 后，与其他未调度任务发生冲突的时间窗的总时间，ConflictSpan$_{\kappa j}$ 表示冲突的持续时间。使用该策略会尽量将任务安排到与其他任务冲突最小的时间窗内。

3. 任务合成的启发式规则

安排任务合成时，任务可能具有多个合成方案；选择合成方案时，必须综合考虑合成方案对卫星载荷的侧摆、开机时间以及数据存储等方面的影响。鉴于此，本书提出了以下合成规则：

(1) 最小侧摆角度规则。卫星侧摆过程需要消耗一定能量，侧摆转动以及侧摆后的稳定均需要消耗一定时间。为任务选择卫星及时间窗时，应尽量选择侧摆角度小的方案。同理，任务合成后的观测角度为合成任务中元任务的观测角度范

围的中间值，合成观测也应尽量选择侧摆角度较小的方案。对成像卫星来说，采用侧摆角度小的方案观测任务，还容易得到较好的图像质量。

(2) 最小冗余规则。卫星对地面目标成像时，需要将数据存储到星载存储器上。多个任务进行合成观测后，会产生一定冗余的观测数据，如图 5.16 所示。

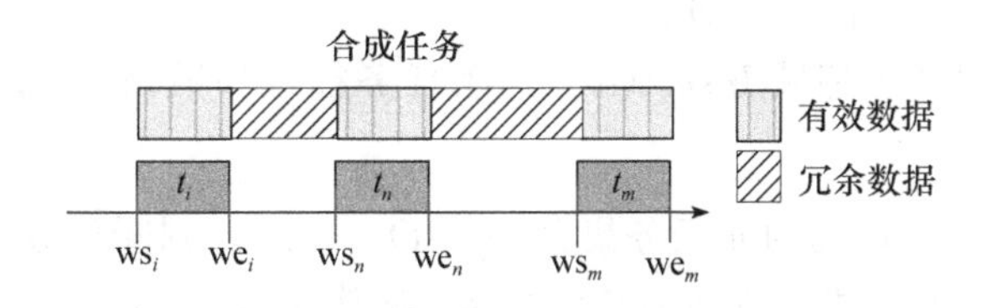

图 5.16　合成任务数据存储示例图

设合成任务中包含了 k 个元任务，第 i 个元任务的开始时间为 ws_i，结束时间为 we_i，持续时间为 $\mathrm{duration}_i$，定义了合成方案的冗余量

$$\mathrm{redundancy}=\max_{i=1,\cdots,k}\{\mathrm{ws}_i\}-\min_{i=1,\cdots,k}\{\mathrm{we}_i\}-\sum_{i=1,\cdots,k}\mathrm{duration}_i \tag{5.47}$$

冗余部分不产生收益，还要占用一定的存储资源。冗余量不仅代表了合成观测任务对存储资源的浪费情况，也代表了其对卫星持续开机时间、能量等其他资源的浪费，因而应尽量选择冗余量小的任务合成方案。

4. 算法描述

综合上述各种启发式规则，本书提出了一种动态合成启发式算法(dynamic task merging heuristic algorithm，DTMH)，算法描述如下。

算法 5.1　动态合成启发式算法：

输入　卫星集合 $S=\{s_1,s_2,\cdots,s_{N_S}\}$，任务 $T=\{t_1,t_2,\cdots,t_{N_T}\}$，每个任务的元任务集合 O_j；

输出　成像卫星调度方案 Sol。

步骤 1　将任务按照任务需求度的降序排序，依次选择 T 中任务需求度最大的任务 t_j，$T=T-\{t_j\}$。任务 t_j 的可用的元任务集合为 $\widetilde{O_j}=O_j$。

步骤 2　选择调度方案 Sol 中可与 $\widetilde{O_j}$ 中元任务合成的位置集合 P_j。

步骤 3　若 $P_j=\varnothing$，转至步骤 5；否则，尝试将任务 t_j 合成观测，根据任务合成的启发式规则选择合成位置 p，优先采用最小侧摆角度规则。设任务 t_j 的最优合成观测的元任务为 o_{ijkv}，采用合成邻域 $\mathrm{Compose}(o_{ijkv})$ 进行任务合成，$P_j=P_j-\{p\}$。

步骤 4　若任务合成成功，转至步骤 8；否则，转至步骤 3，选择下一个合成位置，继续进行合成。

步骤 5　任务无法被合成，尝试将任务 t_j 插入 Sol。得到与任务 t_j 具有时间窗

的卫星集合 St_j，若 $St_j=\varnothing$，则任务没有满足条件的卫星，转至步骤 8，选择下一个任务。否则，选择资源竞争度最小的卫星 s，$St_j=St_j-\{s\}$。

步骤 6 得到卫星 s 对任务 t_j 的时间窗集 Win_{st}，若 $Win_{st}=\varnothing$，则任务没有可用时间窗，选择下一个卫星，转至步骤 5。否则，选择最小竞争度的可用时间窗 win 并插入任务，$Win_{st}=Win_{st}-\{win\}$。

步骤 7 采用插入邻域 Insert(o_{ijkv})，若任务插入失败，转至步骤 6，选择下一个时间窗。

步骤 8 更新 t_j 候选的元任务集合 $\widetilde{O}_j=\widetilde{O}_j-o_{ijkv}$。判断任务 t_j 是否已完成，若未完成，转至步骤 2，继续安排其他元任务；否则，转下一步。

步骤 9 若 $T=\varnothing$，则调度结束，返回 Sol；否则，转至步骤 1，选择下一个任务。

算法中按照任务需求度依次选择任务并安排观测。由于任务合成能够节约卫星的开机次数、侧摆等资源，因此算法中优先采用合成邻域，将任务进行合成观测。当无法合成观测时，再采用插入邻域，尝试将任务插入观测队列，单独安排观测。

当任务可被合成观测时，采用任务合成启发式规则，选择观测角度小或冗余量小的方案。当所有合成位置均不能合成成功时，再尝试采用插入邻域。插入任务时，首先采用资源竞争度启发式选择竞争程度小的卫星资源，再采用时间窗争用度启发式选择竞争程度小的时间窗，并尝试将该位置的元任务插入观测列表。

点目标只需被观测一次即可完成任务，而区域目标需要被多次观测；对于点目标而言，成功安排一个元任务后，即可视为完成任务；而对于区域目标而言，可能还需要继续安排其他的元任务。鉴于此，在步骤 8 中，需要对任务的完成状态进行判断，若任务未完成，还需安排该任务的其他元任务。

5.3.3 快速模拟退火算法

常规模拟退火算法已被证明具有较强的全局寻优能力，但需要足够的模型扰动及迭代次数，并配以严密的退火计划，这也意味着需要足够高的初始温度、缓慢的退火速度、大量的迭代次数以及同一温度下足够的扰动次数。因此，模拟退火算法的计算效率一直是其在大规模组合优化问题中应用的主要障碍[21]。

Ingber 针对该缺点，对常规模拟退火算法在模型扰动及退火方式上进行了改进，提出了快速模拟退火算法(very fast simulated annealing algorithm)[22~24]，大大地提高了求解速度，并且已在一些实际研究中得到了应用。本章采用其思想，构造了求解问题的快速模拟退火算法。算法中依据问题的特点，构造了多种邻域结构，便于对任务进行合成与分解操作。为避免陷入局部最优解，设计了随机扰动、重排列及重启动三种分化机制，以实现对局部最优解的逃逸。采用模拟退火算法要求对待求解问题有深入理解，特别是在邻域结构方面，需要结合问题的特征来设计，下面进行详细阐述。

1. 邻域结构设计

影响邻域搜索性能的两个重要因素是邻域结构和搜索策略，邻域结构越好，搜索出局部最优解的质量就越好。本章借鉴了带有时间窗的并行机调度[12,25]以及VRP[26]等问题中的邻域结构，设计了多种邻域结构，通过邻域变换对原模型进行扰动，产生新解。此处的邻域结构均是在基本邻域结构的基础上设计的，通过基本邻域结构中的约束判断等基本操作，大大简化了算法寻优过程中的计算量。

1）安排任务邻域[arrange(t_i)]

多星一体化任务规划过程中，经常涉及安排任务的操作，安排任务的过程即是对其所属的元任务进行合成操作（compose）或插入操作（insert）的过程。由于后文构造其他邻域过程中要经常使用安排任务的操作，因此首先介绍其构造流程，如图5.17所示。

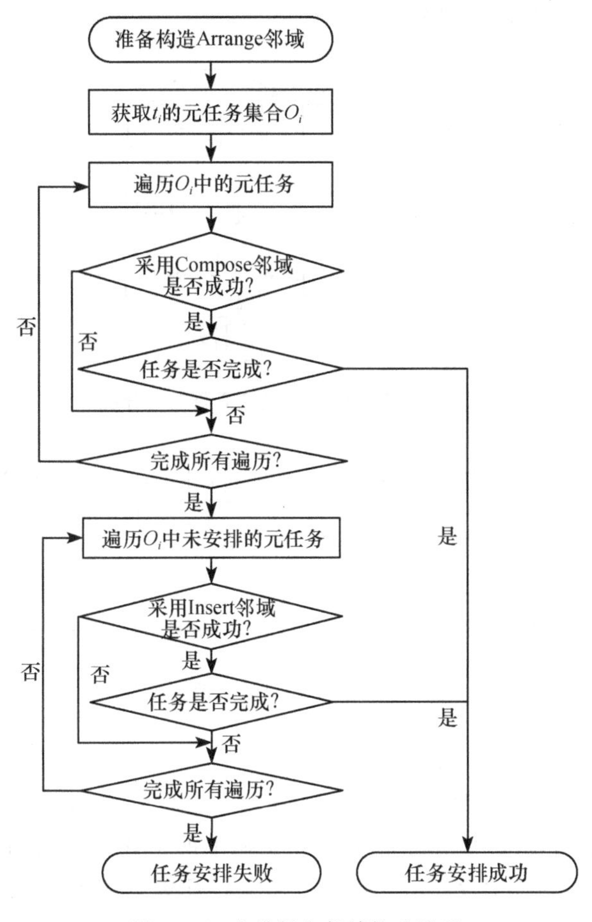

图5.17　安排任务邻域构造流程

首先,获取任务 t_j 的元任务集合 O_j,依次遍历 O_j 中的元任务,尝试进行合成操作,并判断任务是否完成,若任务完成则退出。若经合成操作后,任务仍未完成,则再次获取其他待观测元任务集合,并依次尝试插入操作,直至任务完成或遍历完全为止。安排元任务时优先采用合成邻域,当元任务无法合成,或任务没有完成时,再使用插入操作以完成任务。此方式可以使更多的任务进行合成观测,有利于安排更多的任务。

2) 再分配邻域(relocate)

该邻域的功能是重新分配任务的卫星资源以及时间窗。由于卫星对任务具有多个时间窗,因此可将任务在同一卫星资源内再次分配时间窗。该邻域包含两类操作:将任务重新分配到同一卫星资源的不同时间窗或将任务重新分配到另一卫星资源。图 5.18、图 5.19 分别是两类操作的示意图。采用再分配邻域的目的在于通过调整执行任务的卫星资源和时间窗,以增大安排其他任务的机会。再分配邻域的操作流程如图 5.20 所示。

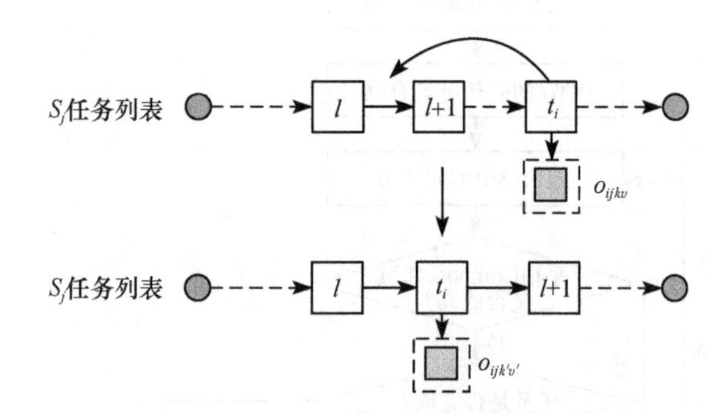

图 5.18 任务在同一卫星资源上再分配

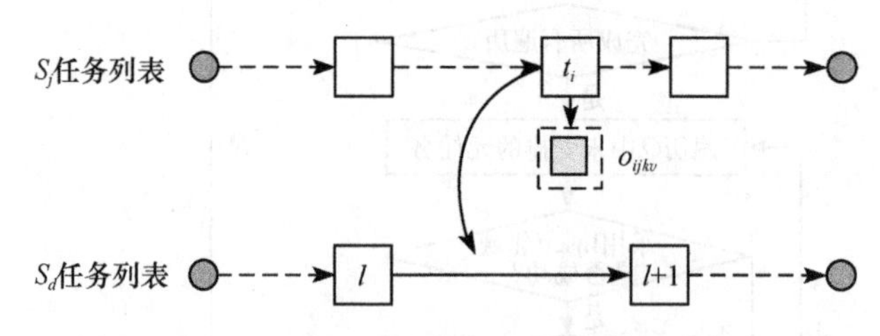

图 5.19 任务在不同卫星资源上再分配

3) 交换邻域(swap)

该邻域的功能是选择两个任务进行交换。文献[12]在具有时间窗的并行机调度中,考虑了三种任务交换邻域结构:同一资源上两个任务之间的交换(交换执行顺序);不同资源上两个任务之间的交换;已安排任务与未安排任务之间的交换。在作业车间调度问题及车辆路径问题中,对同一资源或不同资源上的任务交换位

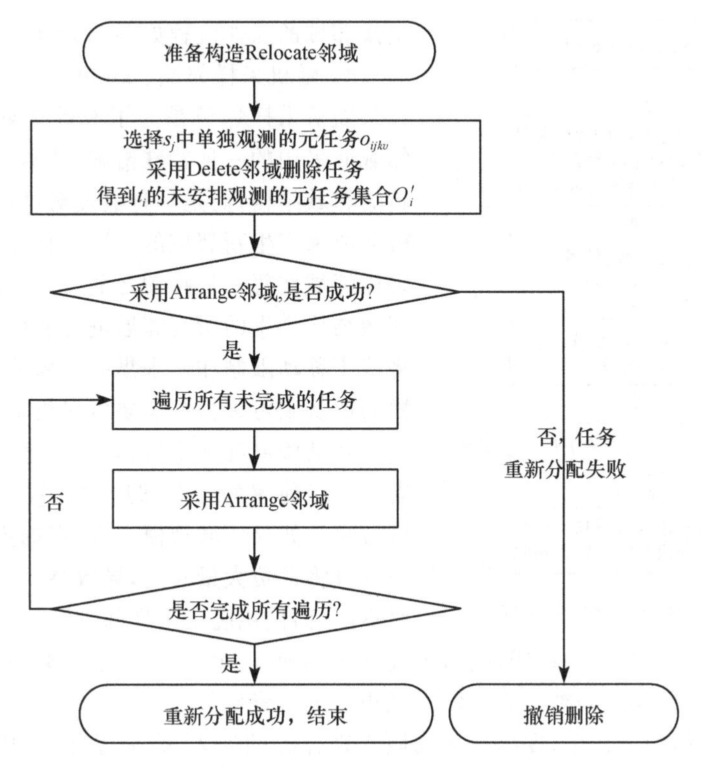

图 5.20　再分配邻域构造流程

置,可能会改进解的质量,如减小加工时间或缩短车辆路程等,而且交换任务不受很多约束制约。在本问题中,前两种邻域结构只交换任务的观测时间或观测资源,并未增加新的任务,不会增加收益,属于调整型邻域。成像卫星调度中具有严格的时间窗特征,还受其他的约束制约,对同一资源或不同资源上的两个任务交换时受很多限制,如必须具有可用的时间窗,任务重新安排后不冲突且具有转换时间等。实验中发现,很多情况下交换并不能成功。因此,本书主要采用了第三种交换邻域结构,在已安排任务与未安排任务之间进行交换,即在真实卫星与虚拟卫星资源之间交换任务。其示意图如图 5.21 所示。

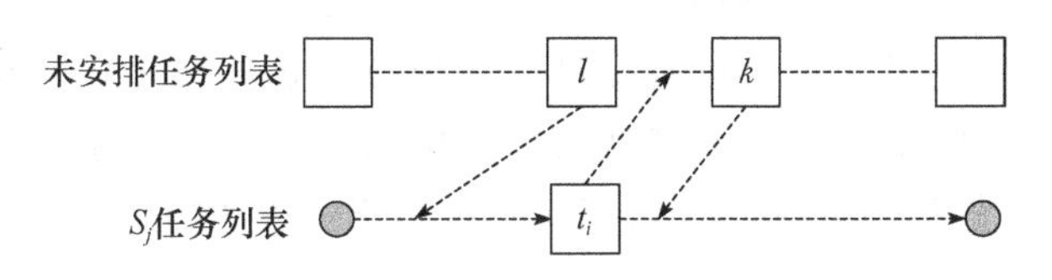

图 5.21　已安排与未安排任务间交换邻域

对已安排任务与未安排任务采用交换邻域可以通过删除某任务,增大完成其他任务的机会,也可用价值较高的任务替换价值较低的任务,从而提高解的质量。

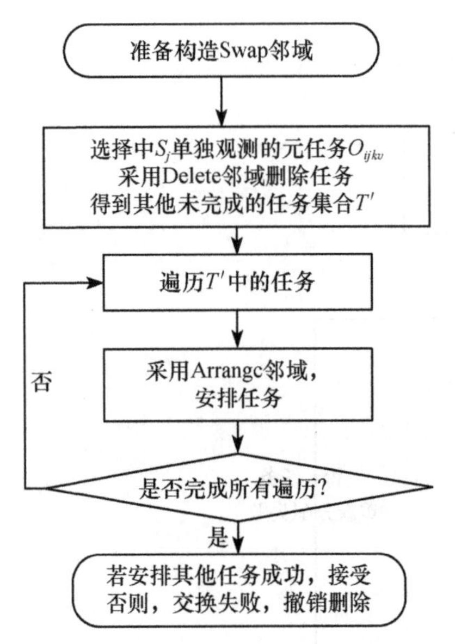

图 5.22　交换邻域构造流程

交换邻域的操作流程如图 5.22 所示。

4) 随机采样邻域(sample)

随机采样邻域是为了有效地处理大规模邻域而采用的一种特殊措施,其本身并不代表新的邻域结构,而是一种通过对已有邻域的随机抽取来产生新邻域的方法。具体说来,随机采样邻域在每一步移动之前,都将对按照给定邻域结构产生的所有邻居进行随机采样,从而将该步移动限制在所采集的一部分邻域内,采样的比例则可以根据需要事先指定。

对某些局部搜索过程而言,每一步移动都需要在当前解的所有邻居内寻找一个最好的可行解。如果邻域规模太大,则选择移动的过程本身将耗费大量时间,导致整个搜索过程效率不高,而使用随机采样邻域则一方面可减小每一步移动需要检测的邻居数目,提高搜索的速度;另一方面也能够增加搜索过程的随机性,使搜索过程被人为地转移到更广的搜索空间。

在邻域结构设计中,安排任务邻域实现任务的插入、合成操作,它优先使用合成邻域,在邻域结构内部调用了对元任务的插入及合成操作,为改进型邻域。再分配邻域及交换邻域分别通过调整执行任务的资源、时间窗以及交换已安排与未安排的任务,实现对解的扰动,为调整型邻域。调整型邻域中,任务再分配完毕或任务交换完毕后,均有可能产生安排其他任务的机会,因此均要针对所有未完成的任务依次尝试操作。

制定卫星观测计划时,安排任务合成观测具有很大的优越性,因此应尽量使更多的任务合成观测。另外,合成观测的任务中包含若干个元任务,若对其进行调整,需要对其中的每个任务均进行调整,无疑会带来很大的工作量,而且容易造成解的质量下降。因此,调整型邻域中,每次均只针对卫星资源上单独安排观测的元任务(非合成观测的任务)进行调整。

对合成观测任务的调整可以通过删除邻域或分解邻域实现。例如,当解的搜索陷入停顿时,会采用一定的分化策略,对解中的某些合成任务进行删除或分解,并在此基础上继续搜索,从而不会过度影响解搜索过程的随机性。

2. 接受概率

VFSA 依据广义 Boltzmann-Gibbs 分布,采用如下概率接受公式:

$$P = [1-(1-q)\Delta E/T]^{1/(1-q)} \tag{5.48}$$

其中,ΔE 为能量差(新解与原解的差值);T 为当前温度;参数 q 为接受新解的冒险因子,选择不同的 q 值能够体现算法的保守或冒险的倾向。当 $q\to 1$ 时,其等同于常规 SA 的接受概率

$$P = \exp(-\Delta E/T) \tag{5.49}$$

这是一种偏向于保守的接受方法。当 q 变小时,接受概率偏向于冒险,使算法更可能接受一些较差的解。这种冒险倾向一方面可提高算法速度,另一方面使它以接受更多的差解为代价,可通过适当调节 q 值达到两方面的平衡。

3. 温度设置及退火计划

一般而言,初始温度应选取得足够大,使每个候选解的接受概率都近似为 1,即 $P\approx 1$。而初始温度过大又会造成计算时间的增加,过小则会使算法过早陷入局部最优。根据本章所研究问题的特点,我们设置初始温度 T_0 为

$$T_0 = \frac{1}{2N_S}\sum_{i=1}^{N_T} w_i \tag{5.50}$$

同物理退火过程类似,温度衰减的速度不能过快,否则需要较长的 Markov 链以产生较好质量的解。恰当的温度衰减函数可使算法访问更多的邻居,搜索更大的解空间,返回质量更好的解。文献[26]列举了多种降温策略,由于降温速度是决定收敛速度的重要因素,本章采用快速降温策略

$$T_k = T_0\alpha^{k^{1/N}} \tag{5.51}$$

其中,T_0 为初始温度;k 为迭代次数;α 为温度衰减率;N 为降温参数,N 越小温度下降越快,在应用中可以取为 1 或 2。由式(5.51)可以看出温度与迭代次数 k 有关,当 k 增大时,温度能够以更快的速度下降。

在固定温度下的搜索过程(内循环)中,可以采用固定的模型扰动次数,但随着温度的降低,算法对质量较差的候选解的接受概率逐渐减小,因此有必要使每个温度的迭代步长随着温度的下降而增加,避免过早地陷入局部最优状态。记温度 T_k 对应的 Markov 链长度为 L_k,我们定义了 Markov 链长度随温度变化的规则

$$L_{k+1} = \lambda \times L_k \tag{5.52}$$

初始温度 T_0 所对应的 Markov 链长度 L_0 按如下规则取值:

$$L_0 = \frac{N_T}{2} \tag{5.53}$$

4. 回火过程

在模拟退火算法中,当温度较高时,算法对新解的接受率较高,使得算法可接

受劣解从而避免掉入“局部陷阱”。当温度较低时，算法接受差解的概率较低，算法容易陷入局部最优。鉴于此，一些改进的模拟退火算法中均采用了回火技术[22,25,27]，即当算法得到局部最优解时，将温度设为当前温度的两倍，并基于当前最优解为初始解，继续搜索。通常情况下，模拟退火算法中的最大回火次数为3～5次。

5. 终止规则

为提高算法效率，快速模拟退火算法中采用了双层终止规则，只要满足任意一种终止规则，则算法停止搜索。外层为基于温度的终止规则：通过为算法设置最终温度，使算法在每次降温时检查当前温度，若当前温度低于最终温度，则完成退火过程，算法终止。内层为解的不更新终止规则，即当前解超过一定的迭代次数仍没有改进时，算法终止。

6. 分化策略

算法在搜索过程中，有可能陷入局部最优，单纯依靠算法以一定概率接受劣解的方式难以逃离局部最优解。鉴于此，快速模拟退火算法设计了三种分化策略，对局部最优解进行扰动，并在扰动结果的基础上，继续搜索。

(1) 随机扰动策略(perturbs)。若当前解经过 μ 次迭代，仍然没有增进，则停止搜索，并从当前最优解 s^* 中随机移除 π 比例的任务(π 为[0,1]的随机数)，在此基础上重新开始搜索。

(2) 重排列策略(rearrange)。若当前解经过 λ 次迭代，仍然没有增进，则将当前最优解 s^* 中所有已经安排的任务移出，并尝试插入到不同的位置，并在此基础上重新开始搜索。插入任务时优先考虑与其他任务进行合成，即重新安排任务的卫星资源及时间窗。

(3) 重启动策略(restarts)。算法每迭代 $100\ln(N_T/2)$次，均重新启动算法，随机构造初始解并重新搜索，算法最多重启动5次。

7. 算法描述

算法 5.2　快速模拟退火算法：

输入　卫星集合 $S=\{s_1,s_2,\cdots,s_{N_S}\}$，任务 $T=\{t_1,t_2,\cdots,t_{N_T}\}$及任务的元任务集合；

输出　成像卫星调度方案。

步骤 1　初始化初始温度 T_0、最终温度 τ，温度衰减率 α，回火过程的解不增进次数 $c_1=0$，分化机制中 perturbs 及 rearrange 的解不增进次数 $c_2=c_3=0$，算法迭代次数 Iter=0。

步骤2 采用算法4.1构造初始解Sol_0，设定当前解$Sol=Sol_0$，全局最优解$Sol_{best}=Sol_0$，当前温度内的迭代次数$N_Temp=0$。

步骤3 采用随机抽样方式在可行解集合内构造邻域产生候选解Sol'，并计算候选解与当前解的收益差Δf，$\Delta f=f(Sol)-f(Sol')$，$Iter=Iter+1$。

步骤4 若$\Delta f\leqslant 0$，接受该候选解，另$Sol=Sol'$，$Sol_{best}=Sol'$，$c_1=0$，$c_2=c_3=0$；否则给出一个服从均匀分布的[0,1]间的随机数，依据接受概率公式，若概率$P=[1-(1-q)\Delta E/T]^{1/(1-q)}$大于此随机数，则接受候选解，$Sol=Sol'$。

步骤5 若$Sol_{best}\geqslant Sol$，$c_1=c_1+1$，$c_2=c_2+1$。

步骤6 判断是否满足回火条件。若满足则采用回火过程，令当前温度$T=T\times 2$，$c_1=0$，$N\_Temp=0$，转至步骤3。

步骤7 依据c_2，c_3，Iter判断是否满足分化条件，依据分化机制对当前解Sol执行相应的扰动，并更新相应的参数，将扰动后的解Sol^*作为当前解。

步骤8 更新温度迭代次数$N_Temp=N_Temp+1$。若温度迭代次数达到当前的Markov链长度，则根据式(5.51)降低温度，同时更新当前温度T对应的Markov链长度L，并令$N_Temp=0$，进入外循环。否则转至步骤3，继续同温度下内循环的搜索。

步骤9 若满足任何终止规则，则停止搜索，转下一步；否则，转至步骤3，继续搜索。

步骤10 算法终止，输出最优解Sol_{best}。

5.4 实例分析

5.4.1 测试问题实例构造

多星一体化任务规划中的数据来源于实际问题，如运行的卫星数量及各种参数，用户提出的任务需求，如任务类型、数量、地理位置以及任务成像约束等。但在前期研究中，某些数据难以获取，只能获取部分数据。目前，在成像卫星调度领域也没有可用的标准测试集，因此需要构造问题实例对本章提出的模型及算法进行验证。构造问题测试实例时需要考虑多种因素，以尽量覆盖问题的各种特征，避免实验结果以偏概全。

虽然可在允许范围内随机生成数据构成测试问题实例，但是这样构造的测试问题不具有代表性，不能体现实际问题的特征。构造问题实例时采用真实的卫星数据，包括卫星轨道等参数，以计算卫星与目标间的时间窗信息，任务的相关数据则采用随机方式产生。任务具有图像类型、最小地面分辨率、有效观测时段等约束信息。由于在调度前的任务处理阶段中，任务分解时就对这些约束进行了处理，算法中无须处理这些约束,因此,构造实例时也不对其做特殊要求。

任务的地理位置对问题存在多方面的影响,是本书考虑的主要因素。任务的地理位置决定了卫星与任务间的可见性(时间窗数量),任务的时间窗数量越多,任务被安排的可能性就越大。另外,任务的地理分布从某种程度上也决定了任务的时间窗分布,它会影响任务间的合成观测特性。例如,任务分布越集中,卫星对任务的时间窗就越接近,任务间能够合成的机会就越大。这一点与具有时间窗约束的车辆路径问题(vehicle routing problem with time windows, VRPTW)中,客户的分布对算法的影响十分类似。因此,本章在构造测试实例时,目标的地理分布参考了 Solomon 构造 VRPTW 问题实例的方法,考虑以下三种分布特性[28]:

(1) 均匀分布(random);

(2) 聚集分布(clustered in groups);

(3) 混合分布(mixture of random and clustered)。

按照不同的规模及分布特性在范围(纬度 −30°～60°,经度 0°～150°)内生成点目标,任务的优先级为[1,10]的随机数。卫星对点目标的观测时间窗采用轨道预报软件计算,点目标的持续观测时间一般设为(5～9s),随机产生。测试问题实例中的区域目标采用了一些代表性的区域进行测试。测试问题实例的调度时段均为 24h。

5.4.2 对点和区域目标的综合调度与分阶段调度的比较

为验证模型及算法中将点和区域目标综合调度的效率,采用如下测试实例进行验证。实例中卫星资源包括两颗成像卫星,成像任务包含 80 个点目标及两个区域目标。点目标按照均匀分布生成,两个区域目标分别位于东海区域和台海区域,区域顶点坐标信息如表 5.3 所示。经过轨道预报,并计算卫星对区域的覆盖情况发现,两颗成像卫星均具有对区域目标的时间窗,但均不能对区域目标完全覆盖。目标的收益往往由计划编制人员依据任务的重要程度、对资源的消耗情况而制定,实例中设区域目标的收益与其面积(km^2)相关。本书采用以下三种方案进行调度。

表 5.3　区域顶点坐标信息表

	区域 A		区域 B	
	纬度	经度	纬度	经度
区域目标顶点坐标	25.1753	121.234	31.4046	123.666
	23.4098	120.201	33.903	123.432
	22.2106	120.801	33.903	125.098
	24.5757	122.067	32.5372	124.798
面积/km^2	28368		27798	
收益	2836.8		2779.8	

方案 1:首先安排点目标,然后依据剩余能力安排区域目标;

方案 2:首先安排区域目标,然后依据剩余能力安排点目标;

方案 3:采用本章方法综合调度点和区域目标。

由于本章的模型及算法能够综合处理点和区域目标,当然也适用于对单类目标的调度,因此三种方案中的调度算法均采用快速模拟退火算法求解,调度结果如表 5.4 所示。

表 5.4　各种调度方案的计算结果

方案编号	点目标收益	区域目标收益			总收益
		区域 A 覆盖率/%	区域 B 覆盖率/%	区域目标总收益	
方案 1	2318	0	0	0	2318
方案 2	322	63.355	64.917	3601.8	3923.8
方案 3	580	60.742	63.661	3492.6	4072.6

由结果可看出,方案 1 的总收益最小,方案 2 居中,方案 3 最好。前两种方案先规划任务中的子集,然后规划剩余部分,为分阶段的优化过程,而方案 3 将两类目标综合调度,为全局的优化。

测试问题实例中区域目标范围较大,所需观测时间较长,消耗的资源较多,因此设定区域目标的收益较高。而卫星运行受侧视次数约束及能量等约束限制,完成任务的数量有限。方案 1 优先调度点目标,将卫星的侧摆次数等资源率先消耗在价值较小的点目标上,以至于没有剩余资源去观测区域目标,导致整体收益较低。可以看出,前两种调度方案受不同类型目标间价值差异的影响较大,方案 3 将点与区域目标综合调度,调度目标始终为收益最大化,目标的价值差异对调度结果没有影响。由此可以得知,本模型和算法能够实现对点目标和区域目标的综合调度,与对两类目标单独调度的方式相比,能够提高成像卫星的观测效率。

5.4.3　任务动态合成与预先合成的比较

本章模型及算法实现了在调度过程中对任务的动态合成,为验证动态合成的效率,对动态合成与预先合成方式进行了对比。针对多个问题实例,分别采用预先合成方式、动态合成启发式算法及快速模拟退火算法进行求解,后两种算法均属动态合成方式。

预先合成方式采用文献[3]的方法,按照多种规则对目标进行优选,并根据卫星对目标的访问时间及侧摆角进行优化参数,从而将多个目标进行合成观测。其中,快速模拟退火算法采用的控制参数为:最终温度 $\tau=0.1$,接受新解的冒险因子 $q=0.3$,温度衰减率 $a=0.95$,降温参数 $N=2$,随机扰动参数 $\mu=80$,重排列参数 $\lambda=150$。

由于以前的研究中，还没有在多颗成像卫星条件下将点目标与区域目标统一调度的模型及算法，为便于比较，在下面的测试问题实例中只包含了点目标。测试问题实例中采用3颗卫星资源，并按照均匀分布生成不同规模(50,100,150,200)的点目标任务集。各种算法的计算结果如表5.5所示。表中M为任务数量，T为经过轨道预报和访问计算后，与卫星具有时间窗的任务数量，OBS为所有任务的总时间窗数量，obj为调度结果收益，task为完成的任务数量。Gap为给定方法比预先合成方法在收益上提高的比率。

表5.5 任务动态合成与预先合成的调度结果比较

M	T	OBS	预先合成方式		动态合成启发式			快速模拟退火		
			obj	task	obj	task	Gap/%	obj	task	Gap/%
50	50	160	266	46	272	48	2.26	274	49	3.01
100	98	278	490	89	509	93	3.88	520	94	6.12
150	147	410	703	112	737	123	4.84	753	135	7.11
200	199	600	866	136	908	145	4.85	1001	160	15.59

由结果可以看出，与预先合成方式相比，动态合成启发式算法及快速模拟退火算法(VFSA)均提高了调度结果的收益，安排的任务数量也相应增加。后两种算法中，VFSA能够得到更好的解。比较不同规模下的算例可以看出，任务数量越大，VFSA算法的优势就越明显。例如，任务数量为200时，VFSA算法完成的目标数量比预先合成方式平均增加了24个，收益提高了15.59%。

经过分析可知，任务数量越多，任务间的合成机会就越大，任务间可选的合成方式就越多。预先合成方式依据单颗卫星对相邻目标的侧视角度进行排序归类，并进行合成，不能充分利用卫星对多个任务间的观测机会进行合成优化。动态合成启发式算法能够依据当前任务的选择情况，并依据一定的启发式选择较优的卫星资源及时间窗进行合成，但该算法的“贪婪”特点决定了其具有“短视”行为，每次只能选择当前最优的合成方案，不能从全局角度进行优化，所以优化的效果有限，而VFSA算法能够通过不断搜索得到更优的合成方案。

5.4.4 快速模拟退火算法与动态合成启发式算法的比较

为了全面检验两种算法的性能，采取了不同规模下的多组测试问题实例验证算法性能。首先生成均匀分布的六组目标，目标数量分别为100、200、300、400、500、600。对每组目标根据不同的卫星数量生成多个测试问题实例，并分别采用两种算法进行计算。为避免快速模拟退火算法的随机性影响，对每种算例各计算10次，并取结果的均值进行比较。由于算法的调度结果是以完成任务获取的总收益来衡量的，每个任务的收益是在生成目标时随机产生的，为了更直观地了解调度效果并便于比较，本书在结果中还给出了任务的完成数量，并以任务完成率衡量调度结果。计算结果如表 5.6 所示。

表 5.6　目标均匀分布下的计算结果

No.	M	N	T	OBS	动态合成启发式算法			快速模拟退火算法					
					$\overline{\text{obj}}$	$\overline{\text{task}}$	$\overline{\text{CPU}}$/s	Max	$\overline{\text{obj}}$	$\overline{\text{task}}$	$\overline{\text{CPU}}$/s	Gap1/%	Gap2/%
1	100	2	84	186	415	69	0.07	423	416.8	71.2	4.82	0.43	2.2
2		4	100	386	545	99	0.08	546	546	100	3.74	0.18	1
3		6	100	565	545	99	0.11	546	546	100	4.21	0.18	1
4	200	2	156	346	633	94	0.11	678	667.2	99.8	22.74	5.40	2.9
5		4	198	732	946	163	0.28	1019	1007	176.2	26.37	6.49	6.6
6		6	200	1123	1083	193	0.44	1108	1097	198	28.31	1.26	2.4
7	300	2	253	521	810	116	0.35	873	865.2	126.6	79.82	6.82	3.53
8		4	300	1114	1299	211	0.48	1390	1378	224.6	85.84	6.07	4.53
9		6	300	1715	1578	280	0.80	1608	1599	283	78.75	1.33	1
10	400	2	328	665	960	128	0.93	989	977.4	134.6	160.42	1.81	1.65
11		4	399	1483	1667	258	0.71	1757	1748	272.2	184.79	4.85	3.55
12		6	400	2285	1960	332	1.27	2108	2093	352.4	228.95	6.78	5.1
13		8	400	3008	2152	380	1.83	2183	2170	385	252.70	0.82	1.35
14	500	2	421	846	1022	140	2.32	1084	1071	147.5	341.04	4.80	1.5
15		4	498	1863	1765	257	1.16	1910	1883	277	398.87	6.66	4
16		6	500	2828	2268	340	1.84	2448	2401	385.5	540.79	5.86	9.1
17		8	500	3734	2553	441	2.76	2649	2607	447	573.65	2.10	1.2
18	600	2	489	1027	1160	147	0.63	1248	1235	164.5	701.93	6.42	2.92
19		4	596	2218	2028	284	1.55	2137	2118	304.5	964.18	4.41	3.42
20		6	600	3438	2652	407	2.48	2781	2774	429.5	1018.91	4.58	3.75
21		8	600	4546	2852	501	3.66	3101	3082	518	1035.50	8.05	2.83

在表 5.6 中，No. 为实例编号，M 为任务数量，N 为卫星数量，T 为与卫星具有时间窗的任务数量，OBS 为所有任务的总时间窗数量，$\overline{\text{obj}}$为收益的均值，Max 为 10 次计算的最大值，$\overline{\text{task}}$为平均完成的任务数量，$\overline{\text{CPU}}$为算法平均消耗的时间，Gap1 表示快速模拟退火算法比动态合成启发式算法在收益上提高的比率，Gap2 表示快速模拟退火算法比动态合成启发式算法在任务完成率上提高的比率。

由计算结果看，对于多数问题实例，VFSA 算法均能得到更优的结果，甚至对结果有较大的改善。如在实例 16 中，采用 VFSA 算法得到的计算结果，收益平均提高 5.86%，任务完成率提高了 9.1%，平均多观测了 45.5 个任务。VFSA 算法对算例 20 的结果收益提高了 4.58%，任务完成率提高了 3.75%，平均多安排了 22.5 个任务。

两种算法对其中的六个实例(2、3、6、9、13、17)的调度结果差别不大,分析其任务完成情况可知,采用动态合成启发式算法得到的结果中,实例 2、3 的任务完成率达到了 99%,实例 6、9、13、17 的任务完成率分别达到 96.5%、93.3%、95%、88.2%。其中,多数实例的任务已经接近全部完成,受资源能力及目标间时间窗冲突的影响,VFSA 算法很难再提高调度结果的性能,因此对结果提高有限。

由于动态合成启发式算法优先选择优先级高且观测机会少的任务,并选择当前最优的合成位置,具有"近视"行为,不能进行全局优化,因此,调度效果稍差。模拟退火算法在理论上具有全局优化特征,通过不断的"尝试"搜索邻域,能够得到更加优化的解。

从计算时间来看,动态合成启发式算法无疑具有明显的优势,所有实例均在 4s 内完成,能够快速得到卫星的合成观测方案。VFSA 算法在搜索过程中进行了大量邻域搜索,导致算法耗时较长,随着问题规模的增长,算法的时间也明显增长。其与降温速度及每次内循环中的迭代次数密切相关,在实验时为获取较好的计算结果,设置算法进行了大量的搜索,导致算法耗时较长。

5.4.5　目标分布特性对调度结果的影响分析

为了检验目标在不同分布下对调度问题及算法的影响,还分别采用了目标在混合分布及聚集分布下的测试算例对算法进行测试,限于篇幅,上面仅给出了目标在均匀分布下的调度结果。任务在混合及聚集分布下,在算法的性能方面与任务在均匀分布下的表现类似。但目标的分布方式对调度的结果有较大影响,下面进行详细分析。

目标的地理分布对任务间合成观测特性及调度特性存在影响,下面以 2 颗卫星,任务分别为 100、200 的两种规模下的算例为例,进行实验分析。每种规模下按照均匀分布、聚集分布、混合分布分别生成目标,为避免任务地理位置的随机因素带来的影响,在每种规模下随机生成 10 个测试实例,并采用快速模拟退火算法分别计算,各次的结果如图 5.23 所示。其中,图 5.23(a)为任务数为 100 时的实验结果,图 5.23(b)为任务数为 200 时的实验结果。

由图 5.23 可以发现,在两种规模下的测试实例中,目标均匀分布时,调度结果的收益值最大,其任务完成率也最高,混合分布次之,而聚集分布最差。若考虑任务合成因素的影响,任务分布越集中,则任务越有可能被合成观测,从而有利于提高解的质量。但由结果可以看出,任务分布集中更容易带来负面影响。当任务在地理上分布集中时,卫星对这些任务的时间窗也相对集中,造成在卫星资源上为任务分配时间窗时,发生冲突的可能性增大。因此,任务聚集分布及混合分布时,分配方案的收益及任务的完成率较低。由此可知,卫星管理部门在接收任务

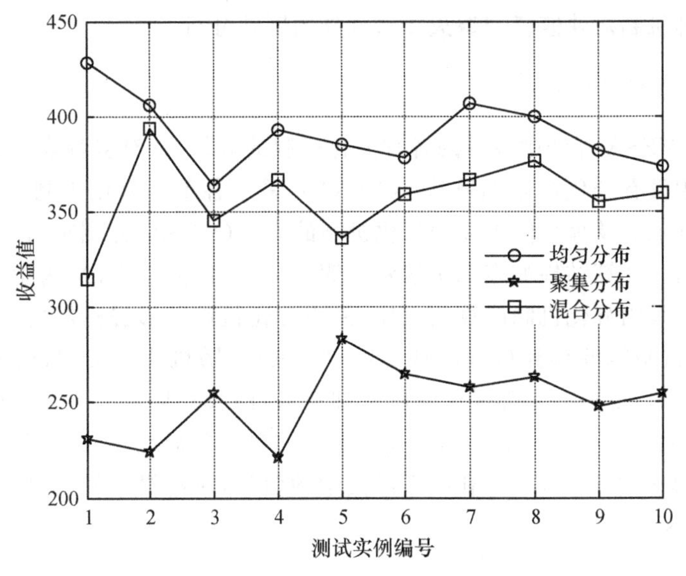

(a) 任务数为100时不同分布的调度结果

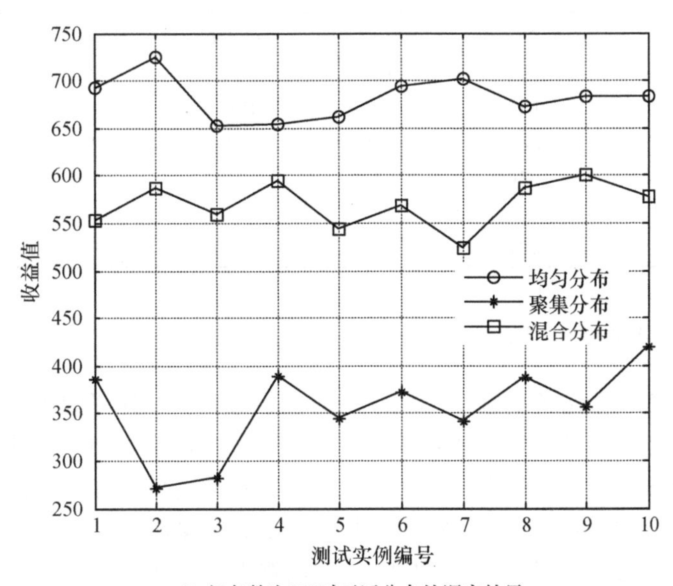

(b) 任务数为200时不同分布的调度结果

图 5.23　目标在不同分布下的调度结果

并安排卫星成像计划时,特别是制定中长期的计划时,应尽量将分布集中的任务分散到不同的时段内进行观测,以避免任务分布过于集中,导致任务完成率下降的情况。

5.4.6　各种机制对快速模拟退火算法性能的影响分析

1. 分化机制的影响

为验证 VFSA 算法中设置的各种分化机制的效果，针对多种规模下的测试问题实例，采用没有分化机制的算法（VFSA* ）、采用各单一分化机制（perturbs，rearrange，restarts）及综合使用多种分化机制的算法（VFSA）分别求解，各算法采用相同参数设置，计算结果如表 5.7 所示。表中 M 为目标数量，N 为卫星数量。可以看出，与不采用分化机制的算法相比，采用分化机制能够提高解的质量，综合使用多种分化机制能够得到最好的计算结果。其中，随机扰动机制（perturbs）与重排列机制（rearrange）在局部最优解的基础上进行扰动，提高的效果比较明显。重启动机制（restarts）为算法在迭代一定次数后强制重新启动算法，在解空间的任意位置重新开始搜索过程，没有利用已经搜索的信息，对解提高的效果有限，实验结果也验证了这一点。

表 5.7　带有不同分化策略的算法计算结果

M	N	VFSA*	perturbs	rearrange	restarts	VFSA
200	2	631	642	640	631	642
200	4	1011	1022	1014	1014	1022
300	2	741	769	776	741	776
300	4	1366	1410	1393	1366	1410
400	2	947	996	1002	984	1012
400	4	1701	1753	1760	1712	1760

2. 快速收敛机制的影响

VFSA 算法中采用了更具“冒险”倾向的接受概率和快速降温策略，以加快算法收敛的速度。为验证这些快速收敛机制对算法的影响，本书在相同参数下，采用 VFSA 与常规 SA 分别计算，图 5.24 为两种算法对某实例计算时，各次迭代得到最优解的进化曲线。可以看出，两种算法均能够得到较好的解，但 VFSA 能够更快收敛到稳定状态，算法能够尽早结束，从而能够提高求解效率。

综合上述分析可知，动态合成启发式算法的求解速度很快，但优化结果稍差；快速模拟退火算法能够取得较优的解，但计算时间较长。在实验中发现，对于规模较大的问题来说，VFSA 算法在后期的搜索速度下降，容易陷入局部最优，算法提高的效果有限。通过分析可知，可能有两个方面的原因：问题规模增大导致邻域过大，模拟退火的搜索性能受限，这是模拟退火算法本身固有的缺陷；由于任务数量增多，算法为成像卫星安排任务时，优先安排任务合成。而算

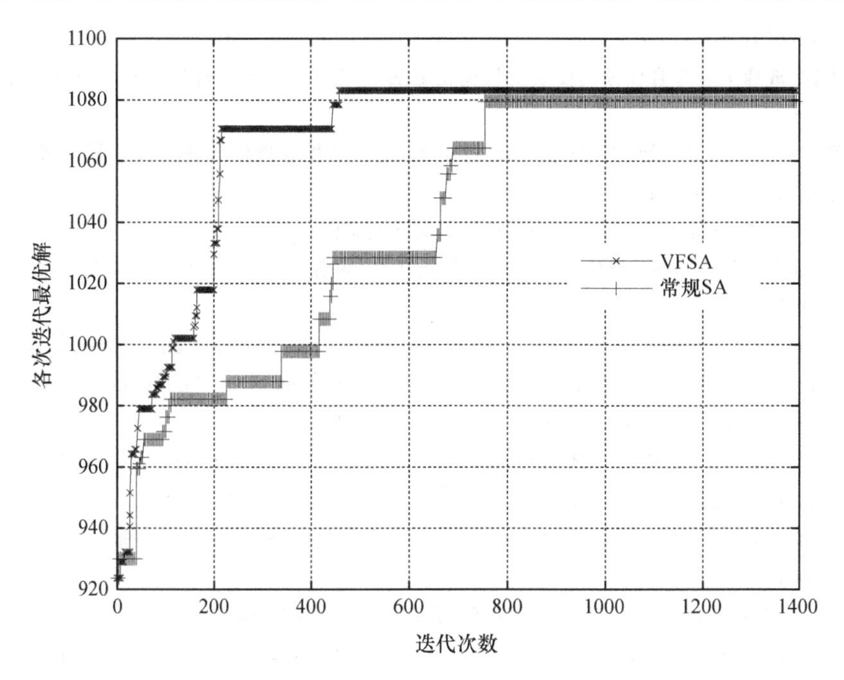

图 5.24　VFSA 与常规 SA 的收敛速度比较

法的邻域结构中不对包含多个元任务的合成任务进行重分配、交换操作，导致对系统的扰动不足。但若对包含多个元任务的合成任务扰动的幅度过大，就会破坏已有任务间的合成带来的优势。因此，邻域结构中对合成任务的扰动方式存在一定矛盾。

参考文献

[1] Barbulescu L, Howe A E, Whitley L D, et al. Trading places: how to schedule more in a multi-resource oversubscribed scheduling problem. International Conference on Automated Planning and Scheduling(ICAPS-04). Whistler, 2004.

[2] Barbulescu L, Howe A E, Whitley L D, et al. Understanding algorithm performance on an oversubscribed scheduling application. Journal of Artificial Intelligence Research, 2006, 27: 577-615.

[3] 阮启明. 面向区域目标的成像侦察卫星调度问题研究. 长沙：国防科学技术大学博士学位论文，2006.

[4] Cordeau J F, Laporte G. Maximizing the value of an earth observation satellite orbit. Journal of the Operational Research Society, 2005, 56(8): 962-968.

[5] 阮启明，谭跃进，李永太，等. 基于约束满足的多星对区域目标观测活动协同. 宇航学报，2007, 28(1): 238-242.

[6] 何红艳，乌崇德，王小勇. 侧摆对卫星及 CCD 相机系统参数的影响和分析. 航天返回与遥

感,2003,24(4):14-18.

[7] 王钧.成像卫星综合任务调度模型与优化方法研究.长沙:国防科学技术大学博士学位论文,2007.

[8] 徐雪仁,宫鹏,黄学智,等.资源卫星(可见光)遥感数据获取任务调度优化算法研究.遥感学报,2007,11(1):109-114.

[9] MapInfo Corporation. MapXtreme2005 中文开发指南,2006.

[10] 王远振,赵坚,聂成.多卫星-地面站系统的 Petri 网模型研究.空军工程大学学报,2003,4(5):7-10.

[11] Verfaillie G, Lemaître M. Planning activities for Earth watching and observing satellites and constellations. Proceedings of the Sixteenth International Conference on Automated Planning and Scheduling(ICAPS 2006). Cumbria, 2006.

[12] Rojanasoonthon Siwate. Parallel machine scheduling with time windows. PhD Dissertation. University of Texas, 2003.

[13] 王凌,郑大钟.邻域搜索算法的统一结构和混合优化策略.清华大学学报(自然科学版),2000,40(9):125-128.

[14] 玄光南,程润伟.遗传算法与工程优化.北京:清华大学出版社,2004.

[15] Lau H C, Sim M, Teo K M. Vehicle routing problem with time windows and a limited number of vehicles. European Journal of Operational Research, 2003, 148(3):559-569.

[16] ILOG. ILOG Dispatcher 4.0 User's Manual, 2003.

[17] Cohen R H. Automated spacecraft scheduling-the aster example. Jet Propulsion Laboratory: Ground System Architectures Workshop, 2002.

[18] Bianchessi N, Righini G. Planning and scheduling algorithms for the COSMO-SkyMed constellation. Aerospace Science and Technology, 2008, 12(7):535-544.

[19] Bresina J L. Heuristic-biased stochastic sampling. Proceedings of the Thirteenth National Conference on Artificial Intelligence. Portland, 1996.

[20] 白保存.考虑任务合成的成像卫星调度模型与优化算法研究.长沙:国防科学技术大学博士学位论文,2008.

[21] 陈华根,吴健生,王家林,等.模拟退火算法机理研究.同济大学学报(自然科学版),2004,32(6):802-805.

[22] Feo T A, Bard J F. Flight scheduling and maintenance base planning. Management Science, 1989, 35(12):1415-1423.

[23] Banerjee S, Nikil D R. Very fast simulated annealing for HW-SW partitioning. Technical Report, CECS-TR-04-17. Irvine, 2004.

[24] 陈华根,李丽华,许惠平,等.改进的非常快速模拟退火算法.同济大学学报(自然科学版),2006,8(34):1121-1125.

[25] Rojanasoonthon S, Bard J. A GRASP for parallel machine scheduling with time windows. INFORMS Journal on Computing, 2005, 17(1):32-52.

[26] Manzak A, Goksu H. Application of Very Fast Simulated Reannealing(VFSR) to Low

Power Design. Embedded Computer Systems: Architectures, Modeling, and Simulation. Berlin: Springer, 2005.

[27] Anagnostopoulos A, Michel L, Van Hentenryck P, et al. A simulated annealing approach to the traveling tournament problem. Journal of Scheduling, 2006, 6(2): 177-193.

[28] Solomon M M. Algorithms for vehicle routing and scheduling problems with time window constraints. Operations Research, 1987, 35(2): 254-265.

第 6 章　卫星动态任务规划技术

通常成像卫星任务规划采用的是静态周期性进行的方式，即每天（或给定周期）进行一次，每次考虑的成像任务需求、资源状态等与卫星调度相关的信息都是预先确定并被冻结的，任务规划方案一经生成就不再修改。这种方式对日常管理是适用的，但在战时或有紧急情况发生时，往往不能适应环境和用户需求的快速变化，导致既定的任务规划方案不再可行或不再合理。因此，有必要研究面向动态环境的成像卫星任务规划技术。

本章主要研究在卫星资源状态、成像任务需求等信息发生变化时，如何通过动态任务规划技术快速获得一个新的可行的优化方案，同时又能使新老规划方案的差异尽可能小，减少成像计划变更对其他相关卫星应用管理部门的影响。为此，提出了鲁棒性调度的概念以及基于鲁棒性调度方案的动态调整方法。

6.1　成像卫星调度问题的动态特性

成像卫星调度问题可能面临的动态因素主要有以下几个方面：

(1) 新任务的插入。在调度方案执行过程中，用户根据实际需要可能会插入一些新任务，特别是一些突发性的任务，如火山爆发、森林火灾等。

(2) 已安排任务的取消。由于用户需求的改变，取消在调度方案中已安排的任务。

(3) 任务属性的改变。由于用户需求的改变或任务属性设置不合理，导致某些任务属性的改变，如某些未安排任务的收益变高或已安排任务的收益变低。

(4) 天气条件的变化。如由于云层覆盖等天气条件的变化，导致某些已安排的任务无法完成或完成质量较差。

(5) 卫星资源状态的变化。如由于卫星资源失效，导致该卫星在某时间段内不可用，任务在此资源上该时间段内的可行时间窗不可用。

当原成像卫星调度方案在执行过程中遇到上述某种扰动因素时，往往需要根据新的任务需求和调度环境，对调度方案进行调整，以获得能够顺利执行的新调度方案。对调度方案的调整可采用完全重调度或修复重调度的方法进行。完全重调度就是从变化发生的时刻起，根据新的任务和资源等相关信息，不考虑原调度方案，重新制订一个新的后续成像计划。而修复重调度则是在原调度方案的基础上，通过较小的变更调整，获得一个变化发生时刻后仍然可行的后续成像计划。通常完全重调度可获得一个收益好的新调度方案，但其要求的计算时间长，新旧方案差距大，对其他相关部门影响大，常无法满足调度方案动态调整的需要[1,2]。因此，本章主要采用修复重调度的思想，并提出了一种基于鲁棒性调度方案的修复重调度方法。

6.2　动态环境下成像卫星的鲁棒性调度

6.2.1　调度方案的鲁棒性概念

对于调度方案的鲁棒性概念，不同学者对于不同问题和处理方法所给定义各不相同，目前暂无统一定义，常见的有[3～10]：

(1) 调度目标在面对不确定参数及突发事件时的弹性测量。

(2) Davenport 等把鲁棒性调度方案描述为“能够不用完全重调度而有效应对一定程度未知事件的调度方案”。

(3) Jenson 就作业车间调度问题给出了鲁棒性的定义，即当环境变化时，通过微小调整(任务平移)就可得到很好的性能。

(4) 唐乾玉和李建更等研究排序问题及作业车间调度问题时，从最优解不变的角度来定义鲁棒性：当参数发生变化时，原最优排法依然是最优的，且所得结论完全依赖于问题的求解算法。

(5) Goren 把鲁棒性调度方案定义为在面临各种扰动时性能下降不多的调度方案，鲁棒性调度方案的性能应对扰动不敏感。

(6) 调度方案的鲁棒性可分为两种：性能鲁棒性，指当一些小扰动发生时，新调度方案的性能指标偏离最优值不多，性能鲁棒性针对目标函数空间；解鲁棒性，指当一些小扰动发生时，新调度方案与原调度方案的差异不大，解鲁棒性针对解空间。

不同学者从不同视角和研究领域给出了调度方案鲁棒性的定义和理解。根据动态环境下成像卫星调度问题的特点，本书给出如下定义：

定义 6.1　调度方案的鲁棒性。给定调度方案在面临扰动时，应用某种特定的动态调整方法既能保持调度方案的良好收益，又能保持新老调度方案尽可能小的差异，则称该调度方案是鲁棒的。

调度方案的鲁棒性定义强调了在面临扰动时，通过特定的动态调整方法对调度方案进行动态调整，既能保证调度方案的收益不受较大影响，又能避免大幅度地改变调度方案，从而尽可能地减少调度方案变动对相关工作的影响。本书给出的定义既强调了调度方案在面临扰动时的适应能力，又强调了调度系统的反应能力，从而使鲁棒性调度方法从单次调度方案生成过程扩展到鲁棒性调度方案的生成和鲁棒性调度方案的动态调整两个阶段。

6.2.2　成像卫星鲁棒性调度的要求

对于动态环境下的成像卫星调度问题,找到鲁棒性调度方案十分重要。当扰动发生时,需要对调度方案进行调整。鲁棒性调度方案可减少调整的频率和难度,往往比一个静态最优但不易调整的调度方案更有价值。鲁棒性调度不仅要找到收益好的调度方案,还要找到鲁棒性好的调度方案。由于这两个目标通常是相互冲突的,很难找到收益和鲁棒性同时达到最优的调度方案,需要在调度方案收益和调度方案鲁棒性之间进行权衡。在进行成像卫星鲁棒性调度决策时,通常需要考虑以下几个方面的要求:

(1) 调度方案收益尽可能最优。调度方案收益最优是调度最初的目标,也是在整个调度过程中始终要追求的目标。这个目标通常由于种种原因而难以实现:由于问题的复杂性和计算技术的限制,往往难以实现调度方案收益的最优,不得不接受满意解(令决策者满意的调度方案);再加上动态因素的存在,为了保证一定的鲁棒性,有时要放弃一些调度方案收益的最优。

(2) 调度方案的鲁棒性尽可能强。鲁棒性强的调度方案,在面临扰动时可通过较小调整来保证调度方案的收益不受较大影响。在动态环境下,一个收益最优的调度方案往往比较脆弱,在面临各种扰动时很可能无法按照原定计划顺利执行下去,最终获得的调度方案收益反而无法保证。鲁棒性强的调度方案虽然会以放弃一定收益为代价,但在面临各种扰动时,可在很大程度上保证调度方案收益不受较大影响。

(3) 新老调度方案的差异尽可能小。卫星应用是一个复杂的过程,卫星工作指令需要专门的时间和设备进行上传;用户通常根据预测性的调度方案制订进一步的工作计划。一旦对调度方案进行大规模调整,可能会对用户决策产生一系列的影响。在保证调度方案收益的基础上,应尽可能限制调度方案调整的幅度,使得新老调度方案的差异尽可能小。虽然完全重调度可能更好收益的调度方案,但它可能导致对调度方案的大规模调整,从而造成调度方案的"震荡现象"[11]。

(4) 调度方案调整的速度尽可能快。在实际成像卫星调度过程中,对调度方案动态调整的时效性要求往往很高。如果动态调整的时间过长,有可能刚刚得到的调度方案就已不符合需要了。调度方案收益尽可能最优和调度方案调整的速度尽可能快这两个方面通常是相互冲突的,虽然通过完全重调度可保证调度方案收益尽可能最优,但生成的调度方案往往难以满足时效性要求。对调度方案的动态调整应在保证调度方案收益的基础上,尽可能减少计算时间和资源消耗。

在上述几个要求中,调度方案收益尽可能最优往往是调度决策者始终追求的目标。为了保证在动态环境下，成像卫星调度方案的最终实际收益尽可能最优，在进行鲁棒性调度决策时，需要同时考虑上述几个方面的要求。

6.2.3　成像卫星鲁棒性调度策略

所谓调度策略，就是由每个阶段调度决策所组成的序列[12]。根据调度方案的鲁棒性概念和成像卫星鲁棒性调度的要求，成像卫星鲁棒性调度策略由鲁棒性调度方案生成阶段的调度决策和鲁棒性调度方案动态调整阶段的调度决策组成，具体调度策略如图 6.1 所示。

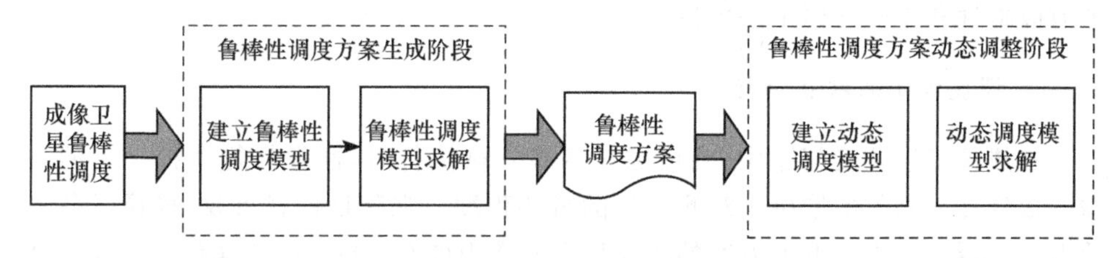

图 6.1　成像卫星鲁棒性调度策略

在鲁棒性调度方案生成阶段，针对动态环境下成像卫星调度问题的特点，给出成像任务收益的计算方法，设计合适的鲁棒性评价指标，建立成像卫星鲁棒性调度模型并求解，确定可执行的成像需求及具体的执行时间，获得一个综合考虑收益和鲁棒性的调度方案。在调度方案确定以后，需要根据调度方案制订相应的成像计划，并据此编制指令，上传到相关的卫星进行执行。

在鲁棒性调度方案动态调整阶段，虽然在调度方案执行过程中面临的扰动类型多种多样，但本质上都可归结为一类插入任务的动态调度问题。本章在对成像卫星鲁棒性调度方案动态调整问题进行统一描述的基础上，建立了成像卫星动态调度模型并求解，调整后的新调度方案既能保证收益尽可能最优，又能保证与原调度方案的差异尽可能小。在对鲁棒性调度方案进行动态调整时，调整结果一方面与动态调整方法有关，另一方面也与调度方案的鲁棒性有关。调度方案的鲁棒性越强，动态调整的效果越好。

鲁棒性调度方案的生成和动态调整是成像卫星动态任务规划研究的核心与基础，在本章后续部分将对这两个部分进行重点介绍。

6.3　成像卫星鲁棒性调度模型

在鲁棒性调度方案生成阶段，除了要考虑调度方案的收益指标外，还要考虑调度方案的鲁棒性指标。成像卫星鲁棒性调度是一个多目标优化问题。本节首先介绍了成像卫星调度方案的评价指标，在考虑成像任务收益若干影响因素的基础上给出了任务收益的计算方法，借鉴连续函数的鲁棒性优化思想，设计了基于邻域的鲁棒性指标；在此基础上，建立了成像卫星鲁棒性调度模型，对成像卫星鲁棒性调度的优化目标和约束条件进行了分析和说明；对成像卫星鲁棒性调度模型的求解方法进行了分析。

6.3.1 成像卫星调度方案的评价指标

在鲁棒性调度方案生成阶段，为了获得最大的综合效益，调度方案不仅要获得尽可能大的任务收益，其鲁棒性也要尽可能强。对于成像卫星调度方案的评价一般有收益性和鲁棒性两个评价指标。

1. 调度方案的收益指标

在成像卫星调度问题中，当成像任务被安排执行时，通常都能获得一定的收益。成像任务的收益取决于观测目标的重要程度。观测目标越重要，成像任务的收益(优先级)越高。调度方案的收益指标通常用被安排执行的成像任务优先级之和来度量。调度方案的收益指标有利于引导成像卫星调度系统安排尽可能多的任务及高优先级的任务。

2. 调度方案的鲁棒性指标

鲁棒性调度是研究动态环境下调度问题的一种重要方法。鲁棒性调度方案可减少调整的频率和难度，往往比一个静态最优但不易调整的调度方案更有价值。成像卫星鲁棒性调度不仅要找到收益好的调度方案，还要找到鲁棒性强的调度方案。由于这两个目标往往是相互冲突的，需要在调度方案的收益和鲁棒性之间进行权衡。如果调度方案的鲁棒性强而收益差，当方案运行过程中无扰动发生时，就会浪费宝贵的资源。相反，如果调度方案的收益很好而鲁棒性不强，当扰动发生时，调度方案由于不易调整而导致最终实现的收益很差。因此，在动态环境下，调度方案既要有良好的收益，又要有较强的鲁棒性。

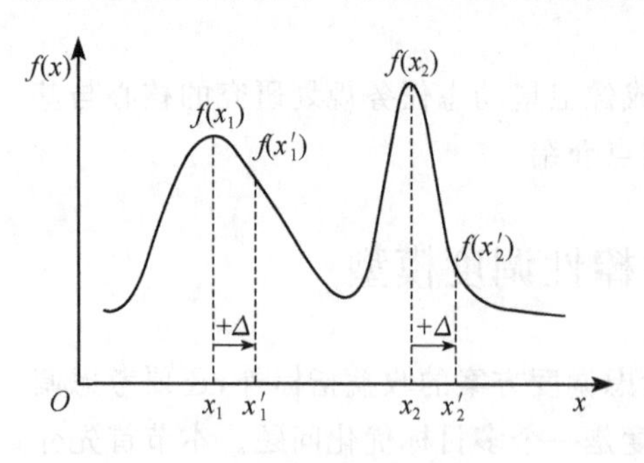

图 6.2 连续函数的鲁棒性优化思想

基于邻域的鲁棒性指标的思想起源于连续函数的鲁棒性优化[5,13]。如图 6.2 所示，鲁棒性强的最优值位于宽的波峰，而鲁棒性差的最优值位于窄的波峰。通常要在波峰的宽度和高度之间进行权衡。当扰动发生时，一个收益稍低但波峰更宽的最优值更能保证函数的实际收益。

与连续函数的鲁棒性优化类似，也希望调度方案位于较宽的波峰，使得附近其他调度方案的收益一般也较高。如果调度方案由于扰动不能正常运行,那么“靠近它”的较高收益的调度方案很有希望正常运行。因此,该调度方案的鲁棒性较强。如图 6.3 所示,横坐标代表了一系列的调度方案(用单变量来进行图解说明),而纵坐标是对调度方案的收益评价。由于动态因素的存在,一旦确定了某个调度方案,实际上执行的可能是在该调度方案的左边或右边的另外一个方案。在变量取值为 7 时,调度方案在确定性环境中的收益最高,但是它对变量的取值的变化非常敏感,一旦变量取值发生小的变化,如变量取值为 6 或 8 时,调度方案的收益就会变得很差。当变量取值范围在[19,22]内时,调度方案具有较强的鲁棒性,不仅当调度方案按预期计划执行时的收益较好,而且在执行时遇到较小扰动时仍能保持较好的收益。

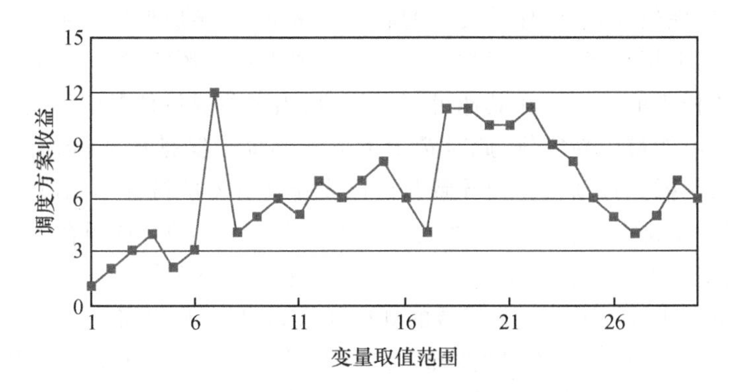

图 6.3　调度方案的鲁棒性示例

针对成像卫星鲁棒性调度的特点,在邻域结构设计的基础上,引入一个基于邻域的鲁棒性指标概念。

优化问题可用二元组(S,f)来定义,其中 S 表示满足问题所有约束的可行解集合,f 表示目标函数。优化问题(S,f)的一个邻域结构(neighborhood structure)N 可定义为如下从 S 向其幂集的一个映射:

$$N:S \rightarrow 2^s \tag{6.1}$$

该映射为每个解 $s \in S$ 关联了一个邻居集 $N(s) \subseteq S$。而 $N(s)$又可称作解 s 的邻域(neighborhood),其中包含了所有能从解 s 经过一步移动到达的解,这些解又被称作 s 的邻居(neighbor)。移动是指一个微小变化的操作,其能实现一个解向其邻居的转换。

重新分配任务(relocate task)邻域对应的移动算子是将某已安排任务序列中的某个任务从当前位置转移到其他可行位置。重新分配可在同一卫星资源上进行,也可在不同卫星资源上进行。如图 6.4 所示,将卫星资源 res_j 上的任务 A 重新分配给卫星资源 res_i 执行。

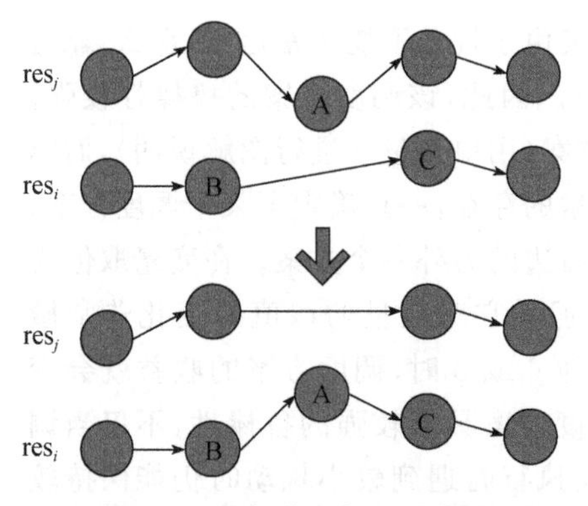

图 6.4　重新分配任务示意图

成像卫星调度是过度约束问题，一般不能满足全部成像任务需求，通常把最大化任务的收益之和作为衡量调度方案优劣的性能指标。与连续函数的鲁棒性优化类似，对于成像卫星调度问题，通常希望调度方案位于较宽的“波峰”，从而具有较强的鲁棒性。在扰动发生时，调度方案能够保持良好的收益。

不管是何种动态因素造成的扰动，如果调度方案中任务的可行观测机会较多，则方案的鲁棒性较强，能够保持良好的收益。例如，当某成像任务由于云层覆盖变化或由于暂时卫星故障(如太阳粒子干涉等造成卫星资源暂时不可用)不能完成观测时，希望该任务能够安排在其他可行时间窗；当某些成像任务既不能按预定调度方案完成，又不能被重新安排，此时希望可插入其他未安排任务；当有高收益新任务到达时，由于插入该新任务而导致某些已安排任务不能按计划完成观测时，希望这些任务能够安排在其他可行时间窗。在上述各种情况下，希望在不影响或尽可能少影响其他已安排任务的情况下，能够安排这些待插入的任务。对当前调度方案 s 来说，如果其 relocate task 邻域的规模越大，说明 s 中任务可直接重新安排观测的可能性越大，s 位于较宽的“波峰”，该方案具有较强的鲁棒性。利用上述定义的 relocate task 邻域结构，本书给出一个基于邻域的鲁棒性指标，其定义如下：

$$R_1(s)=|N_r(s)| \tag{6.2}$$

其中，$N_r(s)$是根据当前调度方案 s 构造的 relocate task 邻域；$|N_r(s)|$表示邻域的规模。$R_1(s)$越大，当前调度方案 s 的鲁棒性越强。由于任务收益不同，有时虽 relocate task 邻域中可行调度方案的数目较多，但由于可直接重新安排观测任务的收益较低，方案的鲁棒性会受到一定影响。因此，在 $R_1(s)$的基础上，本书还定义了一个新的鲁棒性指标

$$R_2(s)=\sum_{j=1}^{|N_r(s)|} LP_{(r_j)} \tag{6.3}$$

其中，r_j 表示从当前调度方案 s 中重新安排到第 j 个可行调度方案中的成像任务。由 $R_2(s)$的定义可知，调度方案的鲁棒性主要取决于 s 的 relocate task 邻域中可行调度方案的数目和可直接重新安排观测的成像任务的收益。$R_2(s)$越大，当前调度方案 s 的鲁棒性越强。

6.3.2　成像卫星鲁棒性调度模型

成像卫星鲁棒性调度是一个具有复杂约束的多目标优化问题，主要考虑收益

指标和鲁棒性指标两个优化目标。在给出具体描述模型前，首先定义一些必需的符号：

(1) R_i 表示成像任务 i 的可用卫星集合，a_i 表示成像任务 i 的最早开始时间，b_i 表示成像任务 i 的最晚开始时间。

(2) I_r 表示以卫星 r 为可选资源之一的成像任务集合；o_r 表示卫星 r 的虚拟开始任务，其开始时间为 a，持续时间为 0；d_r 表示卫星 r 的虚拟结束任务，其开始时间为 b，持续时间为 0。

(3) tw_{ir}^k 表示成像任务 i 占用卫星 r 的第 k 个可行时间窗，ws_{ir}^k 和 we_{ir}^k 分别表示时间窗 tw_{ir}^k 的开始时间和结束时间，dt_i^r 表示成像任务 i 由卫星 r 完成时需要的持续时间。

(4) s_{uv}^r 表示卫星 r 在执行成像任务 u 之后紧接着继续执行成像任务 v 时所需的转换时间。

(5) Track_r 表示卫星 r 的单圈飞行时间，Duty_r 表示卫星 r 的单圈最长工作时间。

(6) x_{uv}^r 是一个布尔变量，仅当卫星 r 先后连续执行任务 u 和 v 时取值 1，否则取值 0。

(7) y_{ir}^k 是一个布尔变量，$y_{ir}^k=1$ 指卫星 r 的第 k 个时间窗被成像任务 i 选中；$y_{ir}^k=0$ 指卫星 r 的第 k 个时间窗未被成像任务 i 选中。

(8) Itrack_{r,t_c} 表示卫星 r 上从时刻 t_c 开始，在时长为 Track_r 的时间段内安排的任务集。

成像卫星鲁棒性调度模型可表示如下：

$$\max: \sum_{r\in S}\sum_{v\in I}\sum_{u\in I_r\cup\{o_r\}-\{r\}}\{x_{uv}^r\times \mathrm{LP}_v\} \tag{6.4}$$

$$\max: R_2(s) \tag{6.5}$$

s. t.

$$\sum_{r\in R_u}\sum_{v\in I_r\cup\{d_r\}} x_{uv}^r \leqslant 1,\quad \forall u\in I \tag{6.6}$$

$$\sum_{v\in I_r\cup\{d_r\}} x_{(o_r)v}^r = 1,\quad \forall r\in S \tag{6.7}$$

$$\sum_{u\in I_r\cup\{o_r\}} x_{u(d_r)}^r = 1,\quad \forall r\in S \tag{6.8}$$

$$\sum_{u\in I_r\cup\{o_r\}} x_{uv}^r - \sum_{u\in I_r\cup\{d_r\}} x_{vu}^r = 0,\quad \forall r\in S, v\in I_r \tag{6.9}$$

$$\sum_{k=1}^{N_{ir}} y_{ir}^k - \sum_{v\in I_r} x_{iv}^r = 0,\quad \forall i\in I, r\in R_i \tag{6.10}$$

$$x_{uv}^r\cdot y_{ur}^k(\mathrm{st}_u-\mathrm{ws}_{ur}^k)\geqslant 0,\quad \forall r\in S, u\in I_r, v\in I_r\cup\{d_r\}, k\in\{1,2,\cdots,N_{ir}\} \tag{6.11}$$

$$x_{uv}^r \cdot y_{ur}^k(\mathrm{st}_u + \mathrm{dt}_u^r - \mathrm{we}_{ur}^k) \leqslant 0, \quad \forall r \in S, u \in I_r, v \in I_r \cup \{d_r\}, k \in \{1,2,\cdots,N_{ir}\} \tag{6.12}$$

$$x_{uv}^r(\mathrm{st}_u - a_u) \geqslant 0, \quad \forall r \in S, u \in I_r, v \in I_r \cup \{d_r\} \tag{6.13}$$

$$x_{uv}^r(\mathrm{st}_u - b_u) \leqslant 0, \quad \forall r \in S, u \in I_r, v \in I_r \cup \{d_r\} \tag{6.14}$$

$$x_{uv}^r(\mathrm{st}_u + \mathrm{dt}_u^r + s_{uv}^r - \mathrm{st}_v) \leqslant 0, \quad \forall r \in S, u \in I_r, v \in I_r \cup \{d_r\} \tag{6.15}$$

$$\sum_{i \in \mathrm{Itrack}_{r,t_c}} \mathrm{dt}_i^r \leqslant \mathrm{Duty}_r, \quad \forall r \in S, t_c \in [a, b - \mathrm{Track}_r] \tag{6.16}$$

$$\begin{aligned} & x_{uv}^r \in \{0,1\}, \quad \forall r \in S, u \in I_r \cup \{o_r\}, v \in I_r \cup \{d_r\} \\ & y_{ir}^k \in \{0,1\}, \quad \forall r \in S, i \in I_r, k = 1,\cdots,N_{ir} \\ & a \leqslant \mathrm{st}_i \leqslant b, \quad \forall i \in I \end{aligned} \tag{6.17}$$

目标函数(6.4)表示问题求解应使得调度方案的收益最优,即安排观测的成像任务收益之和最大。

目标函数(6.5)表示问题求解应使得调度方案的鲁棒性最优,即调度方案中可直接重新安排观测的任务收益之和最大。

约束条件(6.6)表示所有可能的成像任务最多被某一颗卫星执行一次,且被同一颗卫星执行的成像任务之间有明确的先后次序。

约束条件(6.7)和(6.8)共同说明所有卫星都是可用的,或者说其虚拟开始任务和虚拟结束任务必须执行。

约束条件(6.9)可理解为所有卫星在完成一个成像任务后都将离开所在位置继续移动,它和约束条件(6.6)共同说明,所有成像任务如果被执行必定有唯一的前驱任务和后继任务。

约束条件(6.10)说明一个成像任务如果被执行,只能在与某一颗卫星的某一个可行时间窗内完成。

约束条件(6.11)和(6.12)说明一个成像任务如果在与某颗卫星的某个可行时间窗内执行,则任务的起止时间不能超出该时间窗范围。

约束条件(6.13)和(6.14)说明一个成像任务如果被执行,那么该任务的起止时间不能超出用户指定的有效期范围。

约束条件(6.15)说明被某颗卫星执行的成像任务与其后续任务之间的时间推进关系,该关系也保证了由同一卫星执行的所有任务序列中不存在环路。

约束条件(6.16)说明了在卫星资源运行的任意时长为 Track_r 的时间段内,执行所有任务的累积持续时间不超过给定的单圈最长工作时间。

约束条件(6.17)说明了决策变量的初始取值范围。

在成像卫星鲁棒性调度模型中,调度方案的收益指标和鲁棒性指标常常互相冲突,很难同时达到最优。为了得到理想的优化结果,需要引入多目标优化的思想来求解成像卫星鲁棒性调度模型。

6.4　成像卫星鲁棒性调度模型求解

动态环境下成像卫星调度模型是一个多目标优化问题。近年来多目标优化问题求解已成为进化计算的一个重要研究方向，大部分多目标演化算法（multi-objective evolutionary algorithm，MOEA）均是一种“先寻优再决策”过程，即寻找问题的近似 Pareto 最优解集 F_a^* 和 Pareto 最优层 PF_a^*，然后再由决策者根据偏好从中进行选择。逼近 Pareto 最优解集本身就具有多目标的性质。如当希望极小化产生解与 Pareto 最优解集合之间的距离时，同时需要保持获得的 Pareto 近似解集的多样性。MOEA 设计具有两个基本目标[14]：

(1) 找到的近似 Pareto 最优层 PF_a^* 与真实的 Pareto 最优层 PF^* 之间的距离尽可能小；

(2) 找到的近似 Pareto 最优解集 F_a^* 尽可能的多样化，使其对应的 Pareto 层能够覆盖尽可能广的目标向量空间。

第一个目标与进化过程中如何基于多目标优化的准则确定个体适应值有关，为达到上述目标，还要考虑精英策略，即如何避免丢失进化过程中产生的非劣解。第二个目标取决于如何对种群进行多样性保持，避免在目标空间和决策空间上群体出现太多的相似个体。

6.4.1　基于偏好的分层多目标遗传算法

根据问题特征，本章采用遗传算法对该模型进行求解。传统遗传算法缺乏对进化过程知识的有效提取和利用，存在早熟收敛现象。文化算法采用双层进化结构，通过信念空间实现进化信息的有效提取和管理，并利用进化信息指导种群空间的进化过程，从而提高进化效率。文化算法在种群空间的进化常采用进化规划。由于进化规划在进化操作中仅采用变异算子，导致传统文化算法在全局收敛性和进化后期效率低下，而遗传算法不仅采用变异算子，还采用了交叉算子，可更有效地保证群体多样性和收敛速度的平衡。本节在遗传算法的种群空间基础上，借鉴文化算法的双层空间概念，针对多目标优化问题，提出了一种基于偏好的分层多目标遗传算法(PHMOGA)。

PHMOGA 算法由种群进化层和知识进化层构成，其算法结构如图 6.5 所示。种群进化层实现算法的基本遗传操作，并为知识进化层提供样本；而知识进化层采用知识进化策略，通过从样本中提取进化过程中的有效信息对知识进行更新，最终各类知识作用于种群进化层，引导各类进化操作。

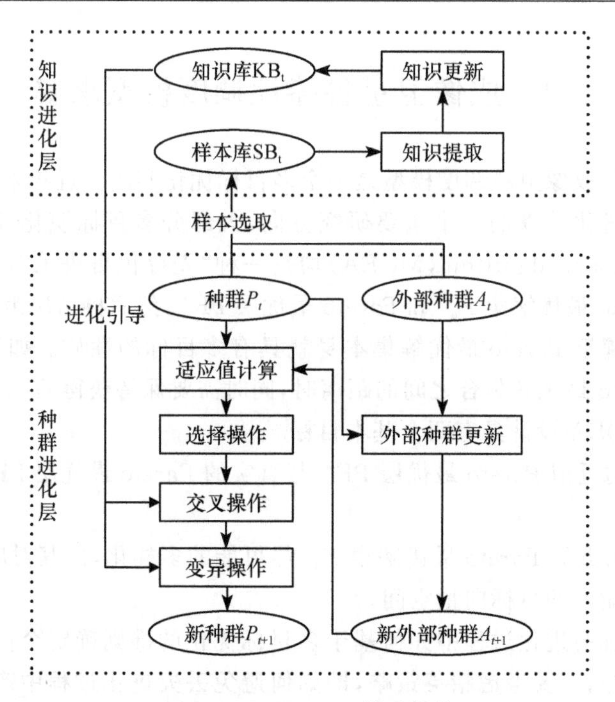

图 6.5　PHMOGA 算法结构

PHMOGA 算法的主要步骤如下：

输入　种群 P_t 的规模 M 和外部种群 A_t 的规模 N，进化代数 T；

输出　成像卫星调度方案集合 S^*。

步骤 1　初始化种群进化层和知识进化层。设 $t=0$，生成初始种群 P_0，设外部种群 $A_0=F$，知识库 $KB_0=\varnothing$，形势知识 $SK_0=\varnothing$，概率知识 $PK_0=\varnothing$。

步骤 2　外部种群更新。复制 P_t 和 A_t 中所有的非劣解到 A_{t+1} 中，若 A_{t+1} 中的个体数量超过 N，则采用基于 ε-加权支配存档方法减少 A_{t+1} 中的个体数量。否则，保持 A_{t+1} 不变。

步骤 3　适应值计算。利用加权 Pareto 评价值和基于带偏倚权重的小生境计数方法计算个体密度评估值，计算 P_t 和 A_t 中个体的适应值。

步骤 4　知识更新。根据更新后的外部种群计算形势知识 SK_{t+1}，若 $SK_{t+1}<0$，触发概率知识 PK_{t+1} 的更新。

步骤 5　配对选择。对种群 A_{t+1} 和 P_t 使用二元锦标赛选择，用选择结果更新配对集合。

步骤 6　交叉和变异操作。在概率知识 PK_{t+1} 的引导下，对配对集合中的成员进行交叉和变异操作，并将结果集赋值给 P_{t+1}，$t=t+1$。

步骤 7　终止条件判断。若 $t\geqslant T$ 或者满足别的终止条件，令 $S^*=A_t$，输出

S^*，算法终止。

6.4.2 PHMOGA 算法设计

在 PHMOGA 算法的设计过程中，充分利用成像卫星鲁棒性调度模型的知识和特点，结合问题的约束条件，对编码方式、初始种群生成、适应值计算、外部种群更新、选择算子、交叉算子、变异算子以及知识进化策略进行设计，以确保个体的合法性和可行性。

1. *编码方式*

编码实现了决策变量空间到个体空间的映射。编码技术是实施进化算法的基础。通过将问题的解（方案）用一种码来表示，把问题状态空间与编码空间相对应，优化搜索过程不是直接作用在问题参数本身，而是在一定编码机制对应的编码空间上进行，编码选择是影响算法性能与效率的重要因素。常用的编码方式有二进制编码、实数编码、Gray 码或动态编码等。好的编码方式通常应具备如下的性质[15]：

（1）不冗余：从编码到解的映射是 1 对 1 的；

（2）合法性：编码的任意一个排列都对应着一个解；

（3）完备性：任意解都对应着一个编码；

（4）Lamarckian 性质：某个基因等位基因的含义不依赖于其他基因；

（5）因果性：变异带来的基因型空间中的小扰动在表现型空间中也对应着小扰动。

由于成像卫星调度问题存在着很多约束条件，在确定编码方式时，要综合考虑这些约束条件，从而有利于确保编码对应解个体的可行性。另外，由于成像卫星调度问题一般是过度约束问题，并不是所有的任务都能分配资源。因此，常用的编码方式很容易产生不可行解甚至非法解，需要根据成像卫星调度的特点，引入新的编码方式。在介绍具体的编码方式之前，首先介绍虚拟资源和虚拟任务的概念。

在成像卫星调度问题中，本书引入一个虚拟资源 R_0 的概念，用来虚拟执行所有不能被真实资源执行的任务。该虚拟资源与真实资源相比，具有以下共性及差异[16]：

（1）虚拟资源与真实卫星资源的共性：

① 资源执行成像任务都需要消耗一定时间；

② 任意成像任务都只能执行一次；

③ 都是单能力资源，不能同时执行多个成像任务；

④ 资源上任务序列必须受到资源有效期的限制；

⑤ 必须无中断地完成单个成像任务。

(2)虚拟资源与真实卫星资源的差异：

① 被虚拟资源执行的成像任务可不受其原有可行时间窗约束的限制，所有占用虚拟资源的成像任务可不考虑时间窗先后顺序，只要满足资源的单能力约束，就可任意安排先后顺序；

② 当成像任务由虚拟资源执行时，其持续时间可以被设置成任意长度；为了简化建模过程，本书假设成像任务在虚拟资源上的持续时间等于其由真实资源执行所需要的持续时间；

③ 虚拟资源不与具体的电磁波类型绑定，能够虚拟地“执行”所有图像类型的成像任务；

④ 被虚拟资源执行的成像任务不会产生任何收益；

⑤ 对位于虚拟资源任务序列中任意两个相邻的成像任务，可不考虑姿态转移时间，本书假设虚拟资源能够瞬间由一个姿态调整到另一个姿态执行成像任务；

⑥ 虚拟资源的有效期可以不等于调度周期。不同问题的成像任务规模有差异，而真实遥感器资源完成任务的能力是有限的，所以交给虚拟资源执行的成像任务数量也会各不相同。每个成像任务都必须位于资源的有效期内，所以虚拟资源的有效期应根据具体问题的规模而确定，而不仅仅限于调度周期内。

在无法准确知道候选时间窗与成像任务执行时间窗关系的情况下，可在成像任务序列上的任意空闲位置上插入任务，其中最特殊的两种情况为插入点位于第一个成像任务之前及插入点位于最后一个成像任务之后，最普遍的情况是插入点位于任意两个成像任务之间。假设某资源的任务序列共有 k 个真实任务，调度周期$[0,T]$。为了求解方便，在进行任务插入的可行性判断之前，先在第一个真实任务之前和最后一个真实任务之后分别添加了一个虚拟开始任务 t_0 和一个虚拟结束任务 t_{k+1}，从而将插入点的选择归结为最普遍的情况，这种方式也保证了对所有插入点的遍历。

对虚拟任务本上书作如下假设：

(1) 虚拟任务的持续时间为 0；

(2) 虚拟任务和真实任务之间的转换时间为 0；

(3) 虚拟开始任务的可行时间窗为$[0,0]$；

(4) 虚拟结束任务的可行时间窗为$[T,T]$。

假设现有 2 颗卫星资源，成像任务集 $I=\{1,2,\cdots,10\}$。利用虚拟资源和虚拟任务的概念，本书设计的染色体编码结构如图 6.6 所示。

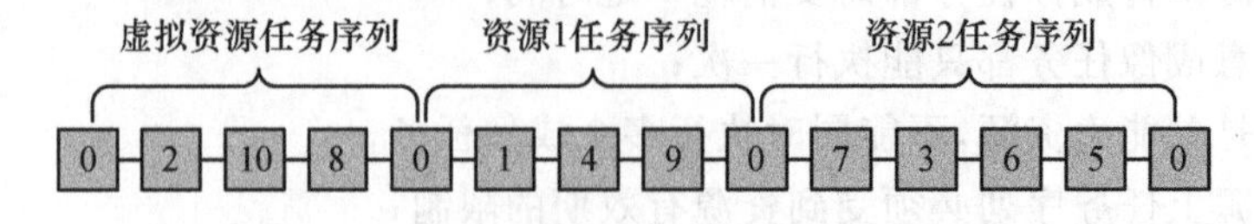

图 6.6 成像卫星调度问题染色体编码结构

染色体 $rs=\{rs_0,rs_1,\cdots,rs_m\}$对应着问题的一个解，共包含$(n+m+2)$个基因位($n$ 代表待安排成像任务数，m 代表真实资源数)。每个染色体 rs 由 $m+1$ 个任务序列组成，其中第一个序列 rs_0 是虚拟资源任务序列，代表未安排资源的任务序列，$rs_k(k=1,\cdots,m)$代表安排在第 k 个卫星资源上的任务序列。为了确保上述染色体编码方式得到的解的合法性，同时尽量保证解的可行性，根据成像卫星鲁棒性调度模型的约束条件，对染色体做如下约定：

(1) 染色体中仅能包含 0 或 1 中的元素，否则染色体对应的解就是非法的。

(2) 每个任务序列的长度不固定，但所有任务序列的长度和必须为$(n+m+2)$。

(3) 每个任务序列必须以 0 为开始节点和结束节点，分别代表任务序列的虚拟开始任务和结束任务。

(4) 设 rs_k 代表染色体中第 k 个任务序列。对任意 $i\in rs_k$，若 $k=0$，表示任务 i 未被安排；若 $k\neq 0$，表示任务 i 安排给第 k 个卫星资源观测。当 rs_0 为空时，表示所有任务都能被观测；当 $rs_k(k\neq 0)$为空时，表示第 k 个卫星资源上没有安排任务。

(5) 由于引入了虚拟资源的概念，因此任意成像任务 $i\in I$ 在染色体中必须出现且只能出现 1 次，否则解就是非法的。

(6) 由于染色体中任务序列的数目必须为 $m+1$，因此，染色体中 0 的数目必须等于 $m+2$，否则解就是非法的。

(7) 在每个真实资源任务序列内，由于时间窗的存在，任务顺序不同对应的解也不尽相同。

(8) 为了保证解的可行性，每个任务只能出现在具有时间窗的真实资源任务序列中或虚拟资源任务序列中。

基于上述约定，在染色体的编码过程中，已考虑了成像卫星鲁棒性调度模型的大部分约束条件。其余约束条件如任务的时间约束和能量约束在构造初始种群和设计遗传算子的过程中进行考虑。基于此种编码方式设计交叉算子和变异算子时，需要确保交叉或变异后的个体编码仍然满足成像卫星鲁棒性调度模型的约束条件，否则就会产生不可行解。

问题解码是编码的逆过程，可实现个体到决策变量的变换，从而可计算个体相应的目标函数向量。在对个体进行解码时，将基因和卫星资源任务序列分别与成像任务和卫星资源对应起来。对每个真实卫星资源任务序列，将第一个真实成像任务安排在该任务在此卫星资源上的第一个可行时间窗内，任务开始时间确定为该时间窗的开始时间；然后按顺序将其余任务安排在满足约束条件的首个可行时间窗内并确定任务开始时间。

2. 初始种群生成

为保证算法的有效性，初始种群构造一般应满足以下要求：

(1) 尽可能保证初始解的可行性和合法性。

(2) 尽可能构造具有良好收益的初始解,从而加快算法的搜索速度。对于成像卫星调度问题来说,可把空解(不安排任何任务)作为初始解,但会严重影响遗传操作的速度和效果。

(3) 初始种群的生成应快速有效;初始种群要保证一定的差异性。虽然使用启发式方法生成的初始种群可加快算法收敛,但往往会导致搜索空间缩小,种群的多样性可能无法得到保证。

基于上述要求,采用一种简单快速的贪婪随机插入算法(greedy randomized insert algorithm,GRIA)构造初始种群。其基本思想是:按照成像任务收益层将所有任务进行分层,从当前收益最高的任务层中随机选择未安排任务插入。这种方式将候选任务插入任务限制在一定的收益级别上,具有一定的贪婪特性;由于在插入任务的过程中添加了不确定性,使得局部搜索的迭代过程具有一定的灵活性,可能脱离某些局部极小解的吸引域;插入任务过程的不确定性也在一定程度上保证了初始种群中解的差异性。GRIA 算法的具体描述如图 6.7 所示。

```
GRIA算法:
输入: 卫星集合S, 成像任务集合I, 种群大小M, 成像任务收益层数l_g
输出: 初始种群p_0
begin
p_0=∅;
for iter_1  from 1 to M
rs(iter_1)=∅;
for iter_2  from 1 to l_g
for iter_3  from 1 to |R|
根据iter_3对应的卫星和iter_2对应的收益层得到待插入任务集I′;
repeat
从I′ 中随机选择一个任务及其可行时间窗插入;
更新待插入任务集I′;
更新rs(iter)1;
until I′=∅;
        end for
      end for
p_0=p_0 ∪ {rs(iter_1)}
end for
输出初始种群p_0;
end
```

图 6.7 GRIA 算法流程

在 GRIA 算法中,成像任务收益层数划分的多少决定了初始种群的多样性和平均收益。收益层数划分得越多,初始种群的平均收益相对较好而多样性相对较差;收益层数划分得越少,初始种群的平均收益相对较差而多样性相对较好。需要在初始种群的平均收益和多样性之间进行相应的权衡,以确定最合适的成像任务收益层数。当成像任务收益层数 $l_g=1$ 时，GRIA 算法即转化为完全随机插入算法。

3. 适应值计算

适应值计算过程一般有以下步骤：根据个体目标函数向量，进行个体的加权 Pareto 优劣评估；对于加权 Pareto 优劣性相同的个体，出于维持种群多样性的考虑，进行密度评估；综合个体的加权 Pareto 优劣性评估值和密度评估值，得到个体的适应值，以此作为选择的依据。

1）加权 Pareto 优劣性评估

加权 Pareto 优劣性评估根据个体 $i\in I$ 对应的目标函数向量评价其在当前种群 P 中的相对优劣性，通过一个量化指标 $R(i)\in\mathbf{R}^+$ 表示评价结果。本节作如下假定：$R(i)$越小，表示个体 i 越好。$R(i)$的定义应满足以下原则[17]：

（1）当前种群中所有非劣个体具有相同的最小加权 Pareto 评价值。

（2）若个体 $i\geq j$，则有 $R(i)\leqslant R(j)$。

一般而言，种群中某个体 i 的加权 Pareto 优劣性可通过种群中加权支配 i 的个体数目、i 加权支配的个体数目或 i 在种群中的位置评价。本节采用基于强度值的方法(strength based method)来计算个体 i 的加权 Pareto 优劣值。Zitzler 在 SPEA 和 SPEA2 算法中综合考虑了被个体 i 支配的个体数目和支配 i 的个体数目，提出了基于强度值的 Pareto 评价方法[18]。同样可得到基于强度值的加权 Pareto 评价方法。计算每个个体 i 的强度值 $S(i)$

$$S(i)=|\{j\mid j\in P\wedge i\geq j\}| \tag{6.18}$$

强度值 $S(i)$代表了它所加权支配的个体。在强度值的基础上，个体 i 的加权 Pareto 评价值定义为

$$R(i)=\sum_{j\in P,j\geq i}S(j)+1 \tag{6.19}$$

个体的加权 Pareto 评价值是个体在当前种群中的加权支配者的强度值的累加和加 1。$R(i)=1$ 表示 i 是一个加权非劣个体，而一个具有较高 $R(i)$值的个体意味着他被许多个个体所加权支配，因而其提供了一种类似小生境机制。

2）密度评估

密度评估根据个体 $i\in I$ 对应的目标函数向量 f_i 评价其在当前种群中的邻域密度，通过一个量化指标 $D(i)\in\mathbf{R}^+$ 表示评价结果。在本节中，假定个体 i 的密度评估值 $D(i)$越大，表示个体 i 的邻域密度越大。在进行密度评估时，通常要遵循以下几个基本原则[17]：

（1）个体密度评估既可在决策变量空间上进行，也可在目标向量空间上进行。

通常，决策者更希望实现加权 Pareto 最优层的多样性，个体密度评估通常在目标向量空间上进行。

(2) 密度评估仅在相同加权 Pareto 优劣性的个体中进行，即密度评估的对象是一个加权非劣集合。

(3) 个体间的距离采用目标向量空间的 Euclidean 距离计算，即个体 i 和 j 之间的距离为 $d_{ij}=\|\boldsymbol{f}^{(i)}-\boldsymbol{f}^{(j)}\|$。$\boldsymbol{f}^{(i)}$ 和 $\boldsymbol{f}^{(j)}$ 分别为个体 i 和 j 对应的目标函数向量。

本节使用基于带偏倚权重的小生境计数方法来计算个体的密度评估值[19]。小生境计数是适应值共享方法中采用的密度评估方法。首先，根据每个目标函数的权重计算其偏倚权重：

$$w'_k=\frac{1-w_k}{\max_{k=1}^{n}(1-w_k)} \tag{6.20}$$

其中，n 表示目标函数的个数；w_k 表示第 k 个目标函数的权重。其次，根据偏倚权重计算个体 i 和 j 之间的修正距离：

$$d_{ij}=\sqrt{\sum_{k=1}^{n}w'_k\frac{(f_k^{(i)}-f_k^{(j)})^2}{(f_k^{\max}-f_k^{\min})^2}} \tag{6.21}$$

其中，$f_k^{\max}$ 和 $f_k^{\min}$ 分别表示第 k 个目标函数的最大值和最小值。然后，定义表示两个个体之间的密集程度的共享函数：

$$\mathrm{sh}(d_{ij})=\begin{cases}1-\left(\dfrac{d_{ij}}{\sigma_{\text{share}}}\right)^2, & d_{ij}\leqslant\sigma_{\text{share}}\\ 0, & d_{ij}>\sigma_{\text{share}}\end{cases} \tag{6.22}$$

最后，根据共享函数计算个体 i 的小生境值：

$$m(i)=\sum_{j=1}^{M}\mathrm{sh}(d_{ij}) \tag{6.23}$$

其中，M 是种群规模。个体 i 的小生境值即可认为是其密度评估值，即 $D(i)=m(i)$。在适应值共享方法中，共享参数 σ_{share} 的确定是一个很大的问题。Fonseca 等给出了一个简单的目标向量空间中的 σ_{share} 确定方法如下[20]：

$$M\sigma_{\text{share}}^{n-1}-\frac{\prod_{k=1}^{n}(f_k^{\max}-f_k^{\min}+\sigma_{\text{share}})-\prod_{k=1}^{n}(f_k^{\max}-f_k^{\min})}{\sigma_{\text{share}}}=0 \tag{6.24}$$

由于在共享函数中采用偏倚权重来调整 Pareto 最优解的密度，使得在某些感兴趣的子区域形成更多的 Pareto 解点，而在其他区域产生的 Pareto 解点数目相对少些，使得决策者更容易做出决策。

3) 适应值计算

本书根据个体 $i\in I$ 的加权 Pareto 优劣性评估值 $R(i)\in\mathbf{R}^+$ 和密度评估值

$D(i) \in \mathbf{R}^+$ 来计算个体的适应值 Fitness$(i) \in \mathbf{R}^+$。本书约定适应值越小越好。适应值的计算，优先考虑个体的加权 Pareto 评价值，然后对于相同加权 Pareto 评价值的个体，根据密度评估值进一步进行比较。适应值的计算应遵循以下原则[17]：

(1) 如果 $R(i) < R(j)$，则有 Fitness$(i) <$ Fitness(j)。

(2) 如果 $R(i) = R(j)$，且 $D(i) < D(j)$，则有 Fitness$(i) <$ Fitness(j)。

基于此，个体适应值的计算方法如下：

$$\text{Fitness}(i) = R(i) + \frac{D(i)}{\sum_{j \in P, R(j) = R(i)} D(j)} \tag{6.25}$$

对个体 i 来说，$R(i)$ 越小，表示个体 i 的优劣性越好；$D(i)$ 越小，表示个体 i 的邻域密度越小。$R(i)$ 和 $D(i)$ 越小，则适应值 Fitness(i) 也越小，表示个体 i 越优。

4. 外部种群更新

PHMOGA 算法采用精英策略，即利用外部种群 A_t 存储进化过程中生成的非劣解。随着进化过程的进行，产生的非劣个体会越来越多。将所有找到的非劣个体都储存在外部种群中是不现实的，需要对外部种群 A_t 的规模进行控制。目前控制外部种群规模的方法可分为两大类，一是从维持种群多样性的角度考虑，基于密度信息对外部种群进行剪枝操作；二是采用基于 ε-支配的方法，通过参数 ε 的设置，可将外部种群的规模控制在一定范围之内。第一种方法是以 Knowles 等提出的自适应网格存档方法(adaptive grid archiving algorithm，AGA)为代表，而后一种方法主要是 Laumanns 等提出的基于 ε-支配的存档方法(ε-dominated based archiving algorithm)[19~21]。由于基于密度对外部种群进行剪枝操作的方法容易引起外部种群的退化，因此本节借鉴 Laumanns 等提出基于 ε-支配的存档方法，采用了基于 ε-加权支配的存档方法来控制外部种群的规模。

5. 遗传操作算子

1) 选择算子

选择算子用以产生参与进化操作的个体，对算法性能具有重要作用。不同的选择策略将导致不同的选择压力。较大的选择压力使优化个体具有较高的复制数目，算法收敛速度较快，但也易出现早熟收敛。较小的选择压力能使种群保持一定的多样性，增大了算法收敛到优化解的概率，但收敛速度较慢。为了保证一定的选择压力，避免早熟收敛，同时增大算法收敛到全局 Pareto 优化集合的概率，使用二元锦标赛选择方法进行选择配对。每次随机从更新后的当前种群和外部种群中选择两个个体，比较两者的适应值，选出其中适应值较小的作为父个体，重复该过程直至填满交配池。锦标赛选择算子容易实现，计算量比较小而且控制参数少，因此是目前使用较多的一种选择方法。利用前面的适应值计算方法，可减小相似个体的选择强度，当某个体有较多的其他相似个体时，其在目标空间的密度较大，于是适应值将会变大，通过二元锦标赛配对选择过程，个体被选择复制到配对池中的概率将会降低，从而能够提高种群的多样性水平，达到同时搜索多个区域的目的。

2) 交叉算子

交叉运算是遗传算法区别于其他进化算法的重要特征，它在遗传算法中起着关键作用，是产生新个体的主要方法。交叉算子的设计和实现与所研究的问题密切相关，一般要求它既不要太多地破坏个体编码串中表示优良性状的优良模式，又要能够有效地产生出一些较好的新个体模式。另外，交叉算子的设计要和个体编码设计统一考虑。基于成像卫星调度问题的特点，本书采用一种任务序列交叉算子。该算子以一定的交叉概率，交换两个父个体中对应同一资源的任务序列，同时基于染色体的合法性约束和可行性约束对交换后的子个体进行调整，最终得到代表可行解的子个体。图 6.8 给出了任务序列交叉算子的一个例子，包括任务序列交换、合法性检查和可行性检查三个步骤。

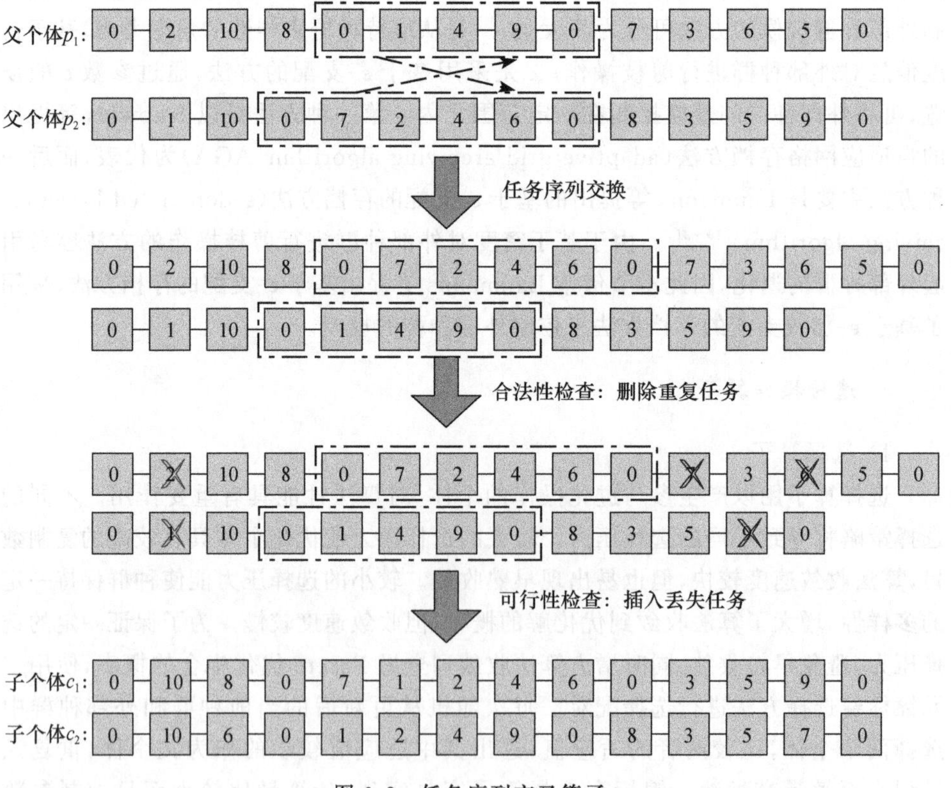

图 6.8　任务序列交叉算子

对于父个体 p_1 和 p_2，随机选择交叉第 k 个任务序列($k \neq 0$)。交换 p_1 和 p_2 的任务序列 rs_k^1 和 rs_k^2，得到两个子个体 c_1 和 c_2。每个染色体的长度应该是固定的，每个成像任务在一个染色体中必须且只能出现 1 次。如图 6.8 所示，两父个体交换任务序列后，可能会出现由于重复任务或丢失任务导致染色体长度超过或低于($n+m+2$)的情况，从而导致子个体 c_1 和 c_2 非法。因此，为了保证子个体的合法性和可行性，在交换任务序列后，还需进行合法性和可行性检查。

首先，比较任务序列 rs_k^1 和 rs_k^2 中任务的差异

$$\mathrm{lost}(c_1) = \mathrm{repeat}(c_2) = \{t \mid (t \in \mathrm{rs}_k^1) \wedge (t \notin \mathrm{rs}_k^2)\} \tag{6.26}$$

$$\mathrm{lost}(c_2) = \mathrm{repeat}(c_1) = \{t \mid (t \in \mathrm{rs}_k^2) \wedge (t \notin \mathrm{rs}_k^1)\} \tag{6.27}$$

在子个体 c_1 中，丢失了 $\mathrm{lost}(c_1)$中的任务，重复了 $\mathrm{repeat}(c_1)$中的任务；在子个体 c_2 中，丢失了 $\mathrm{lost}(c_2)$中的任务，重复了 $\mathrm{repeat}(c_2)$中的任务。为了确保染色体的合法性，首先在子个体 c_1 和 c_2 的非交换任务序列中删除重复的任务，然后再分别插入丢失的任务。由于成像卫星调度问题中存在着若干约束条件，调整后的子个体要保证满足可行性要求。显然，删除重复任务不会影响染色体的可行性，但在插入丢失的任务时，要考虑满足各类约束条件。保证插入任务可行性的最简单的办法是将丢失的任务插入到虚拟资源中，但显然此时子个体的收益是降低的，按这种方式交叉出来的子个体不能满足我们的要求。因此，在插入任务时，需要进行插入任务的可行性分析。

3) 变异算子

根据成像卫星调度问题的特点，本书提出了一种多态变异算子，该变异算子包含了多种形态的变异。随机选择一非零基因位，分别根据一定的概率进行转移任务变异操作和交换任务变异操作。多态变异算子主要有以下三个基本参数：总变异概率 p_{m}，转移任务变异概率 p_{rm}和交换任务变异概率 p_{em}，$p_{\mathrm{rm}}+p_{\mathrm{em}}=p_{\mathrm{m}}$。对于每个个体，每次最多选择一种变异算子进行变异操作。多态变异操作的流程图如图 6.9 所示。

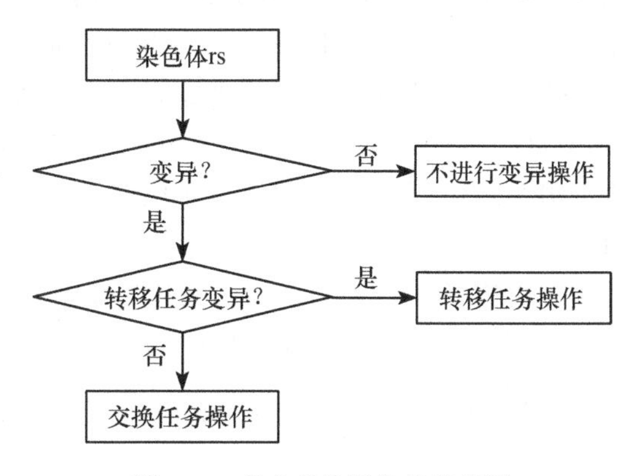

图 6.9　多态变异操作的流程图

对染色体来说，转移任务操作是在不影响其他任务安排顺序的情况下将任务从当前位置转移到别的位置，主要分以下几种情况：

(1) 从虚拟资源转移到某真实资源的可行时间窗，即插入任务。

(2) 从某真实资源的可行时间窗转移到虚拟资源，即删除任务。

(3) 从某真实资源可行时间窗转移到其他真实资源可行时间窗。

由于任务在虚拟资源上可不受其原有可行时间窗的约束，并且虚拟资源有足够的有效期来安排活动，所以删除任务操作总是可行的。对染色体来说，交换任务操作是将选中的两个任务互相交换位置。交换任务操作主要分以下几种情况：

(1) 交换虚拟资源和真实资源上的任务，即替换任务。

(2) 交换真实资源上的任务。

6. 知识进化策略

PHMOGA 算法采用知识进化策略，通过知识的提取和进化来保存在种群进化过程中具有优良模式的个体。知识进化层用于表示、存储和传递从当前代到下一代的知识。它可以通过裁减无用部分，改善有用部分，从而有助于减少搜索空间。知识进化层通过从样本中提取进化过程中的有效信息对知识进行更新，最终各类知识作用于种群进化层，从而实现对进化操作的引导。

在遗传算法的交叉和变异操作中，都要涉及转移任务操作或交换任务操作。对成像卫星调度问题来说，由于任务通常可在不同卫星资源上的多个时间窗内完成，在进行转移任务操作和交换任务操作时，需要考虑任务由哪个资源完成更加合适。可通过从种群进化层提取相关知识来指导交叉和变异操作，以增强进化操作的目的性和有效性。在 PHMOGA 算法中，主要引入两类知识：形势知识和概率知识。

1) 形势知识

形势知识是指当前种群中个体适应值的最大差异，用来记录种群搜索规模的切换时机。在进化操作过程中，需要兼顾探索与开发。形势知识根据当前种群的整体适应值分布，提供从全局搜索到局部搜索的切换时机。形势知识描述为 $\mathrm{SK}_t=(D_t|t,f)$，其中，$D_t=|\max f_t-\min f_t|-\delta$，$\max f_t$ 和 $\min f_t$ 分别为第 t 代中个体的最大适应值和最小适应值，δ 为搜索规模切换阈值。

2) 概率知识

概率知识是指外部种群中各任务选用不同卫星资源的概率，通常根据任务选用资源的统计信息获得。假设任务 i 的可用资源为 $R_1,R_2,\cdots,R_j$。当前外部种群的规模为 N，$p_{ik}=\dfrac{\mathrm{Num}(R_k)}{N}$表示任务 i 选用资源 R_k 的概率，$\mathrm{Num}(R_k)$表示任务 i 选用资源 R_k 的个体的数目。概率知识 $\mathrm{PK}_t=\{p_{ik}|0\leqslant i\leqslant N_S,0\leqslant k\leqslant N_T\}$。利用

概率知识可对任务选用资源进行引导，提高进化操作的效率。

形势知识以个体适应值为依据，随着进化代数的增加而不断更新。当形势知识小于 0 时，触发概率知识更新。概率知识以适应值分布为依据，将搜索范围缩小在局部较优的区域。形势知识和概率知识的更新是不同步的。形势知识更新伴随每次迭代而进行，而概率知识更新的周期是不固定的，其更新取决于形势知识。对知识更新不宜采用每代进行或固定若干代进行。在搜索过程中，如果群体中的适应值分布差异较大，此时处于全局搜索阶段，对概率知识的更新反而会导致群体陷入局部最优。

知识进化层通过形势知识和概率知识对种群进化层的进化操作进行引导。根据形势知识决定进化过程是处于全局搜索阶段还是局部搜索阶段。根据概率知识引导个体进入有效搜索区域。个体在进化操作中，依据概率知识为任务选择卫星资源。不同进化阶段处于主导地位的知识是不同的。在进化前期，形势知识起主导作用，实现全局搜索；在进化中后期，概率知识起主导作用，实现局部搜索。

知识进化层的知识是通过从种群进化层中进行抽样提取和更新。在知识的获取过程中，样本选取非常关键。如果样本的代表性和有效性不能得到保证，也就很难保证知识的有效性和引导性。在样本选取过程中，既要选择尽可能多的有效样本，同时又要避免大的计算量从而降低算法的性能，需要在数量和性能之间进行权衡。形势知识以整个当前种群为样本，选取适应值最大和最小两个个体。概率知识则从外部种群的全部个体中选取一定数量的样本进行统计，获得概率知识。

6.4.3　遗传操作的可行性分析

在交叉算子和变异算子的操作过程中，都存在操作的约束可行性检查问题，只有满足约束条件的操作才是可行的。在成像卫星调度问题中，主要考虑时间约束和能量约束。本节针对这两类约束对遗传操作算子进行可行性分析。在遗传算子的操作过程中，主要存在两类操作需要进行约束可行性分析：转移任务操作和交换任务操作。下面分别从时间约束和能量约束两个方面来进行这两类操作的可行性分析。

1. 转移任务操作的可行性分析

如前面所述，对转移任务操作的可行性分析主要针对插入任务这种情况，即将任务从虚拟资源转移到某真实资源的可行时间窗。

1）时间约束的可行性分析

若要将任务 j 插入到任务序列片断$(i,i+1)$中，主要通过两个方面来检验插入任务操作是否满足时间约束：分析任务 i 和 $i+1$ 之间是否有足够的时间完成任务 j 的操作和任务之间的转换；满足时间窗$[\mathrm{ws}_j,\mathrm{we}_j]$的约束。为此，给出相关的时间约束可行性分析定理。

定理 6.1 给定一真实资源任务序列，$(i,i+1)$是两个相邻的任务，任务 j 在该资源上有时间窗。若存在某时间窗$[\mathrm{ws}_j,\mathrm{we}_j]$满足下列条件：

$$\min\{\mathrm{LS}_{i+1}-s_{j,i+1}-\mathrm{dt}_j,\mathrm{we}_j-\mathrm{dt}_j\}\geqslant\max\{\mathrm{ES}_i+\mathrm{dt}_i+s_{i,j},\mathrm{ws}_j\} \quad (6.28)$$

则任务 j 插入到任务序列片断$(i,i+1)$中满足时间约束。这里，ws_i 和 we_i 分别表示任务 i 所在时间窗的开始时间和结束时间；$s_{i,j}$ 表示任务 i 执行完成后紧接着执行任务 j 所需的转换时间；dt_i 表示任务 i 的持续时间；ES_i 和 LS_i 分别表示任务 i 的最早开始执行时间和最晚开始执行时间。

由定理 6.1 可知：

(1) 若任务 i 是虚拟开始任务而任务 $i+1$ 不是虚拟结束任务，当满足条件 $\min\{\mathrm{LS}_{i+1}-s_{j,i+1}-\mathrm{dt}_j,\mathrm{we}_j-\mathrm{dt}_j\}\geqslant\mathrm{ws}_j$ 时，任务 j 插入到资源全部任务序列的开始任务 $i+1$ 之前满足时间约束。

(2) 若任务 i 不是虚拟开始任务而任务 $i+1$ 是虚拟结束任务，当满足条件 $\mathrm{we}_j-\mathrm{dt}_j\geqslant\max\{\mathrm{ES}_i+\mathrm{dt}_i+s_{i,j},\mathrm{ws}_j\}$时，任务 j 插入到资源全部任务序列的结束任务 i 之后满足时间约束。

(3) 若任务 i 是虚拟开始任务且任务 $i+1$ 是虚拟结束任务，即该资源未安排任何任务，任务 j 总可插入到资源的任务序列中。

由于一个任务在某个资源上可能有多个时间窗，在进行插入任务操作的时间约束可行性分析时，需要分别对每个时间窗进行分析判断。由于对不同时间窗的分析判断方法都是相同的，基于定理 6.1，本书给出在某个时间窗$[\mathrm{ws}_j,\mathrm{we}_j]$内插入任务 j 的时间约束可行性分析步骤：

步骤 1 初始化未检验资源任务序列片断为整个资源的全部任务序列。

步骤 2 若未检验资源任务序列片断不为空，从未检验资源任务序列片断中随机选择插入任务位置$(i,i+1)$；否则转至步骤 6。

步骤 3 若条件 $\mathrm{ws}_j\geqslant\mathrm{we}_{i+1}$ 成立，则任务 j 不能插入到任务 $i+1$ 前的任意位置，更新未检验资源任务序列片断，转至步骤 2；否则转下一步。

步骤 4 若条件 $\mathrm{we}_j\leqslant\mathrm{ws}_i$ 成立，则任务 j 不能插入到任务 i 后的任意位置，更新未检验资源任务序列片断，转至步骤 2；否则转下一步。

步骤 5 若条件 $\min\{\mathrm{LS}_{i+1}-s_{j,i+1}-\mathrm{dt}_j,\mathrm{we}_j-\mathrm{dt}_j\}\geqslant\max\{\mathrm{ES}_i+\mathrm{dt}_i+s_{i,j},\mathrm{ws}_j\}$不成立，则任务 j 不能插入到任务 i 和 $i+1$ 之间，更新未检验资源任务序列片断，转至步骤 2；否则，任务 j 在插入到任务 i 和 $i+1$ 之间时，满足时间约束，转入能量约束可行性分析过程。

步骤 6 插入任务 j 到时间窗$[\mathrm{ws}_j,\mathrm{we}_j]$内时不满足时间约束。

2) 能量约束可行性分析

基于能量约束的相关概念，本书给出插入任务 j 的能量约束可行性分析步骤：

步骤 1　设卫星资源 r 上任务的最大后向能量负荷为 $pl_{max} \leqslant Duty_r$。插入任务 j 后，若满足 $pl_{max} + dt_j \leqslant Duty_r$，则任务 j 无论安排在什么位置，都满足能量约束。若不满足 $pl_{max} + dt_j \leqslant Duty_r$，转下一步。

步骤 2　设任务 j 在任务 k 和 $k+1$ 之间插入，任务序列片断 $(m, m+1, \cdots, k-1, k, j)$ 在时间段 $[\max(we_j - Track_r, 0), we_j]$ 内。对于任意一个任务 $i \in (m, m+1, \cdots, k-1, k)$，判断是否满足 $pl_i + dt_j \leqslant Duty_r$。若存在任务 i 不满足该条件，则插入任务不满足能量约束。若所有任务 i 都满足该条件，转下一步。

步骤 3　判断任务 $k+1$ 是否满足 $pl_{k+1} + dt_j \leqslant Duty_r$。若满足，则插入任务满足能量约束；否则，若满足 $pl_k - pl_{k+1} = dt_k$，则插入任务不满足能量约束。若不满足 $pl_{k+1} - pl_k = dt_k$，转下一步。

步骤 4　计算任务 j 的后向能量负荷 pl_j。若 $pl_j \leqslant Duty_r$，则插入任务满足能量约束；否则插入任务不满足能量约束。

2. 交换任务操作的可行性分析

如前面所述，对交换任务操作的可行性分析主要针对替换任务这样一种情况，即交换虚拟资源和真实资源上的任务。替换任务只需要分析由虚拟资源转移到真实资源的任务插入是否可行。$(i-1, i, i+1)$ 是染色体上某真实资源任务序列片断，由定理 6.1 知，若满足下列条件之一，则可将虚拟资源上任务 j 去替换该真实资源上任务 i：

(1) 当任务 $i-1$ 不是虚拟开始任务，且任务 $i+1$ 不是虚拟结束任务时

$$\min\{LS_{i+1} - s_{j,i+1} - dt_j, we_j - dt_j\} \geqslant \max\{ES_{i-1} + dt_{i-1} + s_{i-1,j}, ws_j\} \tag{6.29}$$

(2) 当任务 $i-1$ 是虚拟开始任务，而任务 $i+1$ 不是虚拟结束任务时

$$\min\{LS_{i+1} - s_{j,i+1} - dt_j, we_j - dt_j\} \geqslant ws_j \tag{6.30}$$

(3) 当任务 $i-1$ 不是虚拟开始任务，而任务 $i+1$ 是虚拟结束任务时

$$we_j - dt_j \geqslant \max\{ES_{i-1} + dt_{i-1} + s_{i-1,j}, ws_j\} \tag{6.31}$$

(4) 任务 $i-1$ 是虚拟开始任务，且任务 $i+1$ 是虚拟结束任务。

在进行能量约束可行性分析时，判断是否满足 $pl_i - dt_i + dt_j \leqslant Duty_r$；若满足，则替换任务满足能量约束；否则不满足能量约束。

6.4.4　计算实例

假设有 2 颗成像卫星 Sat1、Sat2 和 100 个成像任务。规划时间段为：[1 Jan 2008 00:00:00.00, 2 Jan 2008 00:00:00.00]。采用 AGI 公司的 STK 软件对成像任务的可行时间窗进行计算，具体数据（部分）见表 6.1。

表 6.1　成像任务的可行时间窗

任　务	收　益	可选资源	开始时间	结束时间
T1	9	Sat1	00:12:34	00:12:43
		Sat2	03:35:59	03:36:08
		Sat2	15:55:08	15:55:16
T2	7	Sat1	10:53:27	10:53:36
		Sat2	01:55:59	01:56:08
		Sat2	15:54:02	15:54:12
T3	6	Sat2	05:19:33	05:19:41
		Sat2	17:35:03	17:35:12
T4	5	Sat2	05:18:38	05:18:47
		Sat2	17:35:58	17:36:08
T5	5	Sat1	01:49:18	01:49:28
		Sat2	05:16:13	05:16:21
		Sat2	17:38:01	17:38:09
⋮	⋮	⋮	⋮	⋮
T96	8	Sat1	13:23:46	13:23:55
		Sat2	04:34:36	04:34:45
T97	9	Sat1	15:12:50	15:12:59
		Sat2	00:17:23	00:17:32
T98	7	Sat2	00:17:26	00:17:35
T99	9	Sat1	14:40:18	14:40:27
		Sat2	00:16:00	00:16:09
T100	7	Sat2	14:40:29	14:40:38

1. 算法参数设置

由于多目标进化算法参数众多，要对任意一个特定的问题给出一套最佳的参数设置仍然缺少系统化的方法。目前，对于算法中各参数的设置主要依靠已有的一些经验性原则。在本算例中，设置种群规模为 100；外部种群规模为 30；交叉概率为 0.85；总变异概率为 $p_{m}=0.04$，转移任务变异概率为 $p_{rm}=0.75$，交换任务变异概率为 $p_{em}=0.25$。在本节中，不对计算时间进行具体限制，只是设定最大迭代次数为 $T=500$。在实际应用中，可根据需要设定时间限制，以及时终止算法运行。需要说明的是，所有实例的求解都是在 P4 2.4G CPU、512M RAM 微机上实现的，并以 Visual C++6.0 作为编程开发环境和工具。

2. 实例计算

采用 PHMOGA 算法求解上述实例。设调度方案的收益指标为 f_1，鲁棒性指

标为 f_2。假设决策者认为调度方案的收益指标比鲁棒性指标重要,即 $f_2 \prec f_1$。设收益指标 f_1 权重为 $w_1=0.65$,鲁棒性指标 f_2 权重为 $w_2=0.35$。按照算法设计中的编码方式进行编码,每个染色体由 3 个任务序列组成,其中第一个序列 rs_0 是虚拟资源任务序列,代表未安排资源的任务序列,rs_1 和 rs_2 分别代表安排在 Sat1 和 Sat2 上的任务序列。每个任务序列分别以 0 为开始和结束节点,代表各任务序列的虚拟开始任务和结束任务。染色体 $rs=\{rs_0, rs_1, rs_2\}$ 对应问题的一个解,共包含 104 个基因位。在染色体 rs 中,仅包含 0 或任务集 I 中的元素,并且任意成像任务 $i \in I$ 在染色体中必须出现且只能出现 1 次。

采用 GRIA 算法生成初始种群 P_0。成像任务收益层数划分为三层,第一层的任务收益值为 7～10,第二层的任务收益值为 4～6,第三层的任务收益值为 1～3。由图 6.10 可以看出,初始种群对应的目标函数差异较大,较好地保证了初始种群的多样性和平均收益。

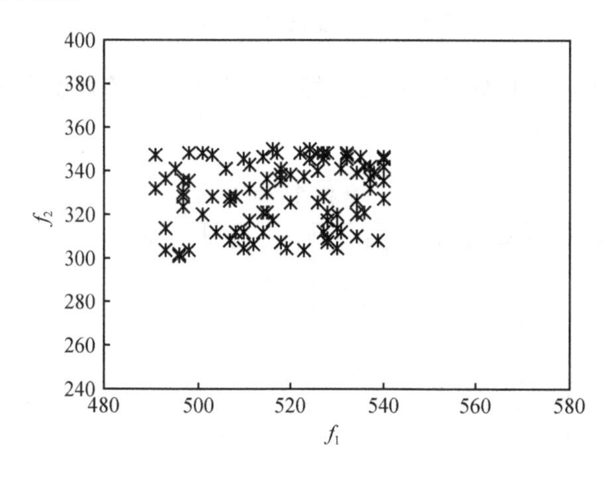

图 6.10　初始种群分布

图 6.11 给出了初始种群中某个体的染色体编码结构,该个体的收益指标为 521。

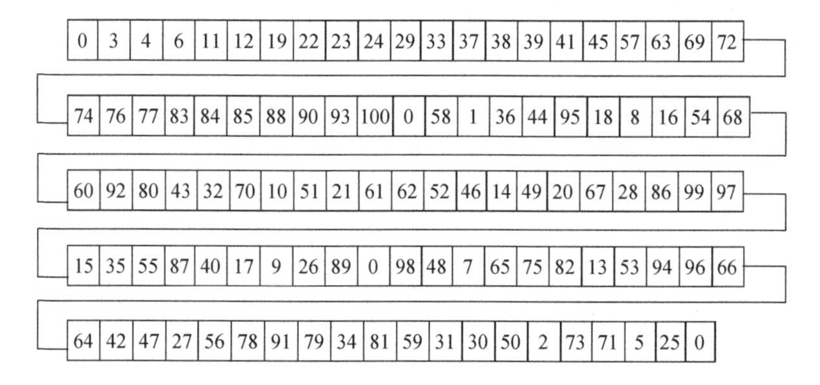

图 6.11　初始种群个体染色体编码结构示意图

采用 PHMOGA 算法最终求得的近似加权 Pareto 最优层分布如图 6.12 所示。其中，最优的收益指标为 626，最优的鲁棒性指标为 438。

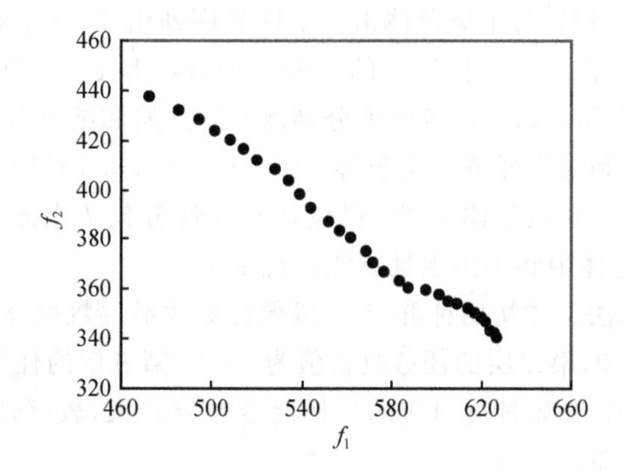

图 6.12　近似加权 Pareto 最优层

表 6.2 给出了收益指标最优的鲁棒性调度方案 s_r。该调度方案的收益指标为 626，鲁棒性指标为 377。

表 6.2　鲁棒性调度方案 s_r

任　务	分配资源	开始时间	结束时间	任　务	分配资源	开始时间	结束时间
T1	Sat2	03:35:59	03:36:05	T20	Sat1	11:16:12	11:16:18
T2	Sat2	15:54:03	15:54:09	T21	Sat2	15:55:55	15:56:01
T3	Sat2	17:35:03	17:35:09	T22	—		
T4	Sat2	17:35:58	17:36:04	T23	Sat2	09:10:52	09:10:58
T5	Sat2	17:38:01	17:38:07	T24	Sat1	04:30:03	04:30:09
T6	Sat1	00:15:46	00:15:52	T25	Sat2	20:28:56	20:29:02
T7	Sat2	01:55:55	01:56:01	T26	Sat2	02:28:13	02:28:19
T8	Sat1	02:54:35	02:54:41	T27	Sat2	20:34:20	20:34:26
T9	Sat1	21:49:42	21:49:48	T28	Sat2	05:50:39	05:50:45
T10	Sat1	10:45:10	10:45:16	T29	Sat2	00:36:18	00:36:24
T11	Sat1	10:53:07	10:53:13	T30	Sat2	03:38:26	03:38:32
T12	Sat1	12:05:47	12:05:53	T31	Sat2	14:13:33	14:13:39
T13	Sat2	03:33:44	03:33:50	T32	—		
T14	Sat2	15:53:22	15:53:28	T33	—		
T15	Sat1	16:04:35	16:04:41	T34	—		
T16	Sat1	04:13:39	04:13:45	T35	Sat1	17:36:42	17:36:48
T17	Sat2	12:53:10	12:53:16	T36	Sat1	15:56:59	15:57:05
T18	Sat1	01:25:09	01:25:15	T37	Sat1	09:48:35	09:48:41
T19	Sat1	22:03:30	22:03:36	T38	Sat2	15:57:17	15:57:23

续表

任　务	分配资源	开始时间	结束时间	任　务	分配资源	开始时间	结束时间
T39	Sat2	14:13:27	14:13:33	T70	Sat2	13:40:01	13:40:07
T40	Sat1	20:26:04	20:26:10	T71	Sat2	17:36:37	17:36:43
T41	Sat2	13:40:25	13:40:31	T72	—		
T42	Sat2	09:05:14	09:05:20	T73	Sat2	17:07:49	17:07:55
T43	Sat1	09:48:49	09:48:55	T74	Sat2	17:37:11	17:37:17
T44	Sat2	15:57:32	15:57:38	T75	Sat1	09:32:08	09:32:14
T45	Sat2	01:55:41	01:55:47	T76	Sat1	21:56:08	21:56:14
T46	Sat2	03:36:27	03:36:33	T77	Sat2	13:40:42	13:40:48
T47	Sat2	18:53:10	18:53:16	T78	Sat1	09:57:04	09:57:10
T48	Sat2	01:55:26	01:55:32	T79	Sat2	13:40:14	13:40:20
T49	Sat2	03:36:49	03:36:55	T80	Sat2	13:40:31	13:40:37
T50	Sat1	10:53:28	10:53:34	T81	Sat1	09:48:20	09:48:26
T51	Sat1	10:51:20	10:51:26	T82	Sat1	21:37:16	21:37:22
T52	Sat2	01:56:05	01:56:11	T83	Sat2	07:34:23	07:34:29
T53	Sat2	15:54:53	15:54:59	T84	Sat2	02:34:32	02:34:38
T54	Sat1	17:37:53	17:37:59	T85	Sat2	20:21:15	20:21:21
T55	Sat2	18:53:38	18:53:44	T86	Sat2	18:41:43	18:41:49
T56	Sat1	17:49:48	17:49:54	T87	Sat1	17:49:23	17:49:29
T57	Sat1	21:55:52	21:55:58	T88	Sat2	09:18:15	09:18:21
T58	Sat1	10:54:40	10:54:46	T89	Sat1	22:03:53	22:03:59
T59	Sat2	13:41:04	13:41:10	T90	Sat1	10:53:15	10:53:21
T60	Sat1	09:48:07	09:48:13	T91	Sat1	09:48:59	09:49:05
T61	Sat1	00:13:27	00:13:33	T92	—		
T62	Sat1	00:12:48	00:12:54	T93	—		
T63	Sat2	00:52:56	00:53:02	T94	Sat2	03:38:32	03:38:38
T64	Sat1	00:14:18	00:14:24	T95	Sat1	13:23:36	13:23:42
T65	Sat2	15:53:57	15:54:03	T96	Sat1	13:23:46	13:23:52
T66	Sat2	17:37:17	17:37:23	T97	Sat2	00:17:23	00:17:29
T67	Sat1	23:39:48	23:39:54	T98	Sat2	00:17:29	00:17:35
T68	Sat1	09:09:04	09:09:10	T99	Sat1	14:40:18	14:40:24
T69	Sat1	09:49:05	09:49:11	T100	Sat2	14:40:29	14:40:35

针对上述计算实例，采用基于分级优化策略的随机变邻域禁忌搜索算法(RVNTS)进行求解[22]，得到调度方案的收益指标为 631，鲁棒性指标为 338。由于 RVNTS 采用分级优化策略进行求解，通常只能得到一个近似最优解。因此，对 PHMOGA 算法的求解结果，取调度方案收益指标最优的一个近似最优解用于算法比较。比较结果如表 6.3 所示。

表 6.3　PHMOGA 算法和 RVNTS 算法的比较

算　法	收益指标	鲁棒性指标
PHMOGA	626	377
RVNTS	631	338

由表 6.3 可以看出，采用 PHMOGA 算法和 RVNTS 算法求解得到的调度方案的收益指标并没有太大差别，而调度方案的鲁棒性指标差异较大。采用 PHMOGA 算法得到的调度方案的鲁棒性要明显优于采用 RVNTS 算法得到的结果。这是由于 PHMOGA 算法在整个进化过程中，同时考虑了调度方案的收益指标和鲁棒性指标，有利于保持具有良好收益和鲁棒性的个体。而在 RVNTS 算法的求解过程中，首先以调度方案的收益指标为优化目标进行优化，在此基础上再以调度方案的鲁棒性指标为优化目标进行优化。由于在第一阶段的优化过程中没有考虑鲁棒性指标，不利于保持具有良好鲁棒性的解，采用 RVNTS 算法得到的调度方案的鲁棒性比采用 PHMOGA 算法得到的结果要差一些。

此外，由于 PHMOGA 算法采用加权 Pareto 策略，可在进化搜索的过程中结合决策者有关目标的偏好信息，得到多个近似 Pareto 最优解，辅助决策者的决策。而 RVNTS 算法通常只能得到一个近似最优解，不利于决策者的决策。

6.5　成像卫星动态调度方法

6.5.1　成像卫星动态调度问题

在鲁棒性调度方案中，各卫星的任务序列虽不能完全满足新的任务需求，但这些任务序列保留了很多的优良性能，仍能满足大部分原有的任务需求。由于鲁棒性调度方案的鲁棒性强，原有任务重新直接安排的可能性极大；基于鲁棒性调度方案进行修复性调整，不仅能大幅度降低动态调整的工作量，提高动态调整的反应速度，还能保持新老调度方案的差异尽可能小，新调度方案的收益尽可能好。

1. 动态调度问题的任务划分

动态调度问题往往包含多种任务类型[23,24]。Seguin 等在每个决策点，将所有客户划分为已服务过的客户及未服务的客户。Savelsbergh 又将未服务的客户划分为已永久指派的客户及尚未确定指派的客户。

借鉴上面的划分方法，在每个动态调度决策点，将所有任务划分为三种：已完成任务、已安排任务及新任务，如图 6.13 所示。已完成任务在后续时刻将不再考虑。已安排任务表示在当前调度方案中尚未执行的任务。新任务指的是新到达任务，或因不满足约束条件而暂时没有安排进当前调度方案的任务，或因约束条件改变导致无法按当前调度方案执行的任务。当约束条件改变而导致某些任务无法按当前调度方案执行时,这些任务就由已安排任务转化为新任务。在某动态调整决策点,由所有已安排任务组成的集合称为已安排任务集,由所有新任务组成的集合称为新任务集。

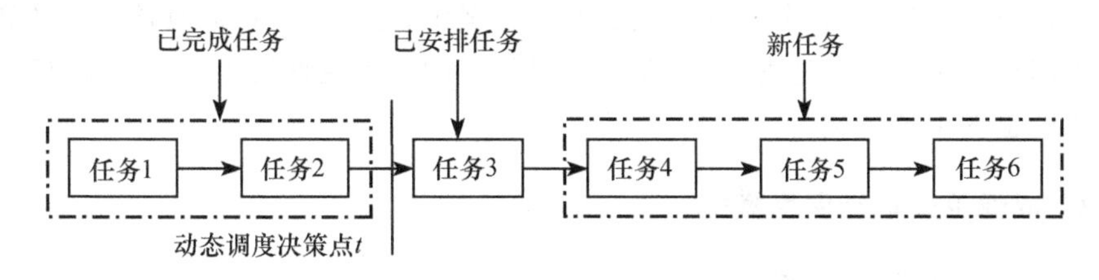

图 6.13　动态调度问题的任务划分

2. 成像卫星动态调度问题的统一描述

由于成像卫星调度问题是一个过度约束问题,总有一些任务因不满足约束条件而不能分配资源,因而可把此部分未安排任务看做是新任务;由所有新任务组成的集合称为新任务集,由所有已安排任务组成的集合称为已安排任务集。在成像卫星动态调度问题中,虽然扰动类型不同,但本质上都可归结为一类插入任务的动态调度问题。

1) 新任务的插入

当高收益新任务到来时,相当于新任务集中增加了一个或多个元素,需要将新任务集中的新任务插入到调度方案中。这是一类最典型的插入任务问题。

2) 已安排任务的取消

由于用户需求的改变,原来已安排的任务取消,导致某些未安排的任务可重新插入到调度方案中。因此,可把未安排任务看做是新任务集中的任务,并将取消的任务从已安排任务集中删除。此时,需要将新任务集中的任务插入到调度方案中。

3) 任务属性的改变

由于用户需求的改变或任务属性设置不合理,导致某些任务属性的改变。如已安排任务的收益变低,或未安排任务的收益变高,此时需要将新任务集中的高收益任务插入到调度方案中,同时可将低收益任务从调度方案中调整出来。

4) 天气条件的变化

当由于云层覆盖等天气条件的变化,导致本来已安排的某些任务无法完成或保证质量,任务的可行时间窗发生变化,可把这些任务从已安排任务集调整到新任务集中。由于这些任务中可能有收益较高的任务,并且每个任务可能有多个可行时间窗,需要尽量将这些任务重新插入到调度方案中,必要时可将低收益任务从调度方案中调整出来。

5）卫星资源状态的变化

当由于卫星资源失效导致该卫星在某时间段内不可用时，则安排在此卫星资源该时间段内的任务无法有效执行，可把这些任务从已安排任务集调整到新任务集中。由于这些任务中可能有收益较高的任务，并且每个任务可能有多个可行时间窗，需要尽量将这些任务重新插入到调度方案中，必要时可将低收益任务从调度方案中调整出来。需要注意的是，此时不仅任务的相关属性发生变化，卫星资源的相关属性也发生了变化。

6.5.2　成像卫星动态调度模型

在给出具体模型前，首先定义以下符号：

(1) T_d 表示动态调度决策的时刻点，DT 表示动态调度前待插入的成像任务集合，DT′表示动态调度后未被安排的成像任务集合。

(2) $Q(r)$ 表示动态调度前已安排给卫星 r 但尚未执行的成像任务序列，$Q'(r)$ 表示动态调度后安排给卫星 r 的成像任务序列。

成像卫星动态调度问题可描述为：已知卫星资源集 S，在动态调度决策时刻点 T_d，需要插入的新任务集合为 DT，已安排给卫星 r 但尚未执行的任务序列为 $Q(r)$。要求在满足成像任务诸多约束条件的基础上，将成像任务集合 $\mathrm{DT}\cup(\bigcup_{r\in\mathbf{R}}Q(r))$ 中的任务分配给多颗卫星资源执行，使得卫星资源集 S 能够完成的成像任务的总收益最高，且新老调度方案的差异最小。本书建立的成像卫星动态调度模型如下：

$$\min: \sum_{i\in \mathrm{DT}'} \mathrm{LP}_i \tag{6.32}$$

$$\max: \left|\left(\bigcup_{r\in S}Q'(r)\right)\cap\left(\bigcup_{r\in S}Q(r)\right)\right| \tag{6.33}$$

s. t.

$$\mathrm{DT}'\cup\left(\bigcup_{r\in S}Q'(r)\right)=\mathrm{DT}\cup\left(\bigcup_{r\in S}Q(r)\right) \tag{6.34}$$

$$\mathrm{DT}'\cap\left(\bigcup_{r\in S}Q'(r)\right)=\varnothing \tag{6.35}$$

$$\bigcap_{r\in\mathbf{R}}Q'(r)=\varnothing \tag{6.36}$$

$\forall\, \mathrm{r}\in\mathbf{R}$，$Q'(r)=(t_1^r,t_2^r,\cdots,t_m^r)$ 满足

$$\sum_{1\leqslant k\leqslant N_{r(t_i^r)}} y^k_{(t_i^r)r}=1,\quad \forall 1\leqslant i\leqslant m \tag{6.37}$$

$$y^k_{(t_i^r)r}(\mathrm{st}_{(t_i^r)}-\mathrm{ws}^k_{(t_i^r)r})\geqslant 0,\quad \forall 1\leqslant i\leqslant m,1\leqslant k\leqslant N_{r(t_i^r)} \tag{6.38}$$

$$y^k_{(t_i^r)r}(\mathrm{st}_{(t_i^r)}+\mathrm{dt}^r_{(t_i^r)}-\mathrm{we}^k_{(t_i^r)r})\leqslant 0,\quad \forall 1\leqslant i\leqslant m,1\leqslant k\leqslant N_{r(t_i^r)} \tag{6.39}$$

$$y^k_{(t_i^r)r}(\mathrm{st}_{(t_i^r)}-a_{(t_i^r)})\geqslant 0,\quad \forall 1\leqslant i\leqslant m \tag{6.40}$$

$$y^k_{(t_i^r)r}(\mathrm{st}_{(t_i^r)}-b_{(t_i^r)})\leqslant 0,\quad \forall 1\leqslant i\leqslant m \tag{6.41}$$

$$y^k_{(t_i^r)r}(\mathrm{st}_{(t_i^r)}+\mathrm{dt}^r_{(t_i^r)}+s^r_{(t_i^r)(t_{i+1}^r)}-\mathrm{st}_{(t_{i+1}^r)})\leqslant 0,\quad \forall 1\leqslant i\leqslant m-1 \tag{6.42}$$

$$\sum_{j \in \mathrm{Itrack}_{r,t_c}} \mathrm{dt}_j^r \leqslant \mathrm{Duty}_r, \quad \forall t_c \in [a, b - \mathrm{Track}_r] \tag{6.43}$$

目标函数(6.32)表示最小化未被安排的成像任务收益之和。

目标函数(6.33)表示最小化新老调度方案之间的差异。

约束条件(6.34)表示所有成像任务集在动态调度前后应是一样的(包括未被安排的任务和所有被安排的任务)。

约束条件(6.35)和(6.36)表示每个成像任务只能被某个卫星资源执行或不安排。

约束条件(6.37)说明每个任务只能在某个卫星资源上被安排一次。

约束条件(6.38)和(6.39)表示在某卫星资源的当前任务序列中,成像任务只能在某个时间窗内执行,任务起止时间不能超出该时间窗范围。

约束条件(6.40)和(6.41)表示在某卫星资源的当前任务序列中,成像任务起止时间不能超出用户指定的有效期范围。

约束条件(6.42)表示被某卫星资源执行的成像任务与其后续任务的时间推进关系,保证了由同一卫星执行的任务序列中不存在环路。

约束条件(6.43)表示在卫星资源运行的任意时长为 Track_r 的时间段内,执行所有任务的累积持续时间不超过给定的单圈最长工作时间。

成像卫星动态调度模型与成像卫星鲁棒性调度模型的区别主要在于问题的初始状态不同,优化目标也不尽相同。成像卫星动态调度模型是基于成像卫星鲁棒性调度模型的结果,根据成像卫星动态调度的要求进行的,优化目标是尽量满足新的成像任务需求以及新老调度方案的差异尽可能小。由于成像卫星动态调度模型涉及的约束条件多、问题复杂,采用精确算法往往很难满足时效性要求,目前大多采用启发式算法来解决此类问题。

6.5.3 动态插入任务启发式算法

成像卫星动态调度模型本质上就是在满足成像任务的诸多约束条件的基础上,将成像任务集合 $\mathrm{DT} \cup (\bigcup_{r \in \mathbf{R}} Q(r))$ 中的任务分配给多颗卫星资源执行。针对成像卫星动态调度问题的特点,本节提出了动态插入任务启发式算法。该算法主要由三个基本过程组成:任务直接插入过程、任务迭代插入过程和任务替代插入过程。

1. 任务直接插入过程

任务直接插入的基本思想是:在不改变当前调度方案中已安排任务的资源与顺序的前提下,按照任务收益的高低顺序,依次判断待插入任务集中所有任务能否在满足约束条件的情况下,插入到某个资源的任务序列中。在插入高收益任务时,应尽可能避开与其他任务冲突的时间窗,以获得尽可能高的任务收益。基于上述思想,本节设计了一种基于拥挤度规则的任务直接插入过程。

本书把时间窗 tw 的拥挤度 Con(tw)定义为同时可安排在该时间窗的待插入任务的数量。基于拥挤度规则的任务直接插入过程的具体步骤如图 6.14 所示。在任务直接插入过程中,考虑了任务时间窗拥挤度的概念。由于不同收益的任务之间可能存在时间窗的冲突,在按收益顺序选择任务插入时,可能会造成高收益任务占用了低收益任务或其他后插入的同等收益任务的可行时间窗,从而造成资源的冲突。由于问题具有多时间窗特性,在插入高收益任务时,应尽可能避开与其他任务冲突的时间窗,以安排更多的任务。在插入任务时,选择与其他任务的可行时间窗相冲突的机会最少的时间窗插入,可最大限度地保证插入尽可能多的任务。这也在一定程度上减少了对任务迭代插入和替代插入的需求,提高了任务插入的效率。

```
基于拥挤度规则的任务直接插入过程:
begin
设置待插入任务集WT=DT;
    for i from 1 to |WT|
        计算任务i的各可行时间窗tw的拥挤度Con(tw);
    end for
    按照收益高低顺序,对WT中的任务进行分类排序;
    repeat
        从WT中收益最高的若干个任务中随机选取一个任务j;
        按拥挤度由低到高的顺序尝试插入任务j;
        if在卫星资源r上插入任务j成功 then
            更新Q′(r)和DT′;
        end if
    更新WT;
    更新WT中各任务可行时间窗的拥挤度;
    until WT=∅
    if DT′=∅ then
        任务全部插入成功,结束任务插入;
    end if
end
```

图 6.14 基于拥挤度规则的任务直接插入过程

2. 任务迭代插入过程

迭代修复方法是一类应用于动态调度领域的启发式方法[24]。该方法的主要思想是暂时生成一个不可行方案,通过不断地迭代修改,以期获得一个更好的方案。对于成像卫星动态调度问题,可借鉴迭代修复方法的思想,暂时放松高收益任务优先于低收益任务这一约束,以暂时获得一个"不可行方案"。从当前调度方案出发，针对新成像任务集DT，在新任务的可行时间窗范围内进行一定程度的迭代修复搜索。在对某个特定的任务i进行修复搜索时，需采用新规则而非收益的高低来决定下一个暂时取消的任务，高收益的任务也可能被低收益的任务取代。对于给定的新任务i，通过迭代搜索，若能在不删除原调度方案中任务的情况下将任务i插入到调度方案中，那么此新方案可被接受；反之，恢复先前的调度方案，任务i保持为未安排。对新任务进行修复搜索是任务迭代插入的核心过程。

在修复搜索过程中，为了将某特定成像任务插入到一个可行时间窗内，需退出一个或多个已安排任务[25]。如图6.15所示，要在该时间窗内插入新任务i，要么退出任务j和k，要么退出任务k和l。因此，可定义任务集合$\{j,k\}$和$\{k,l\}$为任务i的冲突，$\{\{j,k\},\{k,l\}\}$为任务i在资源r上时间窗$[\mathrm{est}_i,\mathrm{lft}_i]$内的冲突集。对成像卫星动态调度问题来说，成像任务一般可在多个卫星资源的多个时间窗内完成。因此，任务i的冲突集是i在所有可行时间窗内的冲突构成的集合。

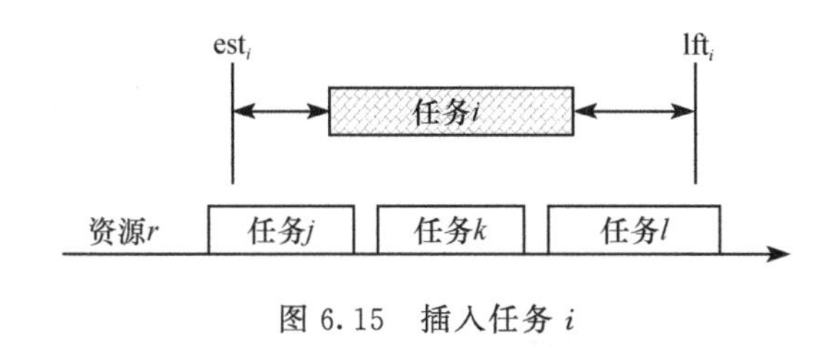

图6.15　插入任务i

基于以上思想，本节设计了一种基于自由度规则的任务迭代插入过程，具体步骤如图6.16所示。在新任务的迭代插入过程中，为了防止插入的新任务或退出的任务再次被退出，从而造成搜索过程的震荡，本书设置了保护集，保护集中的任务不能再次进行调整。在任务迭代过程中，基于自由度的退出启发式规则和深度有限搜索是两个主要的内容，下面分别进行介绍。

1）基于自由度的退出启发式规则

在新任务迭代插入的过程中，最核心的部分就是确定退出任务的启发式规则的设计。本节在引入冲突自由度概念的基础上，设计了两种基于自由度的退出启发式规则。

定义如下符号：

Taskset(tw)：某卫星资源时间窗tw内的可行任务集。若有保护集中的任务位于该时间窗，则可行任务集中不包括与保护集中任务冲突的任务；

TWset_i：成像任务i在可选卫星资源上所有的可行时间窗集；

$\mathrm{Conflictset}_i$：成像任务i的冲突集；

$\mathrm{Conflict}_i^j$：成像任务i的冲突集中的第j个冲突。

```
基于自由度规则的任务迭代插入过程:
begin
  设置保护集PT=∅，最大迭代深度为D_max；
  设置待插入任务集WT=DT′；
  repeat
    按照任务收益顺序，从WT中选择新任务i；
    设置临时任务集TT=∅，当前迭代深度d_r=0；
    TT=TT+{i}，PT=PT+{i}；
    do
      从TT中随机选择任务j，计算任务j的冲突集Conflictset_j；
      从Conflictset_j中按基于自由度的退出启发式规则选出暂时退出的任务集RT，
      并将其中的任务加入保护集PT；
      if RT=∅ then
        break out;
      else
        将任务j插入到被退出任务的时间窗内，确定该任务的开始和结束时间，更
        新TT；
        对RT中能直接插入的任务确定其开始和结束时间；
        将RT中不能直接插入的任务加入到TT，令d_r=d_r+1；
      end if
    while (TT=∅) or (d_r>D_max)
    if TT=∅ then
      更新Q′(r)和DT′；
    end if
    更新WT;
  until WT=∅
  if DT′=∅ then
    任务全部插入成功，结束任务插入；
end if
end
```

图 6.16　基于自由度规则的任务迭代插入过程

对某特定时间窗的需求度作如下定义：

$$\mathrm{req}(\mathrm{tw}) = \sum_{i \in \mathrm{Taskset}(\mathrm{tw})} \frac{1}{|\mathrm{TWset}_i|} \tag{6.44}$$

上述定义描述了成像任务对时间窗的需求程度。有些任务只能在时间窗 tw 内完成，对该时间窗的需求程度就相对较高；有些任务可在多个资源的多个时间窗内安排，该任务对此时间窗的需求程度就相对较低。

在定义了时间窗的需求度后，可将某任务的自由度定义为能安排该任务的所有可行时间窗的最小需求度的倒数

$$\mathrm{flex}_i = \frac{1}{\min\limits_{\mathrm{tw} \in \mathrm{TWset}_i} \mathrm{req}(\mathrm{tw})} \tag{6.45}$$

在退出任务启发式规则的设计中，冲突往往由多个任务组成，即为了插入一个新任务，需退出多个任务。冲突中具有最小自由度的任务决定了重新安排冲突中

所有任务的难易程度。因此,可定义冲突的自由度如下:

$$\mathrm{flex}(\mathrm{Conflict}_i^j) = \min_{k \in \mathrm{Conflict}_i^j} \mathrm{flex}_k \tag{6.46}$$

在冲突自由度定义的基础上,本节设计了基于最大自由度的退出启发式规则和基于自由度比例的退出启发式规则。

在设计退出启发式规则时,通常的目标是退出具有最大可行时间窗数目的任务。计算某个任务可行时间窗的数目比较容易,也能提供对任务安排难易程度的近似估计。但这种方法并没有提供对这些可行时间窗的需求程度的估计。如果某个任务具有较多的可行时间窗,但同时有很多其他任务也可安排在这些时间窗内,那么退出该任务可能会造成无法重新安排。在冲突的自由度定义的基础上,设计了基于最大自由度的退出启发式规则:在新任务迭代插入过程中,选择具有最大自由度的冲突中的任务退出。

在任务迭代插入过程中,任务迭代插入的性能非常依赖于退出启发式规则,而启发式规则并不总是有效的。对于给定问题,即使再好的启发式算法有时也可能做出错误决策。在退出启发式中加入一定程度的随机化,可能会达到更好的效果。基于此,本节设计了一种基于自由度比例的退出启发式规则。

在基于自由度比例的退出启发式规则中,首先计算各冲突的自由度在待插入任务的所有冲突的自由度之和中所占的比例,然后以此作为该冲突中的任务被选中退出的概率。在基于自由度比例的退出启发式规则中,自由度最大的冲突中的任务被退出的可能性最大,自由度最小的冲突中的任务被退出的可能性最小。这种方法的好处在于所有的冲突中的任务都有可能被退出,只是被退出的可能性不同,从而避免了搜索陷入局部极值。

在新任务迭代插入过程中,既可分别使用上述两种退出启发式规则,也可结合起来使用。首先使用基于最大自由度的退出启发式规则进行修复搜索,得到一个较好的解;随后在此较好解的基础上,采用基于自由度比例的退出启发式规则进行随机搜索,得到的解就是最终的调整方案。采用混合退出启发式规则能获得较好的综合效益。

2) 深度有限搜索

为了解决插入任务与其冲突集任务之间的冲突,需要暂时退出冲突集中的任务。而退出的任务在插入时,又可能与别的任务发生冲突。这是一个不断迭代搜索的过程,迭代的层次有时会很深,有时甚至要到最底层才能得到能否插入某个任务的结论。事实上,随着迭代搜索的深入,退出启发式规则对搜索的引导作用越来越小。如对基于最大自由度的退出启发式规则来说,在迭代搜索的初期,确定退出的是具有最大可能重新分配的任务。随着迭代搜索的深入,退出任务的自由度越来越低,退出任务能够重新安排的可能也越来越小。同样,对其他的退出启发式规则来说,随着迭代搜索进程的深入,其对搜索的引导能力也越来越弱。

实验表明,如果迭代搜索的深度超过8～10层,搜索大多会以失败告终。随着迭代搜索的逐步深入,迭代搜索成功的机会越来越小。因此,可通过限定迭代搜索深度值,以尽早结束成功机会很小的搜索。在设定该值时,希望一方面能够尽早终止无效的搜索任务,以节省大量的时间;同时也要对最终结果影响尽可能小,以保证调整后的调度方案的性能。通常,我们把该值设定为10。

3. 任务替代插入过程

对成像卫星动态调度问题来说,通常希望在插入任务的同时,尽可能不要删除原调度方案中已安排的任务。前面介绍的任务直接插入和任务迭代插入过程都是在不删除原方案中任务的前提下进行任务插入的。在很多时候,上述两种方法无法实现全部待插入任务的插入。如果在未插入的任务中,有收益很高的任务,如应急任务或其他必须要完成的任务,此时需要在原调度方案中删除某些低收益任务,以保证这些高收益任务的插入,从而提升调度方案的总体收益。基于上述思想,本节进一步设计了任务替代插入过程,该过程的具体步骤如图6.17所示。在任务替代插入过程中,当成像任务的持续时间长短不一时,除了一对一的任务替代之外,

```
任务替代插入过程:
begin
设置待插入任务集WT=DT′;
  按照收益高低顺序，对WT中的任务进行分类排序;
  repeat
     从WT中收益最高的若干个任务中随机选取一个任务j;
     从任务j的所有可行时间窗中选择可替换的收益之和最低的任务集ET;
     if 任务j的收益大于任务集ET的收益之和 then
        用任务j替换任务集ET中的所有任务;
        更新Q′(r)和DT′;
     end if
     更新WT;
  until WT=∅;
  if DT′≠∅ then
     设置待插入任务集WT=DT′;
     按任务收益高低顺序依次从WT选择任务尝试直接插入;
     更新Q′(r)和DT′;
  end if
  for r from 1 to |S|
     output Q(r);
  end for
  if DT′≠∅ then
     output DT′;
  end if
end
```

图6.17　任务替代插入过程

还可能出现一对多的任务替代和多对一的任务替代方式。由于在插入持续时间较长的任务时,可能替代多个持续时间较短的任务。因此,在任务替代插入过程的第一部分,可以处理一对一的任务替代和一对多的任务替代。在插入持续时间较短的任务时,由于其替代的任务可能持续时间较长,有可能在插入该任务的同时,还能插入别的任务。因此,在任务替代插入过程的第二部分,处理多对一的任务替代。

4. 基于重叠度的插入启发式规则

在上述三种任务插入过程中,都需要确定插入新任务或退出任务的开始时间和结束时间。由于任务的持续时间是确定的,所以仅需要确定任务的开始时间。通常,将成像任务的最早开始执行时间设置为其实际开始时间,这种方式比较简单易行,但有时会降低算法的性能。如图 6.18 所示,在插入任务 j 时,若按最早开始执行时间规则插入,那么,任务 i 由于可行时间窗的限制无法分配资源 r,任务 i 就失去了一个获得安排的机会。若按图 6.19 所示确定任务 j 的开始时间,则任务 j 和任务 i 都可分配资源 r。因此,需要设计新任务插入启发式规则。

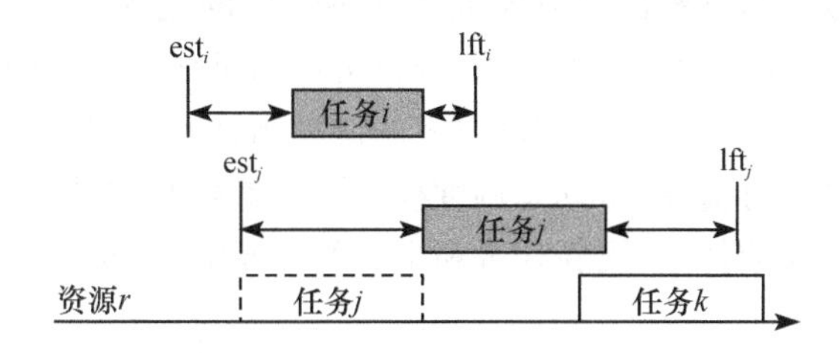

图 6.18　按最早开始执行时间规则插入

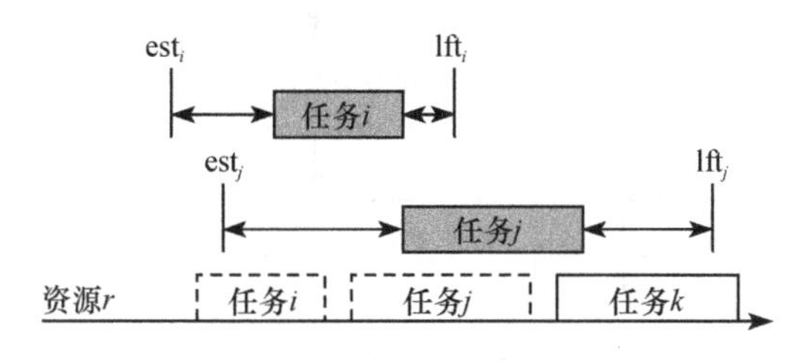

图 6.19　按合理方式插入

假设要在资源 r 的某时间段$[\mathrm{est}_i,\mathrm{lft}_i]$内插入任务 i,对该时间段内的每个时间点 t_j,可计算该任务的重叠度:

对每个可能在 t_j 时刻安排的任务 task_k,设 $\mathrm{pc}_k=1$;

任务 i 在资源 r 上 t_j 时刻的重叠度 $\mathrm{overlap}_{r,j}=\sum \mathrm{pc}_k$。

可利用计算出的任务重叠度来设计基于重叠度的插入任务启发式规则,以决定任务的开始时间和结束时间。该启发式规则描述如下:

假设任务 i 可在时间段[est_i, lft_i]内插入。计算任务 i 在该时间段内各时间点的重叠度。从 est_i 开始，针对每个可能插入任务时间段，选择其中的最大重叠度，然后选择最大重叠度最小的时间段作为插入任务 i 的时间段。

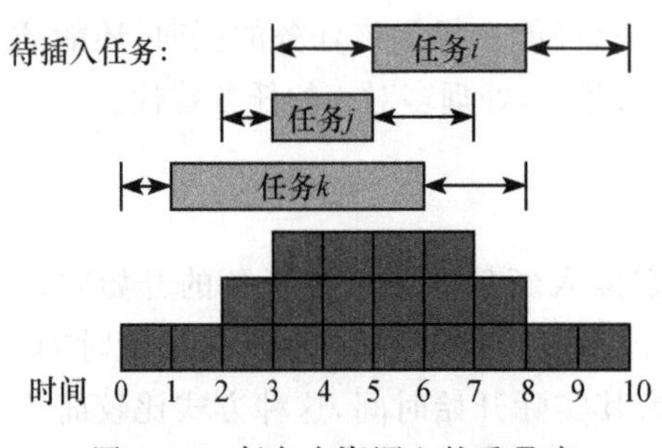

图 6.20　任务在资源上的重叠度

如图 6.20 所示，对任务 i 来说，计算从时间段[3,10]内各时间点的重叠度，其结果为[3,3,3,3,2,1,1]。任务 i 的持续时间为 3，则可能插入任务的时间段的数目有 5 个。各时间段的最大重叠度分别为[3,3,3,3,2]。因此，任务 i 选择在重叠度最小的时间段[7,10]内插入。由图 6.20 可以看出，如此安排任务可确保任务 j 和 k 都能在相应的时间窗内插入。

5. 成像卫星动态调度流程

如图 6.21 所示，本书给出了成像卫星动态调度的流程。首先，通过动态调度预处理，针对用户的任务动态调度需求，分析可以满足任务动态调度需求的卫星及遥感器。具体方法和生成鲁棒性调度方案的调度预处理相同。动态调度预处理还包括根据调度方案执行情况，对动态调度模型输入参数数据的更新，如从待插入任务集中剔除已经完成的任务，更新任务所剩的可行时间窗数等。根据动态调度预

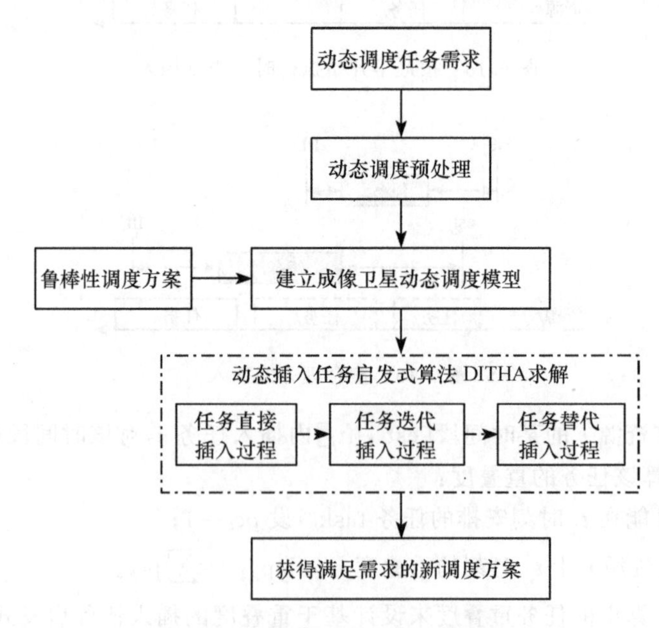

图 6.21　成像卫星动态调度流程

处理的结果,以鲁棒性调度方案为基础,以最小化未被安排执行的成像任务收益之和以及最小化新老方案的差异为目标建立成像卫星动态调度模型。根据成像卫星动态调度问题的特点和需求,采用动态插入任务启发式算法进行求解。在动态插入任务启发式算法中,三个基本过程具有各自的特点。

对任务直接插入过程来说,在插入任务时,能够在满足约束条件和不影响其他任务安排的情况下,直接将任务插入,对原调度方案的影响最小。对于所有待插入任务,只要有可能,应尽量直接插入。

对任务迭代插入过程来说,通过对已安排任务的调整,能够在不删除原调度方案中任务的情况下插入新任务。任务迭代插入一方面可以尽量保证新调度方案获得较好的收益,另一方面也可以保持新老调度方案的差异尽可能小。

在经过任务直接插入和任务迭代插入过程后,若待插入任务集中仍有任务未插入,则使用任务替代插入过程进行剩余任务的插入。任务替代插入过程的主要思想是用高收益任务去替换低收益的任务。任务替代插入过程在上述两种过程的基础上,以牺牲解的稳定性为代价,进一步提高调度方案的收益。

在动态调度过程中,若不能删除原调度方案中的已安排任务,则可由任务直接插入过程和任务迭代插入过程组合成动态插入任务启发式算法。该算法的特点是能在不影响原调度方案安排的情况下尽可能多地插入高收益的任务,调整前后的调度方案的差异较小,调度方案的稳定性较好。

在动态调度过程中,若允许删除原调度方案的已安排任务,则可以由任务直接插入过程、任务迭代插入过程和任务替代插入过程组合成动态插入任务启发式算法。该算法的特点是当经过任务直接插入和任务迭代插入过程后,若仍有部分任务未插入,此时可以通过删除原调度方案中的任务以插入更多高收益的任务,尽可能保证调度方案的收益。在本节的研究中,假设允许删除原调度方案的已安排任务,动态插入任务启发式算法由任务直接插入过程、任务迭代插入过程和任务替代插入过程组成。

6.5.4　计算实例

针对 6.4.4 节的计算实例,本书采用收益指标最优的调度方案作为当前鲁棒性调度方案。假设调度方案制定完后,有 10 个新任务到达需要重新安排,新任务的具体参数如表 6.4 所示。

表 6.4　新任务的可行时间窗

任　务	收　益	可选资源	开始时间	结束时间
N1	9	Sat1	00:12:34	00:12:43
		Sat2	03:35:59	03:36:08
		Sat2	15:55:08	15:55:16

续表

任　务	收　益	可选资源	开始时间	结束时间
N2	7	Sat1	10:53:27	10:53:36
		Sat2	01:55:59	01:56:08
		Sat2	15:54:02	15:54:12
N3	6	Sat2	05:19:33	05:19:41
		Sat2	17:35:03	17:35:12
N4	5	Sat2	05:18:38	05:18:47
		Sat2	17:35:58	17:36:08
N5	5	Sat1	01:49:18	01:49:28
		Sat2	05:16:13	05:16:21
		Sat2	17:38:01	17:38:09
⋮	⋮	⋮	⋮	⋮

采用动态插入任务启发式算法对鲁棒性调度方案进行调整，得到新调度方案s_r'，具体如表 6.5 所示。表中黑体部分表示安排时间窗发生变化的任务。由表 6.5 可以看出，新调度方案s_r'的收益指标为 714，10 个新任务全部被安排。在新调度方案s_r'中，原先安排在s_r中的任务 T46 没有被安排，这是因为新任务 N2 和 T46 发生冲突，由于 N2 比 T46 的收益要高，因此，用新任务 N2 替换任务 T46。任务安排的时间窗发生变化的数量为 7，任务变化率为 7%。不考虑鲁棒性指标，采用禁忌搜索算法求解 6.4.4 节的实例，得到非鲁棒性调度方案s_p如表 6.6 所示，调度方案s_p的收益指标为 624。

表 6.5　调整后的新调度方案s_r'

任　务	分配资源	开始时间	结束时间	任　务	分配资源	开始时间	结束时间
T1	Sat2	03:35:59	03:36:05	T15	Sat1	16:04:35	16:04:41
T2	Sat2	15:54:03	15:54:09	T16	Sat1	04:13:39	04:13:45
T3	Sat2	17:35:03	17:35:09	T17	Sat2	12:53:10	12:53:16
T4	Sat2	17:35:58	17:36:04	T18	Sat1	01:25:09	01:25:15
T5	Sat2	17:38:01	17:38:07	T19	Sat1	22:03:30	22:03:36
T6	Sat1	00:15:46	00:15:52	T20	Sat1	11:16:12	11:16:18
T7	Sat2	01:55:55	01:56:01	T21	Sat2	15:55:55	15:56:01
T8	Sat1	02:54:35	02:54:41	T22	—		
T9	Sat1	21:49:42	21:49:48	T23	Sat2	9:10:52	09:10:58
T10	Sat1	10:45:10	10:45:16	T24	Sat1	04:30:03	04:30:09
T11	Sat2	15:54:56	15:55:02	T25	Sat2	20:28:56	20:29:02
T12	Sat1	12:05:47	12:05:53	T26	Sat2	02:28:13	02:28:19
T13	Sat2	03:33:44	03:33:50	T27	Sat2	20:34:20	20:34:26
T14	Sat2	15:53:22	15:53:28	T28	Sat2	05:50:39	05:50:45

续表

任　务	分配资源	开始时间	结束时间	任　务	分配资源	开始时间	结束时间
T29	Sat2	00:36:18	00:36:24	T70	Sat2	13:40:01	13:40:07
T30	Sat2	03:38:26	03:38:32	T71	Sat2	17:36:37	17:36:43
T31	Sat2	14:13:33	14:13:39	T72	—		
T32	—			T73	Sat2	17:07:49	17:07:55
T33	—			**T74**	Sat1	01:48:29	01:48:35
T34	—			**T75**	Sat2	02:36:01	02:36:07
T35	Sat1	17:36:42	17:36:48	T76	Sat1	21:56:08	21:56:14
T36	Sat1	15:56:59	15:57:05	T77	Sat2	13:40:42	13:40:48
T37	Sat1	09:48:35	09:48:41	T78	Sat1	09:57:04	09:57:10
T38	Sat2	15:57:17	15:57:23	T79	Sat2	13:40:14	13:40:20
T39	Sat2	14:13:27	14:13:33	T80	Sat2	13:40:31	13:40:37
T40	Sat1	20:26:04	20:26:10	T81	Sat1	09:48:20	09:48:26
T41	Sat2	13:40:25	13:40:31	T82	Sat1	21:37:16	21:37:22
T42	Sat2	09:05:14	09:05:20	T83	Sat2	07:34:23	07:34:29
T43	Sat1	09:48:49	09:48:55	T84	Sat2	02:34:32	02:34:38
T44	Sat2	15:57:32	15:57:38	T85	Sat2	20:21:15	20:21:21
T45	Sat2	01:55:41	01:55:47	T86	Sat2	18:41:43	18:41:49
T46	—			T87	Sat1	17:49:23	17:49:29
T47	Sat2	18:53:10	18:53:16	T88	Sat2	09:18:15	09:18:21
T48	Sat2	01:55:26	01:55:32	T89	Sat1	22:03:53	22:03:59
T49	Sat2	03:36:49	03:36:55	T90	Sat1	10:53:15	10:53:21
T50	Sat1	10:53:28	10:53:34	T91	Sat1	09:48:59	09:49:05
T51	Sat1	10:51:20	10:51:26	T92	—		
T52	Sat2	01:56:05	01:56:11	T93	—		
T53	Sat1	00:12:09	00:12:15	T94	Sat2	03:38:32	03:38:38
T54	Sat1	17:37:53	17:37:59	T95	Sat1	13:23:36	13:23:42
T55	Sat2	18:53:38	18:53:44	T96	Sat1	13:23:46	13:23:52
T56	Sat1	17:49:48	17:49:54	T97	Sat2	00:17:23	00:17:29
T57	Sat1	21:55:52	21:55:58	T98	Sat2	00:17:29	00:17:35
T58	Sat1	10:54:40	10:54:46	T99	Sat1	14:40:18	14:40:24
T59	Sat2	13:41:04	13:41:10	T100	Sat2	14:40:29	14:40:35
T60	Sat1	09:48:07	09:48:13	N1	Sat1	00:12:56	00:13:02
T61	Sat1	00:13:27	00:13:33	N2	Sat1	10:51:58	10:52:04
T62	Sat2	03:35:37	03:35:43	N3	Sat2	05:17:27	05:18:33
T63	Sat2	00:52:56	00:53:02	N4	Sat1	00:14:26	00:15:32
T64	Sat2	17:37:03	17:37:09	N5	Sat1	00:12:35	00:13:41
T65	Sat2	15:53:57	15:54:03	N6	Sat1	10:52:54	10:53:00
T66	Sat2	17:37:17	17:37:23	N7	Sat1	09:32:00	09:32:06
T67	Sat1	23:39:48	23:39:54	N8	Sat2	02:27:07	02:27:13
T68	Sat1	09:09:04	09:09:10	N9	Sat2	03:36:19	03:36:25
T69	Sat1	09:49:05	09:49:11	N10	Sat1	00:14:59	00:15:05

表 6.6　非鲁棒性调度方案 s_p

任　务	分配资源	开始时间	结束时间	任　务	分配资源	开始时间	结束时间
T1	Sat1	00:12:34	00:12:40	T51	Sat1	10:51:20	10:51:26
T2	Sat1	10:53:27	10:53:33	T52	Sat2	01:56:05	01:56:11
T3	Sat2	17:35:03	17:35:09	T53	Sat1	00:12:09	00:12:15
T4	Sat2	17:35:58	17:36:04	T54	Sat1	04:35:18	04:35:24
T5	Sat1	01:49:18	01:50:24	T55	Sat1	17:37:18	17:37:24
T6	Sat1	00:15:46	00:16:52	T56	Sat2	09:18:41	09:18:47
T7	Sat1	06:25:48	06:25:54	T57	Sat2	13:40:20	13:40:26
T8	Sat2	07:29:47	07:29:53	T58	Sat2	15:54:22	15:54:28
T9	Sat1	09:55:16	09:55:22	T59	Sat2	13:41:04	13:41:10
T10	Sat2	14:22:35	14:22:41	T60	Sat1	09:48:07	09:48:13
T11	Sat2	15:54:56	15:55:02	T61	Sat1	00:13:27	00:13:33
T12	Sat2	03:34:12	03:34:18	T62	Sat1	10:52:57	10:53:03
T13	Sat2	15:57:25	15:57:31	T63	Sat2	00:52:56	00:53:02
T14	Sat1	10:53:49	10:53:55	T64	Sat2	05:17:34	05:17:40
T15	Sat1	16:04:35	16:04:41	T65	Sat2	01:55:58	01:56:04
T16	Sat1	04:13:39	04:13:45	T66	Sat2	17:37:17	17:37:23
T17	Sat2	01:34:11	01:34:17	T67	Sat1	23:39:48	23:39:54
T18	Sat1	01:25:09	01:25:15	T68	Sat1	09:09:04	09:9:10
T19	Sat2	02:19:52	02:19:58	T69	Sat2	13:40:02	13:40:8
T20	Sat1	22:03:30	22:03:36	T70	Sat1	09:49:05	09:49:11
T21	Sat1	10:52:00	10:52:06	T71	Sat2	17:36:37	17:36:43
T22	Sat2	09:10:52	09:10:58	T72		—	
T23	Sat1	04:30:03	04:30:09	T73	Sat2	17:07:49	17:7:55
T24		—		T74	Sat1	01:48:29	01:48:35
T25	Sat2	20:28:56	20:29:02	T75	Sat1	09:32:08	09:32:14
T26	Sat1	21:55:14	21:55:20	T76	Sat1	09:48:41	09:48:47
T27	Sat2	09:06:02	09:06:08	T77	Sat2	13:40:42	13:40:48
T28	Sat2	05:50:39	05:50:45	T78	Sat1	09:57:04	09:57:10
T29	Sat1	09:38:35	09:38:41	T79	Sat2	13:40:14	13:40:20
T30	Sat2	15:53:11	15:53:17	T80	Sat1	09:48:35	09:48:41
T31	Sat2	14:13:34	14:13:40	T81	Sat1	09:48:20	09:48:26
T32		—		T82	Sat1	21:37:16	21:37:22
T33		—		T83	Sat2	18:43:14	18:43:20
T34		—		T84	Sat2	02:34:32	02:34:38
T35	Sat2	18:54:21	18:54:27	T85	Sat2	20:21:15	20:21:21
T36	Sat2	03:34:40	03:34:46	T86	Sat1	02:49:17	02:49:23
T37	Sat2	13:40:32	13:40:38	T87	Sat1	17:49:23	17:49:29
T38	Sat2	15:57:17	15:57:23	T88	Sat2	09:18:15	09:18:21
T39	Sat2	14:13:27	14:13:33	T89	Sat2	22:03:53	22:3:59
T40	Sat1	09:43:11	09:43:17	T90	Sat1	10:53:15	10:53:21
T41	Sat2	13:40:26	13:40:32	T91	Sat1	09:48:59	09:49:05
T42	Sat2	18:53:40	18:53:46	T92		—	
T43	Sat1	09:48:49	09:48:55	T93		—	
T44	Sat2	03:33:31	03:33:37	T94	Sat2	03:38:32	03:38:38
T45	Sat2	01:55:41	01:55:47	T95	Sat1	01:15:38	01:15:44
T46	Sat1	10:53:43	10:53:49	T96	Sat1	13:23:46	13:23:52
T47	Sat2	18:53:10	18:53:16	T97	Sat1	15:12:50	15:12:56
T48	Sat2	01:55:26	01:55:32	T98	Sat2	00:17:26	00:17:32
T49	Sat2	03:36:49	03:36:55	T99	Sat1	14:40:18	14:40:24
T50	Sat2	15:54:00	15:54:06	T100	Sat2	14:40:29	14:40:35

表 6.7　调整后的新调度方案 s_p'

任　务	分配资源	开始时间	结束时间	任　务	分配资源	开始时间	结束时间
T1	Sat2	03:35:59	03:36:05	T51	Sat1	10:51:20	10:51:26
T2	Sat2	15:54:02	15:54:08	T52	Sat2	15:54:17	15:54:23
T3	Sat2	17:35:03	17:35:09	T53	Sat1	00:12:09	00:12:15
T4	Sat2	17:35:58	17:36:04	T54	Sat1	04:35:18	04:35:24
T5	Sat1	01:49:18	01:49:24	T55	Sat2	18:53:38	18:53:44
T6	Sat1	00:15:46	00:15:52	T56	Sat2	09:18:41	09:18:47
T7	Sat1	06:25:48	06:25:54	T57	Sat1	21:55:52	21:55:58
T8	Sat2	07:29:47	07:29:53	T58	Sat1	10:54:30	10:54:36
T9	Sat1	09:55:16	09:55:22	T59	Sat2	13:41:04	13:41:10
T10	Sat2	14:22:35	14:22:41	T60	Sat1	09:48:07	09:48:13
T11	Sat2	15:54:56	15:55:02	T61	Sat1	00:13:27	00:13:33
T12	Sat2	03:34:12	03:34:18	T62	Sat1	10:52:57	10:53:03
T13	Sat2	15:57:25	15:57:31	T63	Sat2	00:52:56	00:53:02
T14	Sat2	01:56:18	01:56:24	T64	Sat2	17:37:03	17:37:09
T15	Sat1	16:04:35	16:04:41	T65	Sat1	10:53:30	10:53:36
T16	Sat1	04:13:39	04:13:45	T66	Sat2	17:37:17	17:37:23
T17	Sat2	01:34:11	01:34:17	T67	Sat1	23:39:48	23:39:54
T18	Sat1	01:25:09	01:25:15	T68	Sat1	09:09:04	09:09:10
T19	Sat2	02:19:52	02:19:58	T69	Sat2	13:40:02	13:40:08
T20	Sat1	22:03:30	22:03:36	T70	Sat1	09:49:05	09:49:11
T21	Sat2	15:55:55	15:56:01	T71	Sat2	17:36:37	17:36:43
T22	Sat2	09:10:52	09:10:58	T72	—		
T23	Sat1	04:30:03	04:30:09	T73	Sat2	17:07:49	17:07:55
T24	—			T74	Sat1	01:48:29	01:48:35
T25	Sat2	20:28:56	20:29:02	T75	Sat2	02:36:01	02:36:07
T26	Sat1	21:55:14	21:55:20	T76	Sat2	13:40:38	13:40:44
T27	Sat2	09:06:02	09:06:08	T77	Sat2	13:40:44	13:40:50
T28	Sat2	05:50:39	05:50:45	T78	Sat1	09:57:04	09:57:10
T29	Sat1	09:38:35	09:38:41	T79	Sat2	13:40:14	13:40:20
T30	Sat2	15:53:11	15:53:17	T80	Sat2	13:40:31	13:40:37
T31	Sat2	14:13:34	14:13:40	T81	Sat1	09:48:20	09:48:26
T32	—			T82	Sat1	21:37:16	21:37:22
T33	—			T83	Sat2	18:43:14	18:43:20
T34	—			T84	Sat2	02:34:32	02:34:38
T35	Sat2	18:54:21	18:54:27	T85	Sat2	20:21:15	20:21:21
T36	Sat2	15:56:59	15:57:05	T86	Sat1	02:49:17	02:49:23
T37	Sat1	09:48:35	09:48:41	T87	Sat1	17:49:23	17:49:29
T38	Sat2	03:34:39	03:34:45	T88	Sat2	09:18:15	09:18:21
T39	Sat2	14:13:27	14:13:33	T89	Sat2	22:03:53	22:03:59
T40	Sat1	09:43:11	09:43:17	T90	Sat1	10:53:15	10:53:21
T41	Sat2	13:40:26	13:40:32	T91	Sat1	09:48:59	09:49:05
T42	Sat2	09:05:14	09:05:20	T92	—		
T43	Sat1	09:48:49	09:48:55	T93	—		
T44	Sat2	03:33:31	03:33:37	T94	Sat2	03:38:32	03:38:38
T45	Sat2	01:55:41	01:55:47	T95	Sat1	01:15:38	01:15:44
T46	—			T96	Sat1	13:23:46	13:23:52
T47	Sat2	18:53:10	18:53:16	T97	Sat1	15:12:50	15:12:56
T48	Sat2	01:55:26	01:55:32	T98	Sat2	00:17:26	00:17:32
T49	Sat2	03:36:49	03:36:55	T99	Sat1	14:40:18	14:40:24
T50	Sat2	01:56:00	01:56:06	T100	Sat2	14:40:29	14:40:35
N1	Sat1	00:12:56	00:13:02	N6	Sat2	10:52:54	10:53:00
N2	Sat1	10:51:58	10:52:04	N7	Sat1	09:32:00	09:32:06
N3	Sat2	05:17:27	05:17:33	N8	Sat2	02:27:07	02:27:13
N4	Sat1	00:14:26	00:14:32	N9	Sat2	03:36:19	03:36:25
N5	Sat1	00:12:35	00:12:41	N10	Sat1	00:14:59	00:15:05

利用动态插入任务启发式算法对该调度方案进行动态调整，得到新的调度方案 s_p'，具体如表 6.7 所示，表中黑体部分表示安排时间窗发生变化的任务。

由上表可以看出，新调度方案 s_p' 的收益指标为 712。10 个新任务全部被安排。同样，在调整后的新调度方案 s_p' 中，任务 T46 没有被安排。新调度方案 s_p' 和原调度方案 s_p 相比较，任务时间窗发生变化的任务数量为 18，变化率为 18%。

参考文献

[1] Zitzler E, Laumanns M, Bleuler S. A tutorial on evolutionary multiobjective optimization. Xavier Gandibleux, Marc Sevaux, Kenneth SÄorensen, Vincent T'kindt. Metaheuristics for Multiobjective Optimisation. Berlin: Springer. Lecture Notes in Economics and Mathematical Systems, 535, 2004: 3-37.

[2] Coello C A C. Evolutionary multiobjective optimization: a historical view of the field. IEEE Computational Intelligence Magazine, 2006, 1(1): 28-36.

[3] Cvetkovic D, Parmee I C. Genetic algorithm based multiobjective optimisation and conceptual engineering design. IEEE Congress on Evolutionary Computation-CEC99. Washington D C, 1999, 1: 29-36.

[4] Greenwood G W, Hu X S, Ambrosio J G D. Fitness functions for multiple objective optimization problems: combining preferences with pareto rankings. *In*: Belew R K, Vose M D. Foundations of Genetic Algorithms. SanMateo: Morgan Kaufmann, 1997.

[5] Deb K. An ideal evolutionary multi-objective optimization procedure. IPSJ Transactions on Mathematical Modeling and Its Applications, 2004, 45(SIG 2(TOM 10)): 1-11.

[6] 田菁. 多无人机协同侦察任务规划问题建模与优化技术研究. 长沙: 国防科学技术大学博士学位论文, 2007.

[7] Zitzler E, Laumanns M, Thiele L, et al. SPEA2: Improving the strength pareto evolutionary algorithm for multiobjective optimization. In Evolutionary Methods for Design, Optimization and Control, Barcelona, 2002: 19-26.

[8] Laumanns M, Thiele L, Zitzler E, et al. Archiving with guaranteed convergence and diversity in multi-objective optimization. *In*: Cantu-Paz Langdon E, Mathias K, Roy R, et al. Proceedings of the Genetic and Evolutionary Computation Conference (GECCO' 2002). San Francisco: Morgan Kaufmann, 2002: 439-447.

[9] Knowles J, Corne D. Properties of an adaptive archiving algorithm for storing nondominated vectors. IEEE Transactions on Evolutionary Computation, 2003, 7(2): 100-116.

[10] Cvetkovic D, Parmee I C. Use of preferences for GA-based multi-objective optimization. *In*: Banzhaf W, Daida J, Robert E S, et al. GECCO-99: Proceedings of the Genetic and Evolutionary Computation Conference, Orlando, 1999: 1504-1509.

[11] Parmee I C, Cvetkovic D, Watson A H, et al. Multi-objective satisfaction within an interactive evolutionary design environment. Evolutionary Computation, 2000, 8(2): 197-222.

[12] 关志华. 面向多目标优化问题的遗传算法的理论及应用研究. 天津: 天津大学博士学位论

文,2002.

[13] Cvetkovic D,Parmee I C. Preferences and their application in evolutionary multiobjective optimization. IEEE Transactions on Evolutionary Computation,2002,6(1):42～57.

[14] Warshall S. A Theorem on Boolean Matrices,ACM,1962,9(1):11-12.

[15] Goren S. Robustness and Stability Measures for Scheduling. Bilkent University,Master of Science Dissertation,2001.

[16] Floudas C A,Lin X X. Continuous-time versus discrete-time approaches for scheduling of chemical processes:a review. Computers and Chemieal Engineering,2004,28(11):2109-2129.

[17] 玄光男,程润伟. 遗传算法与工程优化. 于音杰,周根贵译. 北京:清华大学出版社,2004.

[18] Deb K. Multi-objective evolutionary algorithms:introducing bias among pareto-optimal solutions. KanGAL Report 99002,Indian Institute of Technology,Kanpur,1999.

[19] Laumanns M,Zitzler E,Thiele L. On the effects of archiving,elitism,and density based selection in evolutionary multi-objective optimization. *In*:Zitzler E,Deb K,Thiele L,et al. First International Conference on Evolutionary Multi-Criterion Optimization. Springer-Verlag. Lecture Notes in Computer Science No. 1993,2001:181-196.

[20] Laumanns M,Thiele L,Deb K,et al. On the convergence and diversity-preservation properties of multi-objective evolutionary algorithms. Tech. Rep. 108,Computer Engineering and Networks Laboratory(TIK),Swiss Federal Institute of Technology(ETH) Zurich,Gloriastrasse 35,CH-8092 Zurich,Switzerland,2001.

[21] Rudolph G,Agapie A. Convergence properties of some multi-objective evolutionary algorithms. Proceedings of the 2000 Conference on Evolutionary Computation,New Jersey,IEEE Press,2000:1010-1016.

[22] Zitzler E,Thiele L. Multiobjective optimization using evolutionary algorithms-a comparative case study. Proceedings of Parallel Problem Solving from Nature V(PPSN-V),Springer,2000:292-301.

[23] 玄光男,程润伟. 遗传算法与工程设计. 汪定伟,唐加福,黄敏译. 北京:科学出版社,2000.

[24] 王军民,李菊芳,谭跃进. 不确定条件下卫星鲁棒性调度问题研究. 系统工程 2007,25(12):94-101.

[25] 王元,方开泰. 关于均匀分布与试验设计(数论方法). 科学通报,1981,2626:65-70.

第7章　卫星自主任务规划技术

由现代智能小卫星组成的分布式成像卫星系统是未来对地观测系统发展的主要趋势，分布式成像卫星系统具有智能性和分布性的特点，是一种"敏捷"卫星系统。分布式成像卫星系统的任务规划是在充分考虑分布式成像卫星系统特点的基础上，面向动态观测环境，将多个观测任务没有冲突地分配给分布式成像卫星系统中最合适的卫星执行，并通过自动推理得到各个卫星的具体动作方案，从而自主控制卫星完成各个观测任务。

目前，无论是在国内还是国外，对分布式成像卫星系统的任务规划问题的研究都是一个崭新的前沿课题，而且随着现代小卫星系统、分布式卫星系统的快速发展，以及对多星任务规划技术、卫星自主运行技术研究的不断深入，使得对该问题的研究无论是在理论上还是应用上都有非常重要的意义。本章提出了分布式成像卫星系统的任务规划框架，探索了分布式成像卫星系统的星群任务规划方法、卫星自主控制模型及其求解算法。

7.1　分布式卫星系统自主规划问题

7.1.1　分布式卫星系统自主规划问题定义

现代小卫星快速、灵活、高效，成本低廉，便于组网，因此成为未来卫星发展的一个主要趋势[1,2]。在小卫星技术发展的不断推动下，美国在20世纪末推出了"新盛世计划(New Millennium Program)"[3~5]，在该计划中提出"更快、更好、更省"的方针，其中很重要的一个思想就是以分布式空间系统来完成大卫星难以完成的功能或替代越来越复杂的大卫星。与传统大卫星系统不同，分布式空间系统(distributed space system)[6,7]是指一个包含两个或多个航天器及基础设施的闭环系统，该系统可实现探测数据获取、信息处理及分析、数据分发及其他特定功能。在分布式空间系统中，多个航天器在空间上分布成网，以星座(constellation)、星簇(cluster)、星队(fleet)和编队(formation)[8,9]等不同的分布系统结构形成空间虚拟平台(space virtual platform)，协同完成一项功能，在共用系统级上成为一个虚拟整体。本书研究的航天器主要是成像卫星，因此分布式空间系统主要是指分布式成像卫星系统(distributed imaging satellite system，DISS)，以下本章所称的分布式卫星系统均指分布式成像卫星系统。

由于分布式卫星系统的分布性和自主性特点，以及所处观测环境的动态特性，本书将自主规划问题定义如下：在自主性要求下，分布式卫星系统仅从地面系统那里接收用户提交的各种观测任务，根据时间窗、遥感器侧摆角度和星上电源容量等约束条件，为各观测任务安排合适的卫星、执行时间，得到各卫星的任务序列，并实现一定的优化目标。各个卫星在得到属于自己的任务计划方案后，按照卫星的系统构成、功能和约束条件，将任务序列进一步分解成详细的有效载荷控制指令序列。这个序列不仅包括星上有效载荷具体的动作指令，还指定了动作的执行时间及资源分配的情况等，可以直接由卫星执行。

从定义上可以看出，整个问题包括分布式卫星系统全局的任务规划与局部单星自主控制两个部分，只有将这两个部分集成在一个求解框架中，才能实现整个分布式卫星系统的自主运行。但就问题所涉及的理论看来，全局的星群任务规划问题与局部的单星自主控制实质上是两类专门的问题。本章所讨论的星群任务规划问题实质上属于调度问题的范畴，符合调度问题的所有特征，目的是得到合理的任务分配方案，以优化整个分布式卫星系统卫星资源的使用；而单星自主控制问题则属于人工智能的规划问题范畴，目的是使卫星成为一个智能 Agent，能够通过自身的自主行为完成被赋予的任务目标。基于此，有必要对这两个问题分开进行描述和求解。

7.1.2 星群任务规划问题及其特点

分布式卫星系统的星群任务规划问题实质上是调度(scheduling)问题，是将有限资源按时间分配给不同活动的过程。对星群任务规划问题来说，需要进行规划调度的活动主要是用户提交的各种观测任务，即遥感器的成像活动，可用的资源主要是各种星载遥感器、星载电源设备等，任务规划的目标就是选择需要观测的地面目标及确定观测开始时间。针对分布式卫星系统的多个遥感器、多个观测需求的情况下，如何生成一个满意的卫星资源调度方案，对于有效、合理、充分地发挥分布式卫星系统的能力至关重要。

考虑到分布式卫星系统的构成和应用需求，其星群任务规划问题与一般调度问题相比主要有如下两个显著的特点：

(1) 动态需求特性。分布式卫星系统任务规划问题的动态需求特性主要是由两个原因造成的，其一是因为分布式卫星系统的自主特性。如前所述，组成分布式卫星系统的现代小卫星通常都具有自主功能，属于一种新型的智能卫星，其任务规划决策完全在星上进行，由于没有星地通信延迟的限制，任务规划周期可以更短，从而使规划结果更加符合实际情况。这种自主运行方式使相应的星上任务规划系统具有一种实时规划能力，即可以随时对到来的任务进行规划，并能在动态条件下随时对已有规划方案进行动态调整。这种能力对现有的调度问题求解技术提出了新的挑战，决定了分布式卫星系统的星群任务规划必须采用一种灵活的、快速的动态调度机制。

还有一个原因就是观测环境的动态特性。成像卫星的观测活动受多种因素的影响,譬如云层对观测目标的遮蔽,卫星遥感器的失效等,这些动态情况会破坏已有方案的执行效果,从而造成资源浪费或任务失败等情况,必须对原有规划方案进行及时调整。除此之外,卫星执行活动的过程中还会发现一些新的观测机会,要求对其进行及时观测,譬如沙尘暴、火山爆发和洪水等自然灾害的持续监测等,这些新任务机会的发现也要求能对现有规划方案进行修改。

综上所述,分布式卫星系统的星群任务规划问题是一种实时的、动态的调度问题,而现有的多星调度问题都是一种静态的预先调度问题,两者有很大的不同,本章将在对此进行深入研究,提出相应的分布式的、动态的任务规划机制和方法。

(2) 约束复杂性。成像卫星不同于一般资源,其具有很多的特性,因此相应的约束也更加复杂,在星群任务规划问题的求解过程中需要对此进行专门考虑。

7.1.3 卫星自主控制问题及其特点

分布式卫星系统的卫星自主控制问题实质上是一个人工智能领域的规划(planning)问题。规划问题[10,11]是人工智能研究领域的一个重要分支,其主要思想是:Agent 通过对周围环境进行认识与分析,根据自己要实现的目标,对若干可供选择的动作进行推理,综合制定出实现目标的动作方案。规划问题研究的主要目的是建立起高效实用的规划系统。该系统的主要功能可以描述为:给定问题的状态描述、能对状态描述进行变换的动作集合、初始状态和目标状态,规划系统能够给出从初始状态变换到目标状态的一个动作序列,使 Agent 具有决策智能,其复杂性和所处的环境以及 Agent 的功能有关。

卫星自主控制问题解决的是卫星动作的规划问题,其主要目标是根据卫星的观测任务需求、星上设备的当前状态、卫星可采取的动作及其效果,在满足时间要求和资源约束(包含在动作前提中)等条件下,通过有效的推理,自主选择一系列有序的动作集合形成规划方案以完成特定的观测任务。虽然卫星自主控制问题属于人工智能规划问题范畴,但是与一般的人工智能规划问题相比,其又有一些不同,具体表现在以下几个方面:

(1) 规划的领域知识比较复杂。成像卫星由多个分系统构成,每个分系统具有一定的功能和特性,例如,分系统能够执行哪些动作、能工作在什么状态、具有哪些资源、它们的使用情况和健康状况等。要对成像卫星的动作进行规划,必须建立包含以上信息的知识库,这些知识库组成了规划问题的域模型。一般来说状态变量与动作数量的多少体现了规划问题的复杂程度,对成像卫星来说,其规划域模型的变量可能达到几十个,每个变量又有多个可能的取值,它们的组合是一个非常庞大的数字,这也使卫星的自主控制问题比一般的规划问题更加复杂。

(2) 动作之间具有很强的逻辑关系。虽然卫星的规划域模型比较复杂，但是由于卫星是一种独占性资源，因此一次只能处理一个观测任务，而且对某一个特定的观测任务来说，卫星要执行的动作之间往往具有很强的逻辑关联性，这是由卫星的操作规则所决定的。在规划求解的时候，这种逻辑性可以用来指导搜索的方向，大大节省整个规划问题的求解时间。

(3) 考虑资源约束及数量约束。与传统人工智能规划领域不同的是，在卫星智能规划问题中，星上电源等资源并不是无限的，其总量有一定的限制，动作执行要消耗特定数量的资源，譬如侧摆动作消耗的能量与侧摆调整角度成正比，如果当前资源容量不足的话，动作就无法执行。这种资源约束和数量约束在传统的人工智能规划问题(像 STRIPS、基于目标的规划等)中通常是不考虑的[12]。然而，在卫星的动作规划过程中，如果不同时考虑动作的资源要求，就很有可能得到实际上不可行的规划方案，导致重新进行完整的规划，大大降低系统的性能。资源约束条件下的规划也是近年来人工智能领域研究的新热点，体现了传统人工智能技术在现实系统中的实用研究。

(4) 活动具有持续时间。传统规划方法总是假设所有动作是瞬时完成的，并且对规划目标也没有时间要求，而卫星的任务总是带有具体的时间要求，并且不同动作的准备与执行过程也需要一个持续的时间段，因此规划系统在进行推理时必须考虑这些复杂的时间约束。

7.2　分布式卫星系统任务规划框架

从多主体系统(multi-agent system，MAS)的特点来看，采用 MAS 方法研究分布式卫星系统的任务规划问题是一个合适的选择。多主体系统是表示分布式智能系统的一个好方法，而分布式卫星系统的分布性和自主性特点使其可很自然地用多主体系统进行表示，即先用 Agent 映射自主小卫星，进而将整个分布式卫星系统建成一个多主体系统。分布式卫星系统的应用问题特征也与多主体系统的应用优点一致，如分布式卫星系统在执行观测任务时的可靠性、实时性和动态性等特征正是多主体系统所具有的优点。本章采用基于多主体方法研究分布式卫星系统及其任务规划问题。

7.2.1　分布式卫星系统 MAS 模型

要建立分布式卫星系统的 MAS 模型，首先必须决定将 Agent 映射成什么对象。Agent 映射对象的不同，会直接影响到基于 MAS 的任务规划的技术路线。考虑到观测任务对卫星的独占性及卫星位置的分布性特点，有必要将卫星及其内部组件看做一个有机的整体进行建模。本章首先根据智能程度的不同对卫星

Agent进行了分类，并在此基础上讨论了不同MAS结构的特点，最终确定了本章采用的分布式卫星系统MAS结构。

1. 卫星Agent分类

从自主运行的角度出发，卫星可以按照其智能水平的高低表示成不同层次的Agent。本书采用文献[13]中的划分方法，将卫星Agent分为四个层次：I_1，I_2，I_3，I_4，如图7.1所示，其中I_1表示Agent具有最高水平的智能，I_4表示Agent的智能水平最低，下面进行详细讨论。

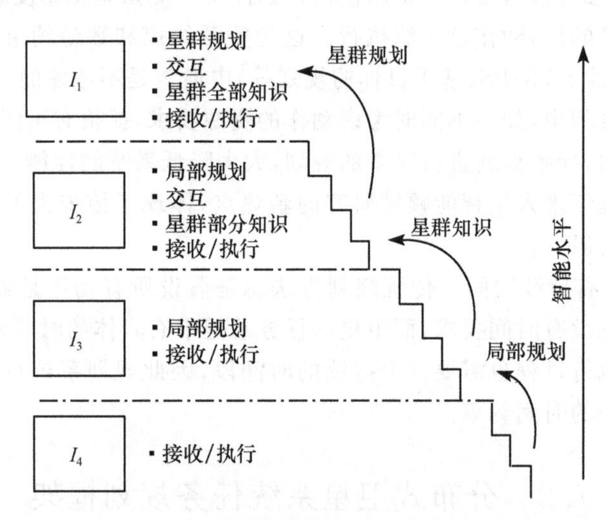

图7.1　不同智能水平的卫星Agent

I_4表示没有任何智能的卫星Agent，它只能接收来自其他卫星Agent或地面站的命令和任务并且执行，譬如接收一个命令序列，将卫星侧摆15°。这种Agent表示的卫星与目前运行的大多数卫星类似，卫星的一切活动都由地面支持系统通过指令集进行控制，卫星仅仅是一个执行器。

I_3具有星上局部规划功能，即卫星Agent能够生成并执行与它自身任务相关的规划，如卫星接收到针对某个目标的成像任务后，由星上规划系统通过推理得到完成任务的动作序列，并指导卫星执行，这种规划仅涉及卫星本身，不涉及整个星群。这种Agent表示的卫星类似于DS1[14]。

I_2添加了与其他卫星Agent相互作用的能力，这往往需要Agent至少具有关于整个多Agent系统的部分知识，也就是说具有其他卫星Agent的知识。因此，其必须连续地保持和更新(接收)整个星群的内在表示。如某个Agent与其他Agent通过协调/协商，以解决需求冲突或者使性能得到提升。

I_1表示智能水平最高的卫星，I_1与其他卫星Agent的区别在于I_1能监控星群中的所有卫星，且将整个星群作为一个整体进行规划。这种能力要求其具有星群中所有卫星的全部知识。如卫星作为整个星群的管理者，可执行对整个星群的全局任务规划功能，即对整个星群的能力进行计算，将地面站上传的任务分发给合适的卫星执行。

2. 通用的多卫星 MAS 结构

分布式卫星系统要求其 MAS 结构必须具有一些必要能力，如星上自动规划能力、自主控制执行能力等。除此之外，其结构还必须能够预防系统出错、避免瓶颈问题出现以及允许动态重构，在时间、资源、信息交换和处理方面具有较高的效率，并且在智能水平、能力和资源上是分布的。在不同智能水平的卫星 Agent 基础上，文献[13]中定义了几种通用的结构，主要有：自顶向下结构、集中式结构、分布式结构和完全分布式结构。

图 7.2 给出了以上四种多 Agent 结构的示意图。如图所示，卫星 Agent I_1～I_4 的不同数量和组合形成了不同的多 Agent 结构。自顶向下结构仅有一个 I_1，其他的 Agent 均为 I_4。集中式结构要求有局部规划能力和与其他 Agent 交互作用的能力，因此其需要有 I_2 或 I_3。分布式结构由几个并行的分层决策体系组成，每个分层决策体系均由一个 I_1 进行控制，I_1 除了可与低层次的 I_2 或 I_3 进行交互作用之外，还可与其他不同的 I_1 进行交互。而在完全分布式结构中，每个卫星都是一个 I_1，形成一个完全“扁平化”的结构。

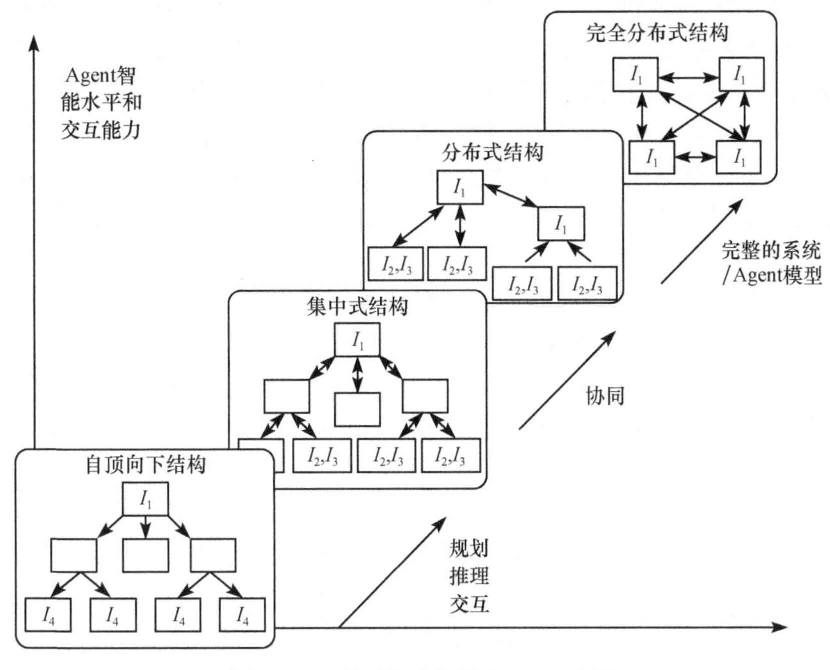

图 7.2　卫星系统的各种多 Agent 结构

(1) 自顶向下结构。自顶向下结构类似于一个主从(master-slave)结构,其中Agent以一种层次化的方式进行协调,位于最高层的 I_1 承担了全部智能决策义务,其他Agent均为处于低层的 I_4,仅用于执行控制命令。这是一种非常刚性的结构,只有一个集中智能Agent,同时它也是一种最直接的方式,不同 I_4 之间不需要进行通信。假设分布式卫星系统由8颗自主小卫星组成,按照自顶向下结构,其中某颗卫星被选中作为 I_1,I_1 的任务包括高层决策,星群的规划与调度。其他7颗卫星作为从属卫星,用无智能的 I_4 表示,仅仅接收和执行 I_1 的命令。每个 I_4 都要按照给定的采样频率传送各自的状态向量 x_n 和健康向量 h_n 给 I_1,主卫星 I_1 则在此基础上评估、规划、调度整个星群的任务,并将具体的控制结果 y_n 返回给各个 I_4。

(2) 集中式结构。随着星上规划与推理技术的发展,一种新的集中式结构形式被提了出来。集中式结构仍采用集中的层次结构,但底层的Agent开始逐渐具有智能,且可与高层Agent交互以改进整个系统的智能水平。与自顶向下结构相比,集中式结构中底层Agent为 I_2,底层Agent增加的智能使其能够执行低层次的决策及基本活动的规划,同时能够与其他Agent进行交互作用。I_1 仍然执行高层次的规划以及整个星群的决策制定,然后发送具体的任务给 I_2。

(3) 分布式结构。分布式结构对智能Agent组织来说是一种更加理想的结构,其具有分布的层次结构,可看做是几个集中式结构的联合。采用这种结构可充分利用它们的适应性、分布性和自主性能力。分布式结构可充分采用分布式协调算法(如合同网协议或协商技术)进行任务分配和系统重构,采用这些算法可提高系统的性能和鲁棒性,消除通信瓶颈问题及进行分布式计算。缺点是总计算量增加,对星上计算设备要求较高。合同网协议是采用分布式结构的一个极好的例子。如果一个Agent想实现一个目标,它会谋求其他Agent的协助。Agent与其他可用的Agent签订合同,形成一个小组以满足单个Agent的目标。这种方法需要大量的通信成本,但同时也允许高层目标的规划、获取目标的敏捷性以及多Agent系统内很自然的负载均衡。

(4) 完全分布式结构。可以设想系统中的所有Agent都具有完全的群体智能,并且所有Agent都是一样的。在这样一种完全分布式结构中不存在层次,这种结构是扁平的、完全分布的。这种结构中Agent之间通信开销是巨大的,优点是系统具有高度的适应性和可靠性,任何一个Agent都可做出全局决策。这种结构非常复杂,需要成熟的星际通信链路技术支持。除了智能水平外,对分布式卫星系统的多Agent结构来说,还需要考虑的一个重要问题是系统冗余。与其他应用领域不同,卫星系统因为远离地面所以需要很高的可靠性,大多数分布式卫星系统都是冗余的。随着基于Agent的系统复杂性的增加,多Agent结构也必须是冗余的。因此,在以上多Agent系统结构中,I_1 常常被用来增加整个系统的可靠性,系统的主要功能则分布在 I_2～I_4 中。

3. 分布式卫星系统的高可靠性 MAS 结构

分布式卫星系统中的卫星都是自主运行的小卫星，也就是说其 Agent 模型都是至少具有 I_3 水平的智能卫星。自顶向下的结构中只有一个卫星具有完全智能，其他卫星则没有智能，这不符合本章的假设，而且自顶向下结构的计算能力都集中在 I_1 上，当问题规模较大、计算量增大的情况下，很容易产生瓶颈问题。从可靠性角度考虑，如果 I_1 出现故障，系统将无法运行，这对于航天系统来说尤其不合适。采用完全分布式结构，即系统中每个卫星都是具有完全智能的 I_1，所有的 Agent 相互共享信息和知识，每个 Agent 都具有全局协商通信能力。这种结构中由于 I_1 的增多，系统冗余大大增加，可靠性也随之提高。但是当系统规模很大，Agent 数量很多时，系统的通信量将会非常大，不同 Agent 之间的协调将变得非常复杂，增大了开发的难度。同时这种结构的局部自治性很好，但是不易达到全局优化目标。集中式结构层次清楚，包含 I_1 和 I_2 两种卫星 Agent，其中 I_1 负责系统全局的任务规划与决策，并且可通过与 I_2 的相互作用共同决策，使系统的计算能力得到分布，克服了自顶向下结构的计算瓶颈问题，同时也保持了全局最优性。但由于只有一个 I_1，该结构的可靠性不高。分布式结构可以看做是若干集中式结构组合而成，其中各个 I_1 之间采用分布式协调算法协调各自的任务，然后再由 I_1 执行集中式的全局规划与决策，控制属于自己的卫星系统。这种方式类似于联邦式结构，其冗余较多，可靠性高，但是没有全局的管理者，无法保证全局最优。

基于以上分析，本章在完全分布式结构的基础上，加入集中式结构的优点，建立了一种高可靠性的分布式卫星系统的多 Agent 结构(图 7.3)。

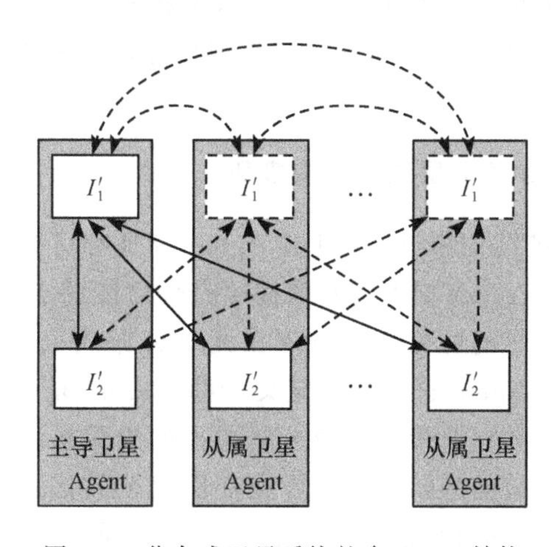

图 7.3　分布式卫星系统的多 Agent 结构

在上述结构中，所有卫星都是一个具有 I_1 智能水平的卫星 Agent，卫星具有从接收/执行到星群规划的所有功能，但与完全分布式结构不同的是，本书对 I_1 进行了重新定义，将 I_1 看做一个复合 Agent，将其星群规划能力剥离出来形成一个新的全局规划 Agent，称为 I'_1。I'_1 从 I_1 中剥离出来以后，I_1 剩下的功能就形成了一个具有 I_2 智能水平的 Agent，为了和原来的卫星 AgentI_2 区别开来，本书将之称之为 I'_2。经过我们的重新定义，原有的卫星 AgentI_1 可用公式简单表示为

$$I_1 = I'_1 + I'_2$$

需要注意的是，AgentI'_1 和 I'_2 已经不能用来表示一个卫星了，仅仅表示卫星的部分功能集成。经过功能分解，每个卫星都成了复合 Agent，即每个卫星都同时包含一个 I'_1Agent 和一个 I'_2Agent。在本书构建的结构中，任意时刻整个分布式卫星系统只能有一个 I'_1 发挥作用，发挥作用的 I'_1 所属的卫星称为主导卫星，其他卫星称为从属卫星，从属卫星的 I'_1 不发挥作用。主导卫星的 I'_1 通过与星群内所有卫星（包括主导卫星在内）的 I'_2 相互作用完成整个分布式卫星系统的全局规划与决策（如图中实线所示）。从属卫星上不发挥作用的 I'_1（如图中虚线所示）作为主导卫星上 I'_1 的备份，仅在主导卫星失效的情况下启用。为了不占用通信带宽，I'_1 的备份可采用移动 Agent 技术，即 I'_1 本身被定义为一个移动 Agent，可在需要的时候迁移到其他卫星平台上，使卫星角色发生变换。在这种结构中，任何时刻都只有一个主导卫星负责星群规划与决策，可保证全局最优性，且 I'_1 的可迁移性也增加了系统的冗余，提高了可靠性。将分布式协调算法引入这种复合结构中，通过 I'_1 和 I'_2 的协商完成星群规划与决策，可提高系统的适应性，同时也使系统计算量得到分布，避免出现计算瓶颈问题。

本节在分析卫星智能水平的基础上，从比较直观的视角讨论并给出了分布式卫星系统的多 Agent 结构。在此基础上，本章将进一步给出单个智能卫星的 Agent 结构，明确基于 MAS 的分布式卫星系统任务规划框架，下面几节将对此展开详细论述。

7.2.2　成像卫星 Agent 的分层混合结构模型

在分布式卫星系统结构中，所有卫星 Agent 都具有可替代性，即所有卫星的 Agent 模型都必须按照完全智能的 I_1 进行设计，以保证系统的可靠性。本章在此对分布式卫星系统中的成像卫星 Agent 进行如下定义：卫星 Agent 是一个充分自主的、具有独立决策和行为控制能力的集成系统，能够基于对所处环境的感知和与外界交互所获取的信息，主动规划和控制自身的行为，并与其他 Agent 协同共同实现给定的目标。基于本章提出的卫星 Agent 定义，参考现有的几种通用 Agent 结构，本书提出了如图 7.4 所示的卫星 Agent 多层

全局控制层
通信与协作层
局部规划层
监控层
执行层

图 7.4　智能卫星 Agent 的多层混合结构

混合结构。

(1) 全局控制层。作为具有完全智能的卫星,其应该具有对整个分布式卫星系统的管理能力和控制能力。卫星 Agent 拥有整个星群的知识,代表整个星群接收地面系统赋予的任务,能根据星群内不同卫星的状态、资源及能力,发起并管理整个星群的任务规划以及执行过程,完成任务目标。需要注意的是,根据本章提出的多 Agent 结构,并不是每个卫星 Agent 的全局控制层都会起作用,只有当卫星被选中作为主导卫星的时候,全局控制层才会被唤醒。

(2) 通信与协作层。通信与协作层是卫星 Agent 与外界环境以及其他卫星 Agent 进行交互作用的基础,只有通过相应的通信协议和语言,卫星 Agent 之间才能够采用分布式协调算法进行星群任务规划。

(3) 局部规划层。局部规划层对接收到的观测任务进行可行性分析,制定并动态更新待执行的观测任务清单,负责自身观测任务队列的协调工作,以实现观测任务的优化安排。局部规划层还要根据星载资源的能力、状态、性能以及当前任务计划,规划生成完成观测任务的卫星动作序列,并安排相应的内部资源,确定执行时间。

(4) 监控层。卫星设备的静态属性(如遥感器类型、存储器最大容量等)在执行任务的过程中是不变的,而动态属性(如遥感器的操作状态、存储器当前容量等)则是随着观测任务的执行而不断变化的。监控层根据局部规划层下达的执行动作方案,监督动作的执行情况,并将卫星的动态属性变化向局部规划层反馈。

(5) 反应层。根据局部规划层得到的卫星动作规划方案,向各个星载设备传递单个可运行的动作命令;除此之外,还能根据某些动态状况的监测,实时对变化做出反应。

这种智能 Agent 分层混合结构集成了思考型 Agent 结构和反应型 Agent 结构的特点,充分考虑了分布式卫星系统任务规划的全过程,可用来表示和模拟单个卫星对象实体。在对本章提出的两个子问题进行求解的过程中,对卫星 Agent 各个层次的侧重点各不相同。在星群任务规划问题中,目标是得到任务的分配方案,因此考虑的层次主要包括全局控制层、通信与协作层以及局部规划层。而在单个卫星的自主控制问题中,目标是得到任务的活动执行方案,涉及的领域深入到了卫星内部,不考虑全局协调,因此考虑的层次主要包括局部规划层、监控层以及反应层。能适应不同层次的决策问题,这也体现了混合结构的优点。

7.2.3 基于 MAS 的任务规划框架

由自主成像小卫星组成的分布式卫星系统在运行过程中,要求系统能够独立自主地做出决策,包括整个系统的全局决策和各个卫星的局部决策,而任务规划正是其中的关键技术。在分布式卫星系统的 MAS 模型基础上,可将分布式卫星系统的任务规划问题看做是基于 MAS 的分布式问题求解,本节对此进行了深入研究。

1. 基于 MAS 的任务规划机制

在分布式卫星系统及多 Agent 理论研究的基础上，为有效解决分布式卫星系统的任务规划问题，本章提出了基于 MAS 的分布式卫星系统任务规划机制，即基于分布式卫星系统的多 Agent 模型，针对地面系统赋予整个星群的观测任务，通过主导卫星 Agent 与从属卫星 Agent 之间的协商与协作进行星群的任务规划，动态地达成满足约束条件和优化指标的任务分配方案；每个成像卫星 Agent 作为一个智能个体，针对自身所承担的观测任务，从 Agent 的当前状态出发，对自己要采取的动作进行规划，最终找到一个可以完成观测任务的动作序列。在任务分配方案的指导下，各个卫星 Agent 均衡地、独立地规划和执行自身的动作，以较高的效率共同完成整体任务。

在上述任务规划机制中，多个卫星 Agent 通过领域知识的分散存在和松散结合，形成分布式的问题求解环境。其中，各个卫星通过 Agent 化，成为各种具有不同资源和观测能力的自主卫星 Agent，由于其所具有的资源和能力不同，所以在不同情况下所起的作用也是不同的。它们需要根据实际观测环境的不同，形成具有相互依赖关系的分散的虚拟观测平台，通过分布式协作，实现整个分布式卫星系统的运行效率和效益，从而提高整个卫星系统的柔性，适应观测环境和用户需求的迅速变化。

另一方面，MAS 将复杂的分布式卫星系统划分为小的、彼此能相互通信以及协作的、易于管理的 Agent，将任务规划问题转化为多个 Agent 之间的竞争、协商与协同求解问题。通过竞争保证各个卫星的优化配置和合理使用；通过协商使系统达到某种程度上的全局优化；各个卫星 Agent 在实现各自承担的观测任务的过程中，因为某些动态因素的出现，会导致待执行的观测任务之间存在时间、资源等方面的约束和冲突，这种情况下，卫星 Agent 可通过自身的调度机制使冲突得到解决，进而使各自的观测活动进一步得到优化。

由于空间观测环境、观测任务等全局信息的动态性及瞬时多变性，意味着长期的任务规划与调度以及对系统运行进行预先的全面仿真分析已基本上不可行，这就要求任务规划系统能够满足分布式卫星系统这种动态性、柔性、敏捷性的要求，而基于 MAS 的任务规划采用分布式问题求解方式，在响应速度、可靠性、鲁棒性、扩展性等方面都具有优势。

2. 基于 MAS 的任务规划特性

根据分布式卫星系统的运行特点及对其任务规划问题的定义和讨论，为了适应动态观测环境的要求，基于 MAS 的分布式卫星系统任务规划应该具有如下一些特性：

(1) 自主管理功能。通过任务规划应该使分布式卫星系统在尽量少的地面支持下,自主完成各种观测任务。这就要求任务规划的自动化实现,即整个分布式卫星系统作为一个智能 Agent,仅需要从地面系统获取任务目标即可,而完成任务所需的任务分配、资源调度、有效载荷控制执行等工作均由任务规划系统在星上自动完成。自主管理功能是分布式卫星系统任务规划系统最显著的特点。

(2) 协同决策机制。分布式卫星系统被赋予的观测任务因目标位置和要求不同而多种多样,同时各个卫星在执行任务的过程中所具有的资源容量和能力大小也是随着时间变化的,为了在适当时间完成观测任务,位置分布的各个卫星 Agent 需要协调各自的活动,使分布式卫星系统的整体性能得到优化。协同决策机制体现了一种整体和局部利益的协调和平衡,是分布式卫星系统决策系统的核心。

(3) 处理效率高。各个卫星 Agent 针对自身的任务,能够依照自己的控制策略,独立地做出决策,以更好地完成各自的任务。而且各个卫星的控制与执行采用并行操作方式,因此处理效率高。

(4) 标准化的信息结构。多 Agent 系统具有统一的通信语言和消息传送机制,采用标准化、模块化方式,将各个卫星 Agent 连接在一起,实现信息和数据的共享与交换。

(5) 分布式卫星系统重构方便、易扩展。基于 MAS 的分布式卫星系统在统一的交互协议与通信协议的支持下,可以方便地进行功能重构,并能够很容易地集成其他各种卫星资源;新的卫星 Agent 只需配置相应的知识库与数据库,采用相同的通信协议和控制机制,即能方便地加入分布式卫星系统中。

(6) 对求解问题的规模不敏感。由于采用分布式问题求解方式处理任务规划问题,因此对求解问题的规模不敏感。通过分布式任务规划方式,各个卫星 Agent 都可参与任务的分配,规模越大,意味着参与求解的计算单元越多,可以大大降低问题求解的难度。而且卫星自主控制问题也交给各个卫星 Agent 独立求解,与整个分布式系统的规模没有关系。

(7) 能够有效处理各种动态观测事件,可靠性高。当某个卫星发生故障或者有新的紧急任务需要观测的情况下,任务可以转交给其他卫星 Agent 完成,系统结构不需要进行应急调整,任务的重新分配也不会影响其他卫星 Agent 已有的调度方案。而且从分布式卫星系统结构上来看,卫星 Agent 之间可相互替换,某卫星 Agent 的局部突发事件,对整个分布式卫星系统影响不大。

3. 基于 MAS 的任务规划层次结构

根据基于 MAS 的分布式卫星系统任务规划机制,本书将整个分布式卫星系统的任务规划分为任务计划、任务分配、自主规划以及资源管理 4 个层次,如图 7.5 所示。本书提出的任务规划 4 层结构的特点如下:

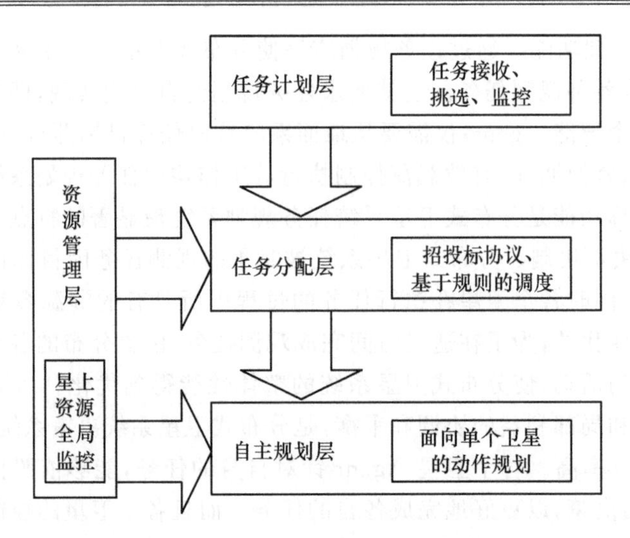

图 7.5　基于 MAS 的任务规划层次结构

(1) 以任务分配层为中心,建立各层之间的协调工作及协同决策机制。

(2) 引入协商式招/投标方法,完成分布式协同求解过程,实现任务的优化分配。

(3) 采用基于规则的实时、动态调度方法实现任务分配与任务调度的有效集成。

(4) 实时产生任务的动态任务计划机制,能有效应对各种动态观测事件。

(5) 支持任务的动态重分配,以适应卫星系统状态变化的需要。

1) 任务计划层

主要任务是进行任务分析,根据观测任务的要求以及卫星系统的能力,对任务进行初步筛选,确定系统将要执行的观测任务。这些任务的目标优先级和执行时间各不相同,需要按照一定的组合策略对任务进行排序,确定任务的规划顺序,任务计划层的输出为任务分配层准备待分配的任务集。其主要优化目标是在保证执行时间的情况下,使规划任务的优先级之和最大。任务计划层也需要对各种类型的任务进行监控协调,如果某个卫星的任务执行情况与调度方案有出入,那么没有完成的任务就会被收回,再根据其目标优先级以及执行时间进行规划顺序调整,以重新对其进行分配。根据以上分析,本层次的功能需求为:

(1) 确定分布式卫星系统要规划的观测任务。

(2) 对整个系统任务进行监控协调。

2) 任务分配层

基于 MAS 的任务分配是基于多 Agent 间的合作,构成一种基于网络通信的交互调度方式。合同网技术是一种多 Agent 之间的任务分配技术,Agent 间通过协商谈判完成任务对卫星的分配过程，同时满足既定的优化目标。分布式卫星系统处于一个动态变化的观测环境中，相应地要求MAS模型也要适应这种动态环境。由于合同网技术方法简单、目标明确，可很好地利用系统的柔性和自适应性，满足任务和环境动态变化的要求，因此本章采用基于合同网协议的任务分配方法。采用合同网协议，通过任务Agent(即主导卫星上的I_1')公布任务情况，以招/投标机制进行自适应决策，通过卫星Agent(即I_2')相互竞争来解决动态的、分布的任务分配问题。各卫星Agent根据自身的能力和资源消耗量决定投标与否，并给出相应的投标方案指标值，系统利用指标值作为Agent之间任务协调和分配的控制变量。任务Agent根据投标情况将任务赋给最佳的卫星Agent，并监督任务的完成情况。根据上述分析，本层次的功能需求为：

(1) 通过Agent相互协商和任务竞争进行动态的任务分配。

(2) 建立卫星Agent的投标策略和方法。

(3) 建立任务Agent的评标策略和优化目标。

3) 自主规划层

主要解决面向观测任务的卫星动作生成，不需要与其他Agent协调，负责可直接执行的详细命令的生成。这一层次上的规划要与卫星的执行相互作用，因此规划与执行要交替进行。任务分配层生成各卫星Agent的合同任务集合，这些合同任务仅包含观测目标和执行时间要求，仍然是一种抽象任务，不能由卫星直接执行。卫星可直接执行的是星上载荷的一些原子级的活动，我们称之为原子动作，合同任务包含的抽象任务必须经过进一步的细化，将其扩展成带有时间标签的原子动作序列，才能得到执行。我们称这种细化过程为自主规划过程，其实质上是对整个卫星载荷的自主控制。通过上述分析，本层次的功能需求为：

(1) 建立卫星的自主规划模型。

(2) 开发高效的规划求解算法。

4) 资源管理层

负责对各种卫星资源进行统一管理，均衡有效地利用卫星资源。资源是任务规划必须考虑的重要条件，分布式卫星系统中的资源多种多样，如遥感器、电源、星上存储器等，有必要在一个专门层次内对这些资源进行全局监控。每个卫星都应建立自己的数据库，反映卫星资源的使用状态，在资源的统一管理下，各个卫星根据自身资源情况，选择合适的观测任务，当突发事件发生时，如设备出现故障，可以通过星际链路向其他卫星发布资源请求，重新为任务安排资源。根据以上分析，本层次的功能需求为：

(1) 对卫星资源设备进行Agent化。

(2) 建立分布式的卫星资源数据库，反映资源的使用状态。

(3) 资源Agent的管理和维护。

在如图 7.5 所示的任务规划层次结构中，任务计划层和任务分配层对应分布式卫星系统的星群规划问题，主要解决整个星群面向大量观测任务的优化调度，7.3 节对这一问题进行了详细研究。星群调度结果为各个卫星安排了待执行的观测任务集，这些任务仅是给定了一些基本属性的抽象任务，无法交由卫星直接执行。自主规划层对应分布式卫星系统中各个卫星的自主控制问题，主要解决单个卫星面向抽象观测任务的动作规划，7.4 节对这一问题进行了详细研究。动作规划的结果生成一个卫星可以直接执行的动作序列，从而可以直接控制卫星完成观测任务。

7.3 基于多 Agent 协商的星群任务规划

7.3.1 基于 MAS 的星群任务规划问题形式化描述

本章考虑的星群任务规划问题是在一个动态观测环境下，在一组智能卫星 Agent 之间的任务规划。在本章所采用的多 Agent 结构中，任何时候都只有一个起作用的主导卫星 Agent，作为星群任务规划活动的组织者和控制者，拥有全局共享的任务目标，与其他从属卫星 Agent 通过协商完成星群任务的分配。在多 Agent 环境中，星群任务规划的过程可表述为一个五元组

$$< T_P, S, C, H, G > \tag{7.1}$$

(1) T_P 是分布式卫星系统要规划的观测任务集，$T_P=\{t_1, t_2, \cdots, t_{(N_T)}\}$，其中任何一个任务 t_i 都可以描述成一个四元组

$$< \mathrm{PS}_i, b_i, \mathrm{dt}_i, \mathrm{LP}_i > \tag{7.2}$$

其中，PS_i 表示任务 i 所要求的卫星侧摆角度；b_i 表示任务 i 的最晚开始时间；dt_i 表示任务 i 要求的持续观测时间；LP_i 表示任务 i 的优先级。

(2) S 是卫星 Agent 的集合，$S=\{s_1, s_2, \cdots, s_{(N_S)}\}$。每个卫星 Agent s_i 都可描述成一个三元组

$$< \mathrm{VW}_{ij}, \mathrm{POW}_i(t), T_i > \tag{7.3}$$

其中，$\mathrm{VW}_{ij}=\{\mathrm{vw}_{ij}^1, \mathrm{vw}_{ij}^2, \cdots, \mathrm{vw}_{ij}^{N_{ij}}\}$ 表示卫星 Agent s_i 对任务 t_j 的时间窗集合，vw_{ij}^k 表示卫星 Agent s_i 对任务 t_j 的第 k 个时间窗，任何一个时间窗 vw_{ij}^k 都可表示为一个五元组 $< s_i, t_j, \mathrm{ST}_{ij}^k, \mathrm{ET}_{ij}^k, \mathrm{SA}_{ij}^k >$，$\mathrm{ST}_{ij}^k$ 和 ET_{ij}^k 分别表示时间窗 vw_{ij}^k 的开始时间和结束时间，SA_{ij}^k 表示在时间窗 vw_{ij}^k 内卫星 s_i 对任务 t_j 进行观测时的侧摆角度；$\mathrm{POW}_i(t)$ 表示卫星 s_i 在 t 时刻所拥有的可用电源数量，电源最大容量限制为 $\mathrm{POW}_{\max}$；$T_i=\{t_1^i, t_2^i, \cdots, t_l^i\}$ 表示卫星 Agent s_i 在当前所拥有的必须完成的观测任务集。

(3) C_i 表示 卫星 Agent 为完成任务集合 T_i 所付出的成本

$$C_i = \sum_{j=1}^{l} c_{ij} \tag{7.4}$$

其中,c_{ij} 表示卫星 Agent s_i 完成任务 t_j 所消耗的推进剂数量。

(4) H 表示任务规划的时间长度,只有在规定的时间长度内执行的任务才会被规划。一般来说,某一个规划时长内,任务总是不能全部完成的,必须按照一定的目标对任务进行优化选择。

(5) G 表示任务分配所要达到的优化目标。从完成任务的成本出发,总是希望完成任务所消耗的资源越少越好,如式(7.5)所示;从分布式卫星系统完成任务的可靠性出发,又希望任务分布越均衡越好,如式(7.6)所示

$$G_C = \min C_j \tag{7.5}$$

$$G_T = \min\{\max\{l_j\} - \min\{l_j\}\} \tag{7.6}$$

本章研究的分布式卫星系统结构中,存在全局控制 Agent I_1',因此以上目标均为全局目标,本章所要解决的任务规划问题也就成了一个多目标优化问题。

7.3.2 协商协议

协商机制是多 Agent 系统解决问题的一个重要手段,协商机制将 Agent 分为任务的管理者和潜在执行者,任务的管理者负责任务的分配、任务执行的监控以及执行结果的处理,潜在的执行者负责对任务进行评估,并通过与任务管理者之间的协商确认任务的执行时间,并将执行结果传送给管理者。通过设计专门的协商协议和算法,可有效地管理整个 MAS 系统,实现系统的整体优化。协商过程也是一个动态解决问题的过程,Agent 之间通过交换实时信息,可及时感知 MAS 系统的动态变化,并针对动态信息启动新一轮的协商过程。这种实时控制方式使 MAS 系统对动态环境更加具有适应性。

1. 合同网协议

合同网是一种协商方法(接点间建立联系的方法)[15],最早用于分布式传感器系统中,完成在严格分布式系统中传递控制的作用。目前,合同网协议已经成为分布式人工智能中任务分配的一个重要协议[16,17]。它的重要性在于任务管理者和潜在执行者通过计算的协商过程来进行相互选择,即按照市场中的招标-投标-中标机制实现任务在多个投标者中的分配,是一种动态的、分布式的方法。

合同网由若干个结点组成,每个结点代表一个 Agent,这些结点可分为三类:

(1) 招标方,负责把目前应该完成的任务分配给其他结点。

(2) 投标者,具有完成一定任务的能力。

(3) 合同者,中了标的投标者,拥有必须完成的任务。

合同网中的问题求解过程如图 7.6 所示,可描述如下:

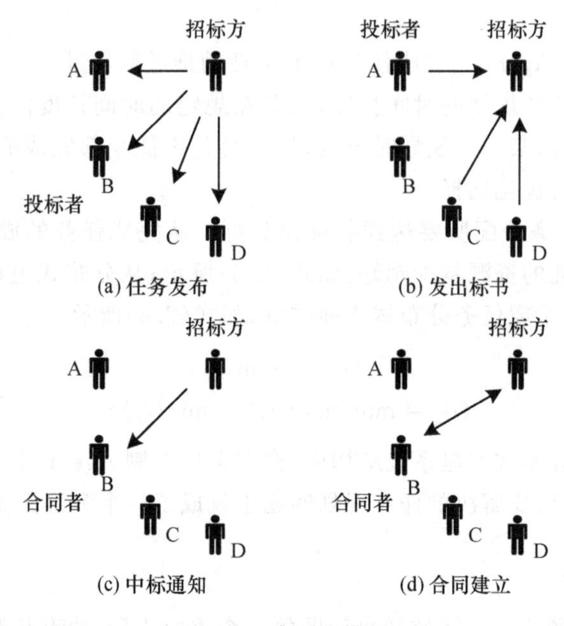

图 7.6 合同网模型

(1) 任务发布。当一个待分配的任务集到达管理者后,管理者将这些任务的详细情况、与完成任务相关的条件和要求以及接收投标的截止日期等信息向潜在的投标者广播。

(2) 投标。潜在的投标者接收到相关的任务信息后,根据自身的状态和相关的知识信息对收到的信息进行评估,如果评估证明潜在的投标者可以完成任务且满足任务要求,则发出投标信息,否则就拒绝投标。对一个任务来说,可以有若干个投标者。

(3) 发标。当接收投标的截止日期一到,管理者根据投标者的投标情况,挑选出满足需要的最好的投标者,并向其发出中标通知,建立相应的任务合同,对其他的投标者则发出拒绝信息。

(4) 任务的执行。中标的投标者成为合同者,待任务执行完成后,将最终结果反馈给任务的管理者,并发出合同完成的通知,宣告结束。

在合同网模型中,每个 Agent 具有某一特定领域的知识,静态知识在系统初始时加载,动态知识的分配有以下三种方式:

(1) Agent 可直接要求传送所需要的知识。

(2) Agent 可广播告示,告示上的任务就是要求传送的所需知识。

(3) Agent 可在其投标中附加一个任务，该附加任务是申请特定的知识以执行目前的任务。

知识的动态分配可保证系统计算资源的有效使用，并使得 Agent 参与计算时能够非常方便地获得所需的附加过程和数据。消息是合同网中 Agent 之间进行通信的核心，它表示 Agent 相互之间联络的各种信息，用于刻画任务告示、投标情况、报酬和终止条件等。消息采用广泛接受的标准的 Agent 通信语言——ACL (Agent communication language)[18]，能保证 Agent 之间点到点的通信要求。

2. 基于约束的诚实合同网协议

传统合同网在进行交互协商时没有对承诺进行约束，使交互过程存在反复协商的过程，造成信息的大量冗余和资源浪费。出现这种情况的原因是传统合同网模型假设 Agent 都是自利的，出于获得自身最大好处的目的，Agent 在投标过程中总是有步骤地释放自己的信息和报价，与招标方进行讨价还价，通过多个回合的谈判最终达成双方都满意的合同。而在分布式卫星系统的多 Agent 环境中，所有的 Agent 都是具有诚实性和慷慨性的无私 Agent，卫星 Agent 不能从完成任务中得到奖赏。这种情况下，卫星 Agent 可在尽量少的谈判回合中透露尽可能多的信息，以使招标方可快速准确地做出决策，而且这种方式也使谈判所需要的通信量大大减少，有效降低了星际链路的负荷。

基于此，本节对合同网进行改进，提出了一种基于约束的诚实合同网协议，用于分布式卫星系统任务分配问题的求解。该协议通过在招标过程中附加约束以及投标方的诚实投标，使卫星 Agent 间的谈判次数最少。改进后的协议如下：

(1) 任务发布。任务管理者在接受任务集合后，首先按照一定策略选择要进行招标的任务。任务挑选策略可根据不同情况选用不同策略，如 FIFO、最高优先级优先、最小剩余规划时间优先等。招标任务 t_i 挑选出来以后，首先根据任务管理者掌握的有关卫星的静态信息(如图片类型、分辨率等)，对完成任务 t_i 的潜在卫星 Agent 进行筛选，然后采用广播方式将任务发布给相关的卫星 Agent(采用广播方式可节省通信时间及通信成本)，并将投标的截止日期及完成任务的各种约束信息传递给相关卫星 Agent。任务的发布可以用一个三元组描述：

$$< \mathrm{AID}, t_i, \mathrm{DL} >$$

其中，AID 是招标方 Agent 的标志符；t_i 是招标任务，包含了有关任务需求及完成任务的约束条件集合；DL 是投标截止日期。

(2) 任务投标。相关卫星 Agent 接受信息以后，根据自己的情况以及任务的约束条件做出相关的投标决策，主要有三种：拒绝、不理解以及投标。如果决定投标，那么投标信息必须是诚实的，可用一个三元组描述：

$$< \mathrm{bidder}_j, t_i^j, C_{t_i} >$$

其中，$bidder_j$ 为投标卫星的标志符；t_i^j 为投标卫星对任务 t_i 的调度方案，卫星 AgentC_{t_i} 为投标者完成任务所付出的成本。

投标者针对某个任务的投标判断是一个动态调度的过程。投标者本身维护着一个已经签订合同的合同任务集，当有新的招标任务到来时，投标者必须在不引起冲突的情况下，将新任务插入到合适的时间区间中。这个动态调度过程是一个复杂的约束求解过程，一方面要保证调度方案中各种约束的一致性，另一方面还要满足一定的调度优化目标，这样得到的调度结果保证了投标者投标的诚实性。

(3) 中标评价。任务管理者接收到预定的全部投标结果或者投标截止期到期之后，根据预定的评标策略对投标方案进行评估。评标策略的制定与全局优化目标相关，可根据不同优化目标制定不同评标策略。在分布式卫星系统任务规划领域，常用的全局目标主要有成本最小、负载均衡等。任务管理者选定一个最佳投标方案之后，给相应的投标者发出中标通知，给其他投标者发出拒绝通知。

(4) 合同签订。中标的投标者接收到中标通知后，将任务正式加入到其合同任务集中，并回复确认信息，双方合同成立。任务管理者收到确认信息后，将任务标记为合同任务，等待执行结果信息反馈。

(5) 结果反馈。合同任务执行以后，有关执行结果的信息被反馈给任务管理者，任务管理者对任务结果进行分析，根据分析结果对现有的任务分配合同进行修改或者指导未来的任务规划过程。

3. 基于诚实合同网的卫星 Agent 交互模型

按照在合同网协议中的功能，分布式卫星系统基于多 Agent 协商的星群任务规划模型中主要包含两类 Agent，分别是任务管理 Agent(对应主导卫星 Agent 上的 I_1')和卫星 Agent(对应所有卫星 Agent 的 I_2')。任务管理 Agent 是分布式卫星系统任务规划的组织者和管理者，对应成像卫星 Agent 分层混合机构中的全局规划层，负责发起和管理星群的任务分配过程。整个分布式卫星系统任何时刻只能有一个任务管理 Agent 起作用，任务管理 Agent 驻留在某个卫星 Agent 上，在驻留卫星发生故障的情况下，可在整个分布式卫星系统内部进行移动，以保证整个系统的可靠性。任务管理 Agent 驻留的卫星称为主导卫星 Agent，是整个分布式卫星系统与地面系统的唯一接口，负责定期从地面得到新的观测任务，并将观测任务的执行结果及时下传。

卫星 Agent 是观测任务的执行者，对应成像卫星 Agent 分层混合结构中除去全局规划层之外的其他四个层次，通过与任务管理 Agent 的协商，获得属于自己的任务合同，并负责监督、驱动任务按计划执行，将执行结果反馈给任务管理 Agent。出于全局一致性的考虑，从属卫星 Agent 两两之间不存在协商行为，均服从主导卫星 Agent 的领导，且在正常运行模式下，从属卫星 Agent 也不与地面发生任何联系，有关任务的分配以及执行结果的下传均通过主导卫星 Agent 进行，通过这种方式可以在最大程度上实现分布式卫星系统的自主运行。

如图 7.7 所示为主导卫星 Agent 与从属卫星 Agent 之间的交互协调模型，主导 Agent 通过招投标过程对任务进行管理，其发送给从属 Agent 的信息包括任务信息、招投标过程控制信息。从属 Agent 除了响应主导 Agent 的招标信息之外，还必须发送自身的状态信息、环境的变化信息、任务执行结果等给主导 Agent，供主导 Agent 在任务规划过程中使用。

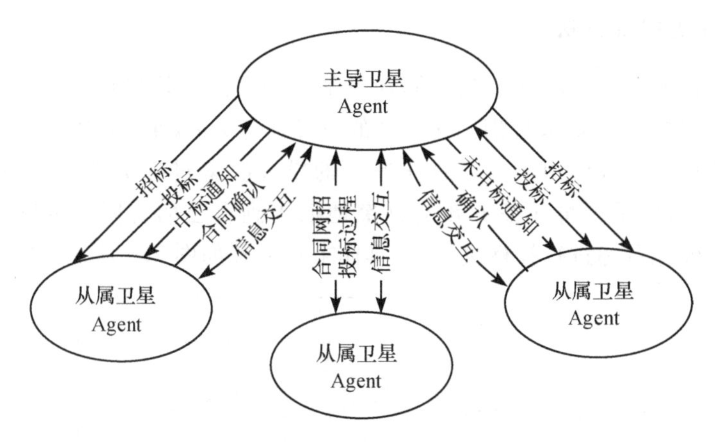

图 7.7 Agent之间的交互协调模型

7.3.3 招标任务选择策略

一般来说，在正常的运行模式下，任务管理 Agent 获得的星群任务总是由多个任务组成的任务集，而基于合同网的任务规划一次只能处理一个任务的招投标，如何从任务集中挑选招标任务就成了一个首先要解决的问题。招标任务的选择与任务规划的全局优化目标有关，需要根据不同的情况制定不同的任务选择策略。

1. 最大优先级策略

观测任务 t_i 根据目标重要性的不同，具有不同的优先级参数 LP_i。最大优先级策略是指在挑选招标任务时，首先挑选出优先级最大的任务进行招标，这样可以保证重要的任务能较早得到安排，具有较多的执行机会。

2. 最小剩余规划时间策略

同一批次到达的观测任务集 $T=\{t_1,t_2,\cdots,t_m\}$，其中任务 t_i 要求的最晚开始

时间 b_i 有早有晚。如果当前任务规划时间记为 TP,那么定义任务规划时间与任务最晚开始执行时间的差值为任务 t_i 的剩余规划时间,记为 $\mathrm{TR}_i = b_i - \mathrm{TP}$。剩余规划时间的大小反映了任务规划进程的紧迫性,剩余规划时间小的任务应该尽早得到规划,以避免出现因为来不及规划而无法执行的情况。

实际应用中,也可将上述两个策略组合起来使用,即针对一个任务集,首先按照最小剩余规划时间策略筛选出剩余规划时间最小的任务子集,然后针对这个任务子集应用最大优先级策略筛选出优先级最大的任务。经过组合策略的筛选,如果还是一个任务子集,则随机从中挑选出一个任务进行招标。

7.3.4 投标方投标方法

假设投标方卫星 Agent s_j 的合同任务集合为 T_j,任务按时间先后排列,构成了一个属于卫星 s_j 的局部规划。接收到的投标任务为 t_i,通常带有执行时间约束、持续时间约束和资源约束等。s_j 对任务 t_i 的投标决策过程本质上是一个最优插入问题求解,目的是要将任务 t_i 没有冲突地插入到自己的合同任务队列当中,并且按照某一优化目标进行投标决策,其具体求解步骤如图 7.8 所示。

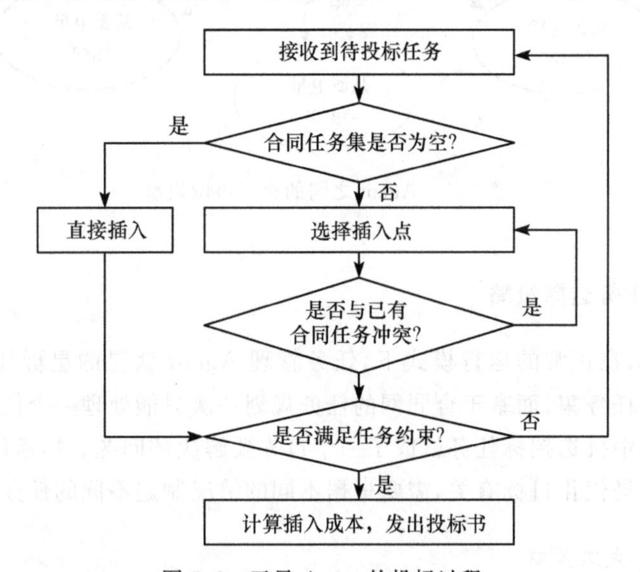

图 7.8　卫星 Agent 的投标过程

7.3.5 招标方评标策略

通过投标方对任务 t_i 的投标评估,最终可能发生的投标情况有三种:一种是没有卫星 Agent 投标,这表明没有卫星 Agent 可完成任务,则放弃该任务;一种是只有一个卫星 Agent 投标,这意味着无论如何任务管理 Agent 都要与这个卫星 Agent 签订合同;还有一种情况就是有多个卫星 Agent 投标,这种情况是比较常见的，针对这种情况必须制定一个合理的评标策略，选择一个最佳的卫星 Agent 来完成任务。本章根据分布式卫星系统的特点，给出了两种评标规则。

1. 插入成本最小规则

任务管理 Agent 的评标策略体现了对整个分布式卫星系统的全局优化。从资源优化的角度看，分布式卫星系统的任务招投标过程主要包含两个优化阶段，一个是各个卫星 Agent 局部的投标优化，一个是任务管理者全局的评标优化。针对这种分层优化结构，全局优化策略的制定必须兼顾局部优化策略，即全局优化目标只有与局部优化目标一致，才能真正达到全局优化的目的，在这种情况下，局部的优化才等于全局的优化。

鉴于此，本章招标方评标策略的制定充分考虑了卫星 Agent 投标策略中的优化目标，使评标策略的优化目标与其相同，保证了分布式卫星系统的全局优化。因此，任务管理 Agent 评标策略首先考虑成本因素的影响，针对不同卫星 Agent 对任务 t_i 的投标方案，按照卫星 Agent 投标策略中的插入成本最小规则确定中标者。

2. 合同任务总数最少规则

对分布式卫星系统来说，除了任务成本因素之外，还要考虑整个分布式卫星系统的负载均衡性，即尽量使观测任务在分布式卫星系统的多颗卫星上均衡分布，这样能避免任务过度集中在某颗卫星上，一旦卫星出现故障导致损失过大的情况，从而保证了任务完成的可靠性。卫星 Agent 的当前负载总量指的是当前任务规划的时间长度内的负载总量，具体反映在卫星 Agent 签订的合同数目上，对这一指标的控制可以实现整个分布式卫星系统的负载平衡。因此，针对不同卫星 Agent 对任务 t_i 的投标方案，按照卫星 Agent 当前的合同任务总数最少规则确定中标者。

3. 最早完成时间优先规则

基于插入成本最小规则和合同任务总数最少规则得到的投标方案可能有多个，因此针对这种情况，再次应用最早完成时间优先(EFT)规则。按照这一规则选择投标方案能保证一个任务只有一个中标者。按照上述评标规则确定中标的卫星 Agent 之后，任务管理 Agent 按照协议与卫星 Agent 签订合同执行，至此一个招投标过程结束，任务管理 Agent 继续按照招标任务选择策略选择新的招标任务，进行下一轮招投标过程。

7.3.6　面向动态环境的任务处理

面向动态观测环境是分布式卫星系统任务规划的一个重要特点，本章提出的基于合同网的分布式动态任务规划方法采用单轮、单任务的招投标方式，就任务规划方法本身而言，比较适用于动态观测任务。但是，分布式卫星系统如何实现对动态观测环境的自主响应和处理，如何针对各种动态情况自主生成动态观测任务，并进行任务规划。这些问题对实现分布式卫星系统的自主运行具有重要的意义，本节从任务分析入手，进一步阐述基于合同网的分布式任务规划机理，并在此基础上讨论了面向动态观测环境的任务处理机制。

1. 典型动态观测事件

Pemberton 等在文献[19]中详细分析了成像卫星的动态调度问题，将动态情况分为新的目标机会、资源可用性变化以及任务要求变化等几种典型情形，根据分布式卫星系统的观测需求特点，本章将分布式卫星系统的动态观测环境归纳成以下几种典型的动态观测事件：

(1) 洪水和火山爆发等突发自然灾害的应急观测。洪水、火山爆发、沙尘暴等自然灾害的爆发是有一定的前兆的，卫星可通过对可能爆发自然灾害地区的不同时期观测图片进行对比，做出灾害预报等应急措施。因此对分布式卫星系统来说，当其通过星载信息处理系统，分析发现某地区有可能出现自然灾害时，应该能自动产生针对该地区的快速重复观测任务，以实现对自然灾害的持续监测。

(2) 云层覆盖导致的无效观测。由于物理特性限制，某些星载遥感器不能穿透云层对目标进行观测，观测目标上空的云层会对图像质量产生很大的影响。由于无法事先确定目标上空是否存在云层及云层厚度，因此也就无法保障一个观测需求一定可以完成。对分布式卫星系统来说，可以对图片的云层覆盖进行星上分析，根据分析结果对图片做出取舍决定，并对该地区的云层覆盖信息做出短期预测，根据预测信息及时调整整个分布式卫星系统的观测任务。

(3) 卫星资源故障。卫星在轨运行过程中可能会因为故障原因不可用，这就导致该卫星承担的合同任务无法继续完成，需要对这些合同任务进行重新规划。

(4) 任务要求的紧急调整。已经提交规划的任务，甚至是合同任务都有可能发生属性或者要求上的改变，这种情况要求对原任务做出应急修改，同时其原来的规划也应该做出相应调整。

可以看出，以上不管那种动态事件的发生，最终都反映在系统任务的变化当中，动态事件(1)反映了新任务的添加，动态事件(2)反映了已有任务的去除，动态事件(3)和(4)反映了任务的重规划。因此有必要以任务为中心，研究任务规划系统的动态运行机制。

2. 任务分类

任务规划最终解决的是任务分配问题，因此任务是任务规划系统信息集成的核心。在分布式卫星系统的任务规划系统中，按照任务所处的规划阶段，将任务分为六种，分别是待规划任务、合同任务、已规划任务、中止任务、预测任务、执行中任务，具体定义如下。

T_1：待规划任务集合。待规划任务是指还没有进行招投标的任务，由任务管理 Agent 进行维护，其来源主要有三种：地面控制系统上传的新任务、卫星 Agent 发现的新任务和中止任务。这三种任务被加入 T_1，已经中标的合同任务则从 T_1 中去除。

T_2：合同任务集合。合同任务指的是已经与卫星 Agent 签订合同的任务。合同任务由各个卫星 Agent 进行维护并执行，每个卫星 Agent 都有自己对应的 T_2。合同任务一旦被执行就会从 T_2 中去除，合同任务如果没有被完成就变成中止任务，加入 T_4。

T_3：已规划的任务集合。所有卫星 Agent 的合同任务集合的并集构成 T_3，由任务管理 Agent 进行维护。

T_4：中止任务集合。中止任务是指由于特殊情况不能执行的合同任务，如因为卫星故障原因或任务要求紧急调整而无法完成的合同任务。根据中止原因分为主观中止任务和客观中止任务，主观中止任务指由于任务本身的属性或要求改变而导致的任务中止，对应于动态观测事件(4)，客观中止任务指由于卫星硬件故障导致的任务中止，对应于动态观测事件(3)。中止任务集合由任务管理 Agent 进行维护。

T_5：预测任务集合。预测任务集合是指任务管理 Agent 根据卫星 Agent 发送的先前任务的执行结果对未来进行任务预测得到的任务，主要分为突发事件新任务和无价值任务两种，分别对应于动态观测事件(1)和(2)。如果分析发现某一地区有洪水、火山爆发等突发事件出现，那么上述地区就需要被进一步观测，任务管理 Agent 就会提出新的任务加入到待规划任务集 T_1 中；如果结果分析发现某一地区被云层覆盖，短期内进行观测没有价值，那么任务管理 Agent 就会及时与卫星 Agent 进行交互，去除短期内相关地区的待规划任务和合同任务。

T_6：执行中任务集合。执行中任务是指已经由卫星 Agent 开始执行的合同任务，任务在执行过程中不能被中止，执行后成为已完成任务，从合同任务集合中去除。执行中任务由卫星 Agent 维护，执行完毕后由卫星 Agent 向任务管理 Agent 提供任务执行结果。

各种类型的任务之间的转化关系如图 7.9 所示。采用这种任务定义方式的好处是可将任务管理 Agent 与卫星 Agent 之间的协调关系简化为对各个任务集合的维护；更重要的是可清楚地看到如何处理分布式卫星系统运行环境的动态变化，如特殊情况造成的任务取消和经过预测发现的新任务机会添加和无价值任务去除。

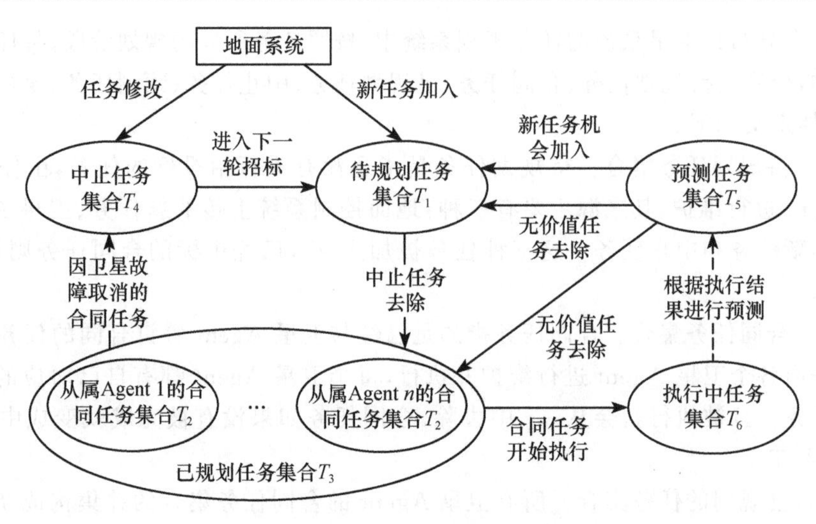

图 7.9　系统任务的转化关系

采用基于多 Agent 协商的分布式任务规划机制能够保证整个分布式卫星系统的强壮性、适应性，使系统处于不断的任务获取、任务规划并驱动任务执行的动态循环过程中，从而大大提高了分布式卫星系统的智能水平。

3. 任务规划流程

分布式卫星系统运行过程中，各个卫星 Agent 独立运行，自主决策，卫星 Agent 与任务管理 Agent 之间的交互以任务集合为纽带，所以整个系统的调度流程将围绕各个任务集合展开。下面给出了任务管理 Agent 的任务规划流程，如图 7.10 所示。

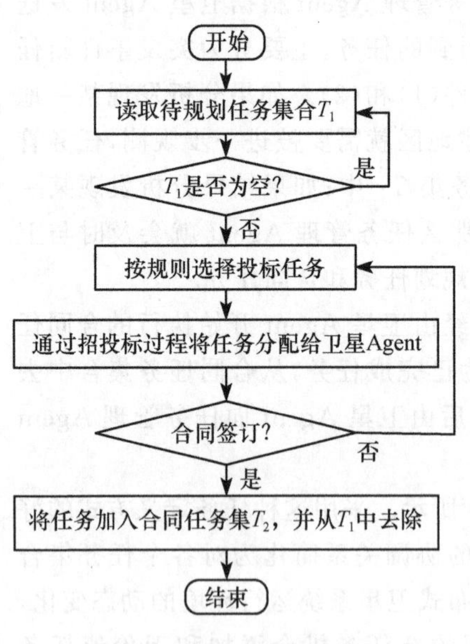

图 7.10　任务规划流程

4. 动态任务处理流程

系统任务规划流程主要反映了任务的招投标过程，招投标过程对任务没有选择性，对一般情况和动态情况不加区分，因此要使系统能处理动态观测事件，必须在任务进入规划流程之前对各种动态观测事件进行预处理，以得到可供规划的观测任务。

1）动态观测事件的预处理

各种动态观测事件必须被转换成标准的观测任务才能进入招投标过程进行规划，

这个处理过程称为动态观测事件的预处理过程。根据本章的任务分类，各种动态观测事件对应的任务主要有中止任务和预测任务两种，下面分别介绍这两种任务的预处理过程。

对中止任务来说，主观中止任务来自于地面系统对合同任务的新任务要求，因此主观中止任务无须预处理，可将其看做是新的任务直接添加到待规划任务集合中，并将相应的旧合同任务去除。客观中止任务来自于现有合同任务的无法执行，任务本身没有发生变化，因此对客观中止任务来说，必须先将其转换成待规划任务的形式，即将其恢复到签订合同前的状态，这就要求任务管理 Agent 在任务没有执行完毕之前保留任务的初始状态，当发生客观中止任务的时候，唤醒相应的初始任务进行重新规划。

对预测任务来说，预测信息主要包括预测类型、预测目标以及预测有效期。任务管理 Agent 通过对观测信息的星上分析，得到预测信息，根据预测类型的不同分别生成新任务机会模板和无价值任务模板，然后利用这两种预测任务模板对待规划任务集合以及合同任务集合进行筛选，与新任务机会模板匹配的任务被添加到待规划任务集中进行招标，与无价值任务模板匹配的任务从待规划任务集以及合同任务集中去除。如果没有与新任务机会模板一致的任务，则直接根据新任务机会模板生成新的任务直接添加到待规划任务集中。

以上预处理过程从任务视角描述了各种动态观测事件的处理过程，虽然针对不同的动态观测事件处理过程不同，但在任务规划系统实际运行中不能因此就将这些动态观测事件分开处理，应该从全局的角度将不同事件的处理流程集成在一个框架中。如前所述，不同的动态观测事件最终都反映了系统任务的变化，因此下面通过任务管理 Agent 对待规划任务集合的监测流程，以及卫星 Agent 对合同任务的监测流程来进一步说明动态观测任务具体处理流程。

2) 任务管理 Agent 的任务监测流程

任务管理 Agent 的待规划任务监测流程按照先添加后去除的规则进行(图 7.11)，主要考虑客观中止任务以及预测任务对待规划任务集的影响。任务监测活动在每次招投标过程之前启动，其主要步骤如下：

步骤 1　检查地面控制系统是否有新任务上传，如果没有则直接转至步骤 2；如果有则将其添加到待规划任务集 T_1 中，转至步骤 2。

步骤 2　检查中止任务集合 T_4 是否为空，为空则直接转至步骤 3；如果不为空则将其中的中止任务添加到待规划任务集 T_1 中，转至步骤 3。

步骤 3　检查预测任务集合 T_5 是否为空，为空则表示没有其他动态观测事件发生，监测过程结束，任务管理 Agent 开始进行新一轮招投标过程；如果不为空则转至步骤 4。

步骤 4　检查预测任务集合 T_5 是否存在新任务机会，没有则直接转至步骤 5；

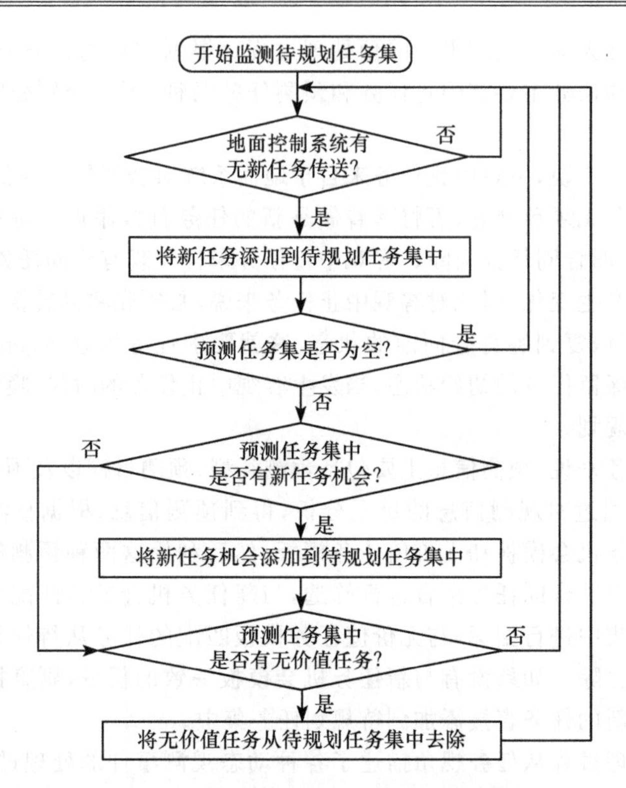

图 7.11　任务管理 Agent 任务监测流程

如果有则将新任务机会添加到待规划任务集 T_1 中，转至步骤 5。

步骤 5　将预测任务集合中的无价值任务从待规划任务集 T_1 中去除。监测过程结束。

3) 卫星 Agent 的任务监测流程

卫星 Agent 的合同任务监测流程按照先去除后添加的规则进行(图 7.12)，反映了卫星 Agent 对中止任务和预测任务的动态响应，因此合同任务的监测是持续进行的，随时可以对合同任务做出动态调整，其主要步骤如下：

步骤 1　检查中止任务集合 T_4 是否为空，为空则将其从合同任务集合 T_2 中去除，转至步骤 2；如果不为空则直接转至步骤 2。

步骤 2　检查预测任务集合 T_5 中是否存在无价值任务，如果有则将其从合同任务集合 T_2 中去除，转至步骤 3；如果没有则直接转至步骤 3。

步骤 3　检查是否有新的任务合同签订，如果有则将新合同任务添加到 T_2 中。

以上监测过程循环进行，对合同任务进行连续的动态维护，确保卫星 Agent 对动态观测环境具有足够的灵敏度。

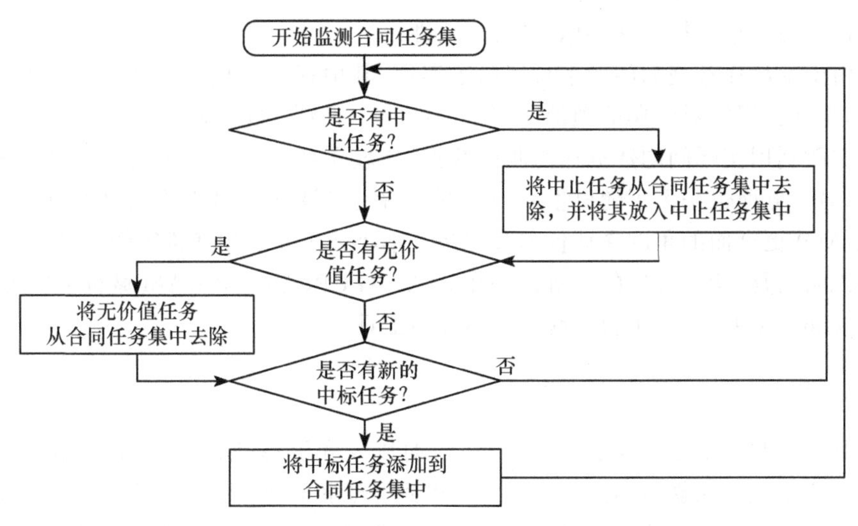

图 7.12　卫星 Agent 任务临测流程

7.3.7　计算实例分析

如前文所述,本章提出的基于招投标的任务规划方法是一种分布式的动态任务规划方法,适合于分布式卫星系统的动态观测环境,即能针对系统运行过程中即时产生的任务随时进行在线规划。规划方案以任务管理 Agent 与卫星 Agent 签订合同的方式确定下来,一个任务的执行合同一旦签订,就会等待执行,除了由于动态情况导致合同不能执行而取消之外,不会因为其他原因而更改。这也意味着基于招投标方式的任务规划是一种不可回溯的求解方法,这是它与其他静态任务规划算法的最大区别。

目前在多星多任务调度领域用到的静态求解算法[20,21],一般都是可回溯的试探性算法,其基本思路是:采用某方式得到的任务调度方案不一定是最后选中的方案,能否选中还要看通过一些具体调整措施能否使方案得到改进,如果可改进,则接受改进后的方案,并继续进行调整,直到方案不能被继续改进为止(即找到最优或者次优方案)。

相对于静态求解算法,本章提出的基于招投标方式的任务规划方法实质上是一种基于规则的调度方法[22],即通过事先制定好的招标任务选择策略对任务求解顺序进行指导,并根据具体评标规则确定问题的解。毫无疑问,本章基于规则的调度方法不采用回溯机制,无法对已生成方案进行调整,也就无法保证解的最优性,因此就求解质量来说,可能不如其他全局优化算法,甚至不如局部优化算法;另外,分布式卫星系统的动态规划特点也决定了不可能找到一个最优方案。为了衡量本章任务规划方法的可行性以及求解效率,本章特别选择了一种最简单的静态任务规划算法——贪婪算法[21]与基于招投标的任务规划方法进行了比较,贪婪算法的求解机制与本章所提方法类似，具有可比性。

由于卫星任务规划问题本身偏向于实用，其中存在着很多特殊和复杂的实际约束，很难套用针对经典的理论问题所设计的标准测试数据集。在这种情况下，本章一方面利用实际问题数据作为测试数据，比较了各规则在求解实际问题方面的性能；另一方面也采用了随机生成的算例，弥补实际数据的不足及可能存在的偏颇性，以便从更全面的角度来评价本章方法。本小节主要利用随机算例来进行分析，需要说明的是，所有算例的求解都是在 P4 2.4G CPU、512M RAM 微机上实现的，并以 Visual C++6.0 作为编程开发环境和工具。

1. 测试数据

测试问题规模主要考虑两个因素：活动数 n 和资源数 m，在测试计算中按 m 和 n 组合生成不同规模的问题实例。考虑到基于招投标方式的分布式动态任务规划方法的动态特性及分布式卫星系统的运行特性，其一次批处理的问题规模通常不会很大，因此本章生成的测试实例共有 8 个，其中 simp 1～4 是包含 10 个观测任务、2 颗卫星、调度有效期为 1 天的简单问题；mid 1～4 是包含 100 个观测任务、2 颗卫星、调度有效期为 1 天的中等规模问题。

2. 与贪婪算法的比较

与静态任务规划问题不同，本章的基于招投标方式的任务规划方法在规划过程中，任务集是不确定的，可随时因为各种动态事件添加或者删除；资源集也是不确定的，依赖于系统挑选出当前可用的卫星资源。但是如果事先就选择一批任务，确定可用的卫星资源集，采用批处理的方式进行招投标，那么此时任务规划问题相当于一个静态任务规划问题，这样就可在相同的问题上对本章方法与现有静态规划算法进行比较。

贪婪算法(greedy algorithm)是求解单星任务规划问题常用的一种简单算法，其基本思想是不断在当前调度方案中插入新的优先级最高的可行任务，直到不能再插入新任务为止。这种思想很容易推广到多星任务规划问题，其相当于以空方案作为初始解，采用最速下降局部搜索算法，算法要求在局部搜索的每一步迭代过程中，都在当前解的邻域内选择能够最大程度改进解的移动。基于贪婪算法的思想，本章给出了一个基于任务优先级的简单贪婪算法，即算法在每一次迭代过程中，都选择能够使当前解的优先级之和最大的改进。

本章分别采用基于招投标的任务规划方法以及简单贪婪算法对本章的 8 个测试实例进行了求解，比较结果如表 7.1 所示，其中 Vsum 为任务的总价值，Vfail 为没有完成的任务的总价值，CPU 为问题求解耗费的计算机平均时间，任务价值用任务的优先级表征。

表 7.1　基于招投标的任务规划方法与简单贪婪算法的性能比较

算例代号	Vsum	基于招投标的任务规划方法		简单贪婪算法	
		Vfail	CPU/s	Vfail	CPU/s
simp1	55	2	1.359	0	1.281
simp2	57	0	1.406	0	1.328
simp3	60	0	1.562	0	1.469
simp4	55	0	1.375	0	1.406
mid1	566	0	37.797	0	37.766
mid2	536	0	35.594	0	35
mid3	547	0	37.828	0	34.5
mid4	555	0	37.922	0	37.609

从表 7.1 中可以看出，对不同规模的问题，基于招投标的任务规划方法与简单贪婪算法的求解质量差异不大，两者的求解速度也相差不大，相比之下简单贪婪算法的求解速度稍快。这是因为基于招投标的任务规划方法在求解的多个阶段都应用了规则，而简单贪婪算法仅仅使用了一个基于优先级之和最大的规则。通过与简单贪婪算法的比较，不难看出，基于招投标的任务规划方法的求解速度较快，适合用于分布式卫星系统的动态任务规划环境。

3. 不同评标规则的比较

评标策略对于确定任务合同具有重要的意义，不同的评标策略侧重于不同的目标，本章根据分布式卫星系统的动态特点和资源特点，分别提出了两种评标规则，即插入成本最小规则和合同任务总数最小规则。插入成本最小规则对于节约卫星的推进剂资源具有重要的意义，简称为成本规则；合同任务总数最小规则对于均衡整个分布式卫星系统的负载具有重要的意义，简称为均衡规则。

本章对 8 个测试实例分别应用这两种规则进行了求解，比较结果如表 7.2 所示，其中 cost 为整个分布式卫星系统消耗的推进剂数量，tradeoff 为整个分布式卫星系统的负载均衡率。假定分布式卫星系统当前总共有 m 颗可用的卫星，其中卫星 $i(0<i\leqslant m)$ 承担的合同任务数为 k_i 个，则负载均衡率定义为合同任务数最多的卫星与合同任务数最小的卫星的合同任务数的差值

$$\text{Tradeoff} = k_{\max} - k_{\min} \tag{7.7}$$

表 7.2　不同规则下的解的性能

算例代号	成本规则			均衡规则		
	Cost	Tradeoff	CPU/s	Cost	Tradeoff	CPU/s
simp1	20	1	1.359	20	3	1.359
simp2	50	4	1.406	50	2	1.407
simp3	15	2	1.563	35	0	1.578
simp4	60	2	1.375	75	2	1.437
mid1	355	42	39.141	635	0	36.89
mid2	140	4	35.594	290	2	37.406
mid3	250	42	40.61	410	0	39.375
mid4	160	9	37.922	340	0	37.609

差值越大，说明负载越不均衡，差值为 0，则是负载均衡理想状态。为了更直观地分析不同规则对解的影响，本章根据求解结果分别给出了两种规则下的解的推进剂消耗量示意图(图 7.13)和负载均衡率示意图(图 7.14)。

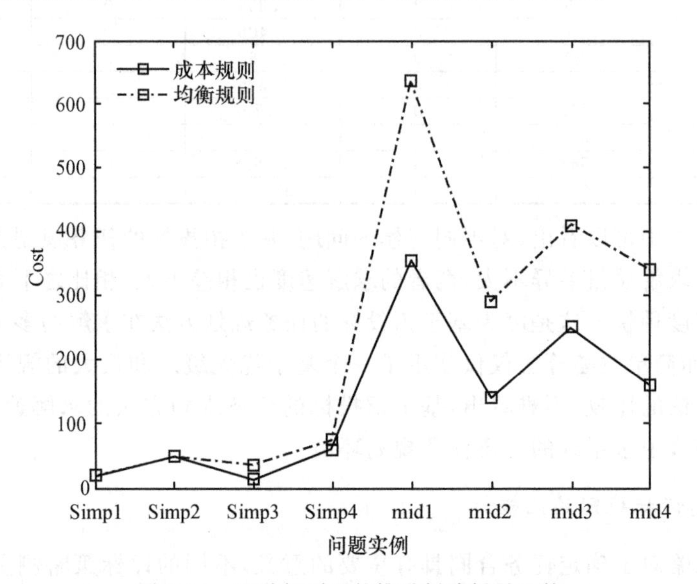

图 7.13　两种规则下的推进剂消耗量比较

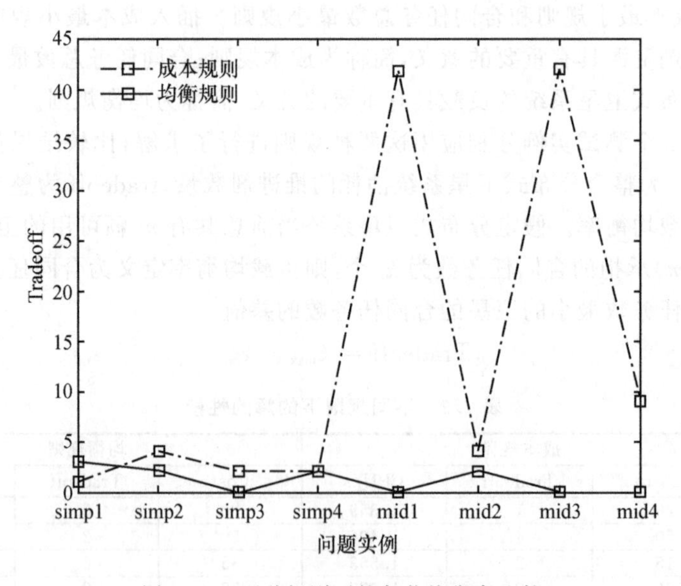

图 7.14　两种规则下的负载均衡率比较

从图 7.13 和图 7.14 可以看出，对小规模问题，无论是采用成本规则还是均衡规则，两者对解的影响都不是很大，两种规则得到的解差别也不大，没有体现出规则对解的偏好，甚至还出现“更差”的现象，图 7.14 中对 simp1 的求解结果就说明了这一点，针对 simp1，应用均衡规则得到的解的均衡性反而比成本规则还差。造成这种现象的原因是问题规模较小，对某个任务使用规则签订合同会影响后续任务的合同签订，如对 simp1 来说，其两种规则的求解顺序如表 7.3 所示，其中×表示没有卫星对任务投标，任务不能执行。

表 7.3　不同规则对 simp1 问题的求解顺序

成本规则	任务	1	2	4	5	0	9	8	7	6	3
	卫星	0	0	1	0	0	1	1	0	×	1
均衡规则	任务	1	2	4	5	0	9	8	7	6	3
	卫星	0	0	1	1	1	1	1	0	×	1

如上表所示，任务 5 按照均衡规则与卫星 1 签订合同后，导致任务 0 也与卫星 1 签订合同，并最终造成均衡规则不均衡的情况。对成本规则来说，同样存在上述“更差”情况，即应用成本规则消耗的推进剂数量反而比较多，原因与均衡规则类似，在此不再深入分析。

对中等规模问题实例来说，由于任务较多，两种规则对规划解的影响得到了充分体现，应用成本规则得到的规划解的推进剂消耗量总是少于均衡规则，应用均衡规则得到的规划解的均衡性总是比成本规则好，而且效果也比较显著。这说明了规则的应用在很大程度上体现了对解的一种长期优化，对于系统的长期运行具有重要的指导意义。

成本规则和均衡规则考虑了分布式卫星系统运行的不同方面，在实际运行中究竟使用哪一种规则要根据不同情况而定。如果在规划周期内待规划的任务非常重要，需要保证任务的可靠执行，那么就需要应用均衡规则，使任务尽可能分布在不同的卫星上，不至于因为某颗卫星出现问题造成损失过大的后果。如果要求充分利用卫星资源，保证卫星使用的长寿命，就需要应用成本规则，尽量减少推进剂的消耗。通常情况下，可采用包含这两种规则的复合规则，即先应用成本规则，再利用均衡规则，这样可综合利用两种规则的优点，在尽量节约推进剂资源的前提下使任务分布均衡。

7.4　基于 HTN 规划的成像卫星自主控制

7.4.1　成像卫星自主控制问题求解框架

1. HTN 规划方法的适用性

层次任务网络（HTN）主要由任务网络、原始任务、复合任务和分解方法构成[23,24]。任务网络（task network）是指具有约束和数据结构的任务的集合。原始任务(primitive task)是 Agent 可直接执行的任务。复合任务(compound task)是一种抽象的高级任务,不能够被 Agent 直接执行。分解方法是从复合任务到原始任务组成的任务网络的一个映射,描述了如何将复合任务分解成一组原始任务。不管是原始任务还是复合任务,每个任务都有一个任务名称和参数列表。

在 HTN 规划中,用来描述问题的初始规划被视为对需要做什么的高层描述,通过应用任务分解方法来改进初始规划,每个任务分解将初始规划中的高层任务还原为低层任务的偏序集。任务分解方法的一般描述预先被存储在规划库中,规划时它们被从库中抽取出来并被实例化以满足正在构建的规划需求。任务分解方法本身将不同任务以一种很强的逻辑关系组合起来,从而大大缩小规划器的搜索空间。

对智能卫星来说,出于可靠性的考虑,卫星设计要尽可能地容易控制,因此其规划问题具有“可串行化子目标”的特征[25],即规划问题中的子目标存在一个顺序,以致规划器能够按照这个顺序获得它们,而不需要撤销任何先前获得的子目标。利用目标的串行化排序,可消除大部分搜索,这意味着能够足够快地实时控制卫星。利用 HTN 方法中的任务分解方法,可以很好地利用智能卫星的“可串行化子目标”的特点,实现对卫星智能规划问题的快速求解,因此本章采用基于 HTN 的规划方法解决卫星自主控制问题。

从基于 HTN 规划方法的特点来看,将其应用于卫星智能规划问题,主要有以下好处:

(1) 可降低问题求解的复杂性,提高求解效率。和其他实际的规划问题一样,卫星自主规划问题涉及的变量数目和取值大大增加了问题的求解难度,观测任务的紧迫性又要求能快速求解。采用基于 HTN 的规划方法,可通过复合任务及其分解方法的预先定义,使搜索过程可“按图索骥”,避免了大量盲目的搜索,从而大大提高求解效率。

(2) 可充分利用领域知识。采用基于 HTN 的规划方法可将问题领域的各种知识方便地添加到规划问题中。针对卫星自主规划问题,复合任务代表了卫星可执行的功能,分解方法代表了卫星各种动作之间的操作约束,在搜索过程中还可利用任务的持续时间约束和资源消耗约束进一步缩减搜索空间。

(3) 卫星操作的高可靠性决定了可采用基于 HTN 的规划方法。卫星作为一种可靠性要求很高的硬件设备,决定了其自主规划问题是一种确定性规划,即规划问题的状态空间、初始状态、行动、行动的结果状态、目标状态都是已知的,并且是确定的。除此之外,卫星可完成的功能都是有限的、各种操作规则很多,这就为采用基于 HTN 的规划方法提供了条件,可方便地定义复合任务及其分解方法。

(4) 不依赖问题领域,扩展性强。基于 HTN 的规划方法是一种不依赖问题领域的规划方法,对不同的问题,规划器可给定不同的 HTN 分解方法集予以配合。针对卫星功能或者操作规则的变化，只要对相应的抽象任务和分解方法集进行修改即可。

2. 基于 HTN 规划的卫星自主控制问题求解框架

基于 HTN 的规划方法仅是一种规划问题求解方法，与其他规划方法类似，对规划问题的求解是建立在规划问题描述建模的基础上，即首先要建立卫星的规划领域模型，然后再利用具体规划方法进行求解，最终形成一个自主规划系统。

基于 HTN 的卫星自主规划问题的求解过程大体与一般的规划系统类似，不同的只是目标形式以及推理引擎，如图 7.15 所示。首先问题领域的逻辑知识和经验知识通过域描述语言的转换，被表示成计算机系统可接受的形式，形成规划系统的域模型。在卫星问题领域中，域模型主要用来描述卫星系统的动力学特性，包括卫星各个分系统、分系统的可选行动集合及各种约束。除了规划域模型之外，还有 HTN 规划方法求解过程中用到的任务分解方法库，用来描述复合任务及其分解方法的定义，这是与一般规划系统的不同之处。域模型和分解方法库在求解时作为推理引擎的知识库。一个规划请求包括卫星系统的初始状态集合和目标任务集合（而不是目标状态集），它们与规划系统产生的中间数据一起构成推理引擎的数据库。推理引擎在知识库与数据库的支持下，反复进行迭代搜索，最终得到可执行的行动方案。行动方案执行后得到的目标状态作为新的初始状态进入推理引擎，提供给新的规划过程使用。采用基于 HTN 的规划方法，除了要建立卫星的域模型之外，还要通过对卫星的功能分析，提出卫星的复合任务定义，并提供相应的任务分解方法，这是基于 HTN 方法的重要特点。

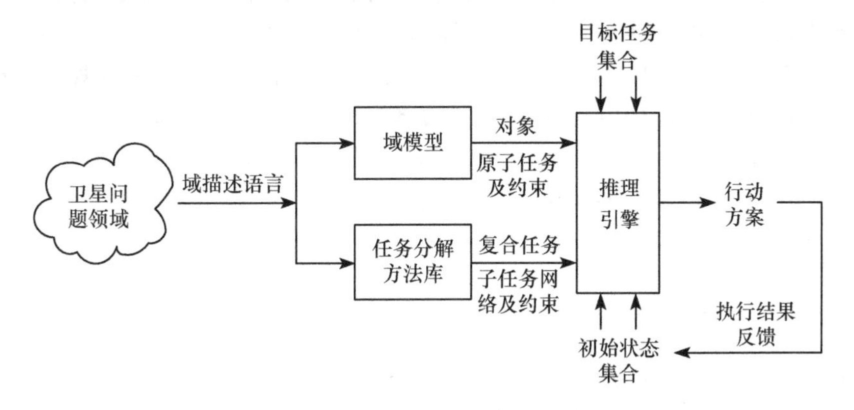

图 7.15　基于 HTN 规划的卫星自主规划问题求解框架

7.4.2　成像卫星自主规划模型

对自主规划问题来说，建模是一项重要的工作，涉及对卫星实体的抽象、建模语言的选择、各种模型对象的表示等，本节介绍了卫星自主规划问题建模的全过程。

1. 模型要素

要建立规划系统的规划域模型，必须了解卫星的问题领域。本章以智能对地观测卫星为研究对象，其问题领域主要描述的对象包括：

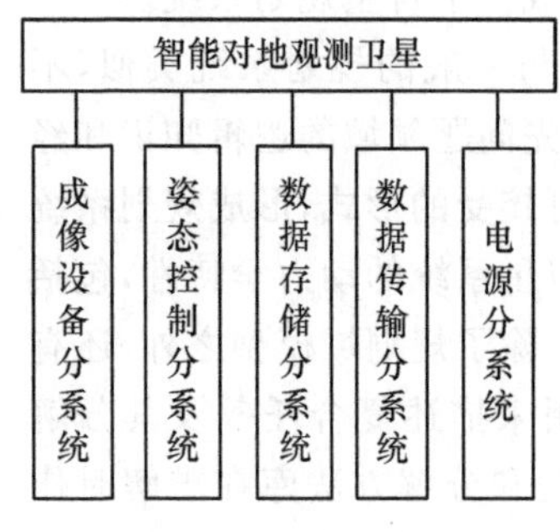

图 7.16　智能对地观测卫星的系统结构

(1) 卫星系统构成：按卫星的分系统来描述整个卫星，智能对地观测卫星的分系统包括成像设备系统、数据存储系统、数据传输系统、姿态控制系统及电源分系统，如图 7.16 所示。一个分系统模型的详细描述包括分系统的所有状态，分系统的活动、活动需要的资源种类和数量等。

(2) 卫星资源：卫星上有多种资源，这些资源为卫星实现各种功能提供保障。例如，电源系统为星上仪器供电，大容量存储器储存数据，推进剂支持侧摆活动等。资源由相应的分系统提供给卫星使用，针对资源的描述也可以采用和分系统类似的方法。

(3) 卫星功能：卫星可以完成的功能。卫星功能主要通过分系统的行动来实现，行动执行需要满足一定的前提条件，且行动执行后对系统的状态具有明确的影响效果，这些都需要在域模型中预先定义。

(4) 约束条件：卫星执行行动时需要满足的各种约束条件，主要包括：①资源容量约束，在任意时刻各分系统对资源的需求总量不能超过该时刻的资源容量；②整个规划的时间长度，通过指定规划的起始时间和结束时间来限制规划执行的时间长度；③行动次序约束，某些行动受设备环境的制约，行动执行具有固定的先后次序，规划时作为一种必须满足的硬约束；④持续时间约束。卫星执行任务时某些行动的执行(如成像设备被任务要求的持续观测时间、姿态控制系统的转向等)需要耗费一定的时间。

2. 规划域描述语言

将问题域知识转化为计算机可接受的形式，最终建立系统的规划域模型有赖于选取合适的建模语言，即域描述语言。域描述语言研究在人工智能领域已有很长的历史。从斯坦福大学最早开发的 STRIPS 语言，到后来的 ADL 和 PDDL 等，这些语言风格大体相似，其表示能力与假设条件各不相同，表 7.4 是 ADL 与 STRIPS 语言的比较。

表 7.4　STRIPS 和 ADL 语言对于规划问题表示的比较

STRIPS 语言	ADL 语言
在状态中只有正文字： Poor ∧ Unknown	在状态中正负文字都有： Rich ∧ ￢Famous
封闭世界假设： 未被提及的文字为假	开放世界假设： 未被提及的文字是未知的
效果 $P \wedge \neg Q$ 意味着 增加 P，删除 Q	效果 $P \wedge \neg Q$ 意味着增加 P 和 $\neg Q$，删除 $\neg P$ 和 Q
目标中只有基文字： Rich ∧ Famous	目标中有量化变量： $\exists x At(P_1, x) \wedge At(P_2, x)$ 是在同一个地方有 P_1 和 P_2 的目标
目标是合取式： Rich ∧ Famous	目标允许合取式和析取式： Poor ∧ (Famous ∨ Smart)
效果是合取式	允许条件效果： when P:E 表示只有当 P 被满足时 E 才是一个效果
不支持等式	内建了等式谓词($x=y$)
不支持类型	变量可以拥有类型，如(p:Plane)

STRIPS 和 ADL 的符号对许多现实领域的表示是足够的，但仍然存在一些重要限制，如它们不能自然地表示行动分支。目前，在人工智能中使用的各种规划形式化方法已经在规划域定义语言(PDDL)的标准语法中被系统化，这种语言允许研究者交换性能测试问题和比较结果。PDDL 是由 IPC 开发的，包括 STRIPS、ADL 及其他规划子语言，具有完备的建模能力，现在已经成为规划领域定义域模型的标准语言[25]。PDDL 通过对象、谓词、初始状态、目标说明、活动等五种成分来定义一个规划模型：

(1) 对象，表示现实世界中人们感兴趣的事物，如卫星及其各个子系统、资源、观测目标等。

(2) 谓词，表示对象的属性值，取值可以是 true 或 false，如设备是否出于开机状态；也可是某个对象，如卫星指向的目标。

(3) 初始状态，表示开始时世界的状态，由一个谓词集合组成，其中谓词的取值为规划开始时的取值。

(4) 目标说明，表示要求达到的目标状态，由一个谓词集合组成，其中谓词的值为要求的取值。

(5) 动作，表示对象可采取的原子动作，通过动作的执行可改变世界的状态。

在 PDDL 中，动作定义包括前提和效果两部分，前提中列出了动作执行前需要满足的系统状态条件，效果中列出了动作执行后系统达到的状态条件，前提和效果用一些谓词组合表示，谓词用到的参数需要在前提之前列出。初始状态描述是所有在初始时刻取值为真的谓词列表，除此之外所有其他的谓词取值都为假。目标描述格式与动作前提的格式相同。初始状态和目标描述中用到的谓词应该在相应的领域中事先声明。与动作的前提不同的是初始状态和目标描述应该是最基本的，即所有谓词参数应该都是对象的基本属性或者是常数。

3. 约束表达与数值计算

PDDL 对规划问题的描述能力体现在对持续时间约束、资源约束及其数值的表达和计算上，通过定义不同的函数，可对动作涉及的持续时间和资源消耗进行计算，再通过引入等式和不等式对动作的持续时间和资源消耗进行限定。

针对资源数值约束表示，具体做法是：在动作模型的前提中，添加资源容量的谓词不等式，表示动作执行所需要的最少资源容量；在其效果中，添加资源容量谓词计算式，表示动作执行后剩余的资源容量。例如，针对卫星遥感器的侧摆活动，姿态控制系统在执行这个动作时需要一定的推进剂支持，通过对侧摆动作的前提和效果进行进一步扩展，就可实现对推进剂容量约束的表示，如图 7.17 所示，其中(fuel ?s)是事先定义的卫星可用推进剂容量函数、(fuel-used)是卫星已经使用的推进剂数量函数，(slew_time ?d_new ?d_prev)是侧摆调整时间函数，因为侧摆调整时间与调整角度成正比，可直接用调整时间衡量侧摆动作消耗的推进剂数量。

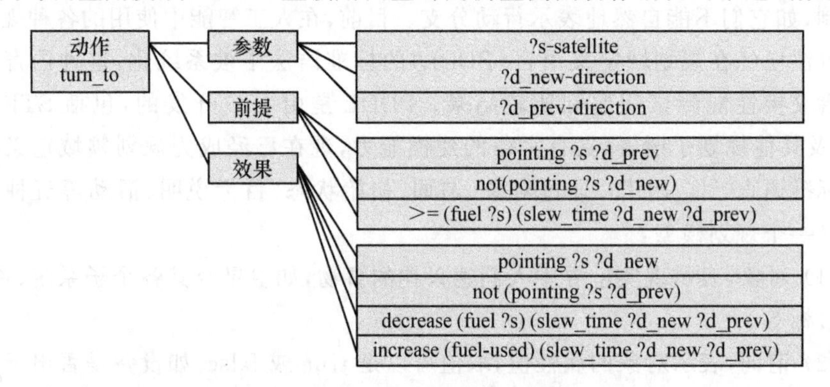

图 7.17 加入资源容量约束的动作模型

针对动作持续时间的约束表示，具体做法是直接在动作模型中添加一个持续时间约束条件，同时还要在前提和效果中指定各个谓词之间的时间关系，如图 7.18 所示，其中(slew_time ?d_prev ?d_new)是事先定义的侧摆调整时间函数，约束条件(?duration)的值也可是具体的数值，表示需要固定持续时间的动作。

4. 成像卫星的规划域模型

就本章研究的成像卫星而言，对象用来表示卫星的各个分系统以及观测目标实体，谓词用来表示各个分系统的状态属性，初始状态定义了各个分系统开始时的状态取值，目标说明定义了任务要求达到的各个分系统状态取值，状态取值的变换则通过动作的执行来实现。

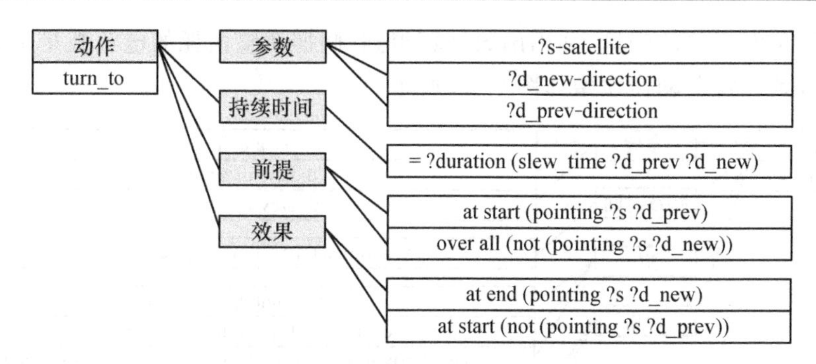

图7.18 加入持续时间约束的动作模型

针对卫星自主规划问题，本书定义四种对象类型，分别是卫星(satellite)类型、设备(instrument)类型、目标(direction)类型和模式(mode)类型，卫星类型指卫星设备对象主要有照相机(camera)、存储器(SSR)、电源(battery)、推进器(thruster)，目标对象主要指各个地面观测目标，模式类型指各个设备的不同工作模式。

谓词是用来描述系统模型的重要成分，相当于STRIPS中的文字，用来表示系统的状态，卫星自主规划模型中用到的谓词及其描述如表7.5所示，模型中定义的所有函数以及描述如表7.6所示。

表7.5 卫星自主规划模型中的谓词定义及描述

谓词定义	描 述
(on_board ?i-instrument ?s-satellite)	设备?i在卫星?s上
(supports ?i-instrument ?m-mode)	卫星?s支持?m模式
(pointing ?s-satellite ?d-direction)	卫星?s上的照相机指向?d方向
(power_avail ?s-satellite)	卫星?s的电源可用
(power_on ?i-instrument)	设备?i已经加电
(calibrated ?i-instrument)	设备?i已经校准
(have_image ?d-direction ?m-mode)	对目标?d进行?m模式的观测成像
(calibration_target ?i-instrument ?d-direction)	设备?i的校准目标为?d

表7.6 卫星自主规划模型中的函数定义及描述

函数定义	描 述
(slew_time ?a ?b-direction)	从目标?b到目标?a消耗的侧摆调整时间
(power_capacity ?s-satellite)	卫星?s的可用电源数量
(imaging_time ?d-direction)	目标?d要求的成像持续时间

动作主要有卫星的转向动作，对应于侧摆调整动作，即照相机从前一个目标要求的侧摆角度调整到后一个目标要求的侧摆角度，转向动作的持续时间是一个跟

侧摆调整角度相关的变量，利用函数计算得到，侧摆调整消耗的电源数量也通过函数计算得到。转向动作模型如图 7.19 所示。

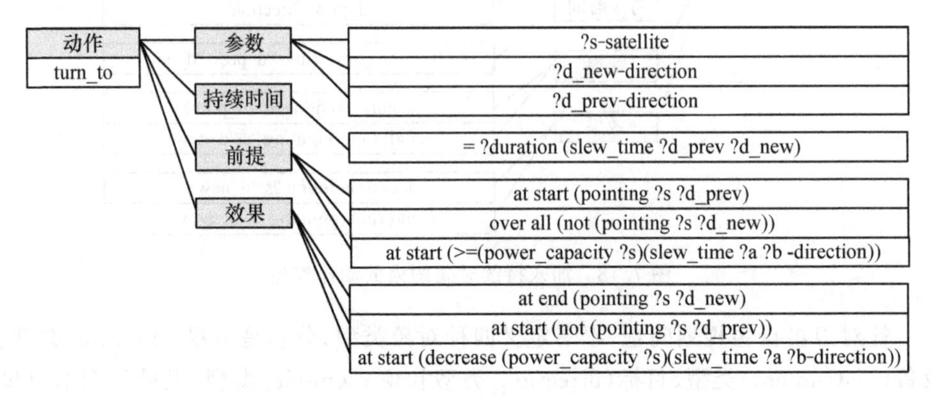

图 7.19　转向动作的动作模型

照相机的开机动作，用来给照相机加电，一般来说照相机的开机时间是固定的，其动作模型如图 7.20 所示。

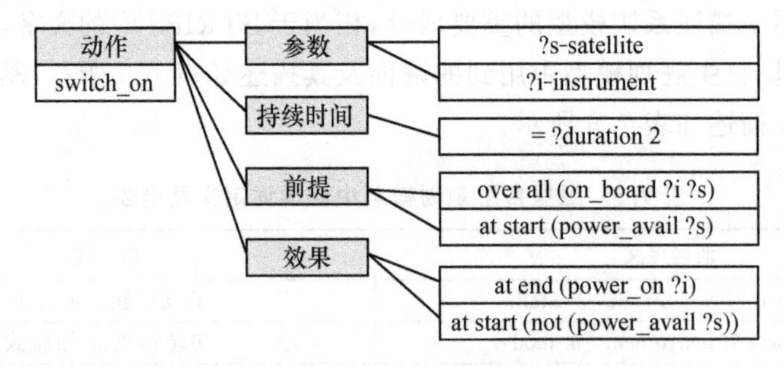

图 7.20　照相机开机动作的动作模型

照相机的关机动作，与开机动作相反，用来给照相机断电，其花费时间也是一个固定值，动作模型如图 7.21 所示。

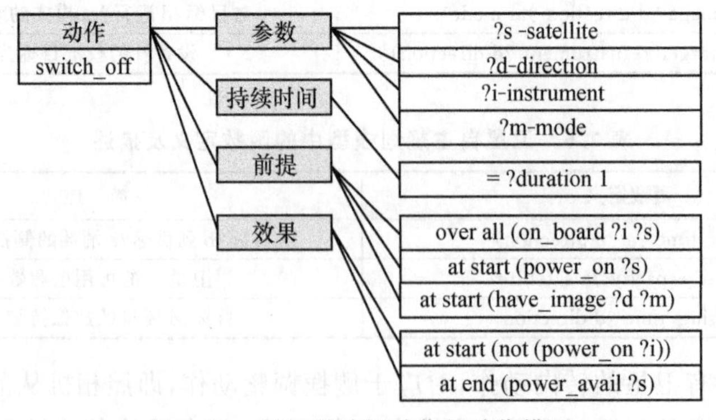

图 7.21　照相机关机动作的动作模型

照相机的校准动作,通常位于转向动作之后,用来对观测目标进行校准,做好成像的准备,动作模型如图7.22所示。

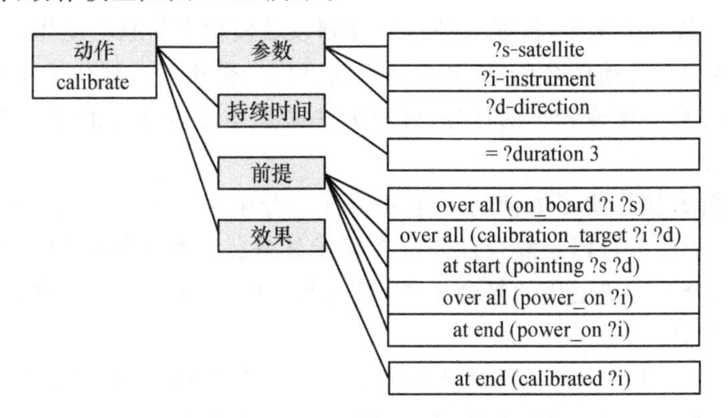

图7.22 照相机校准动作的动作模型

照相机的成像动作,其持续时间由任务指定,消耗的电源数量通过函数计算得到,其动作模型如图7.23所示。

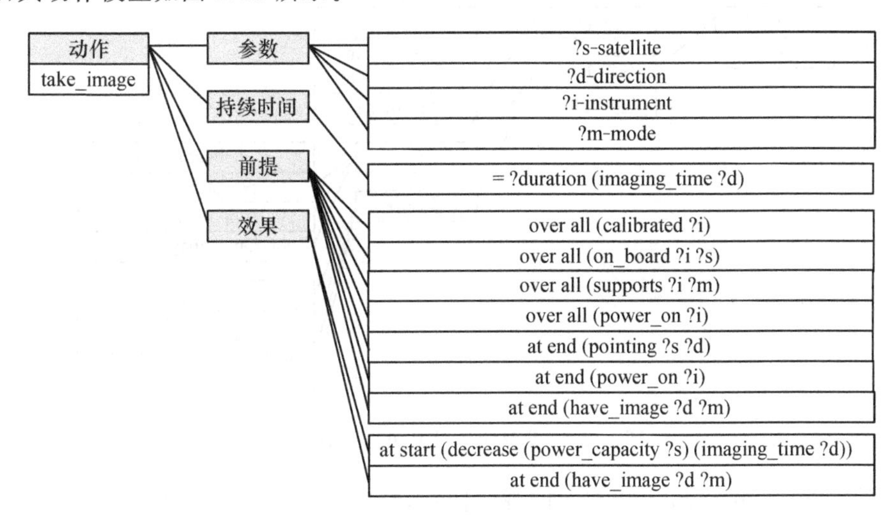

图7.23 照相机成像动作的动作模型

7.4.3 基于HTN规划的模型求解

建立卫星规划领域模型之后,接下来就要对模型进行求解。基于HTN的规划方法与其他规划方法不同,大量应用了领域知识对求解过程进行指导,即对卫星的功能进行分层,在原子动作的基础上提出各种层次的复合任务及其分解方法,分解方法中隐含了对搜索方向的指导,对于提高求解效率极为重要,接下来将定义各种不同的复合任务及其分解方法,并开发相应的求解算法。

1. 复合任务及其分解方法定义

在 HTN 规划方法中，原始任务对应规划领域模型中的原子动作，不需要进行分解，任务名称即为动作名称，任务参数也与动作参数相同。复合任务需要事先按照某个分解方法分解成较小的任务，分解方法必须与复合任务的任务名称和参数一致。

每个分解方法指明了如何将一个复合任务分解成一个部分排序的子任务集合，其中每个子任务可以是复合任务或者原始任务。一个最简单的分解方法定义包括三部分：分解方法适用的复合任务，当前状态中应用分解方法的前提，需要完成的子任务集合。

在本章建立的卫星规划领域模型中定义了 5 个动作，这 5 个动作即为 HTN 规划方法中的原始任务，在原始任务的基础上，本章定义了两个层次的复合任务，第一层是 imaging，指成像设备的成像任务，完全由原子任务组成，其对应的分解方法为 d_imaging，成像任务及其分解方法的模型表示如图 7.24 所示。

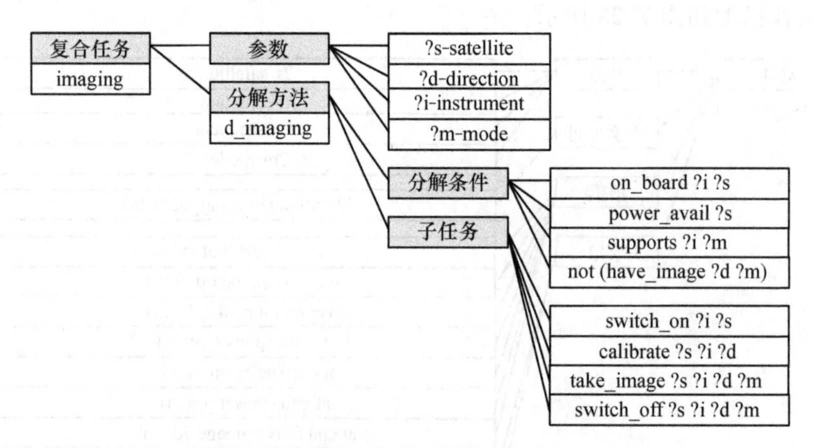

图 7.24 成像任务及其分解方法模型

第二层为 observing，指卫星的观测任务，由成像任务和其他原子任务组成，根据前提条件的不同，其分解方法分别为 d_observing_1 和 d_observing_2，观测任务及其分解方法的模型表示如图 7.25 所示。

2. 基于任务网络的导引式状态空间搜索算法

如前所述，层次任务网络规划方法集成了偏序规划思想与任务分解思想，采用偏序规划思想，规划器总是在较少约束的情况下生成一个包含有复合任务的高层规划蓝图，然后采用任务分解思想对复合任务进行分解，并添加详细的约束，最终生成一个完全由原子任务构成的规划蓝图。接下来的问题是，如何根据给定的初

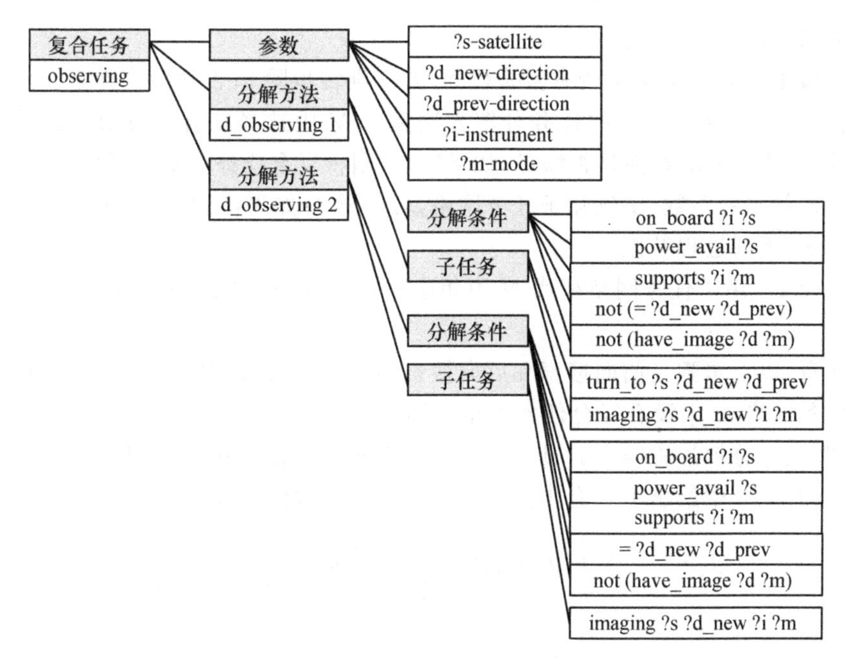

图 7.25　观测任务及其分解方法模型

始状态,从这样一个规划蓝图中抽取出最终可行的规划方案,这是基于 HTN 规划方法需要解决的关键问题。

抽取规划方案的过程实际上是一个根据初始状态进行状态搜索,确定规划方案从哪里以及何时开始的问题,显然根据搜索方向的不同分为前向搜索算法和后向搜索算法。与一般的前向或者后向状态搜索算法不同的是,由于采用了任务分解思想,在进行状态空间搜索的时候不再是盲目进行,而是按照事先定义的分解方法中的任务网络进行。这样做的好处是避免了大量的无用分支,使搜索过程具有很强的方向性,可以较快的速度得到可行的规划方案。

本章针对定义的卫星领域模型,分别设计了前向和后向状态搜索算法,以规划模型中的谓词作为状态变量,卫星要规划的任务均为复合任务 observing,首先介绍前向搜索算法。

1）基于任务网络的前向状态空间搜索(TNBFSS)

前向状态空间搜索从初始状态出发,在规划蓝图中按照时间顺序从前往后依次选择最早开始的原子任务,判断初始状态集合是否满足该原子任务的执行前提以及从该任务出发是否可以得到满足约束要求的最终的规划目标。前向状态空间搜索的具体步骤如下:

步骤 1　问题初始化,获取卫星领域模型中各个状态变量的当前取值,放入初始状态集合 I 中,从星载的任务列表中读取一个复合目标任务 T_i,放入初始任务

网络 N 中，则 $N=\{T_i\}$。

步骤 2　判断 N 中是否有复合任务，若有则转步骤 3；否则转步骤 5。

步骤 3　在预先定义的任务分解方法集合 M 中选择复合任务对应的分解方法 d，判断 d 的分解条件是否满足，如果满足，则将复合任务分解成子任务网络，并读取复合任务的参数，实例化子任务网络，转步骤 4；如果不满足，则说明复合任务不能分解，规划过程结束。

步骤 4　用子任务网络替代 N 中相应的复合任务，对 N 进行更新，然后转步骤 1。

注意：以上步骤是前向搜索和后向搜索的共有步骤，其中步骤 2～4 循环执行，直到任务网络 N 中没有复合任务为止，目的是得到一个完全由原子任务组成的规划蓝图，任务分解过程结束后，原子任务网络 $N=\{t_1,t_2,\cdots,t_m\}$，其中不再有复合任务。图 7.26 中给出了共有步骤——任务分解步骤的流程图。

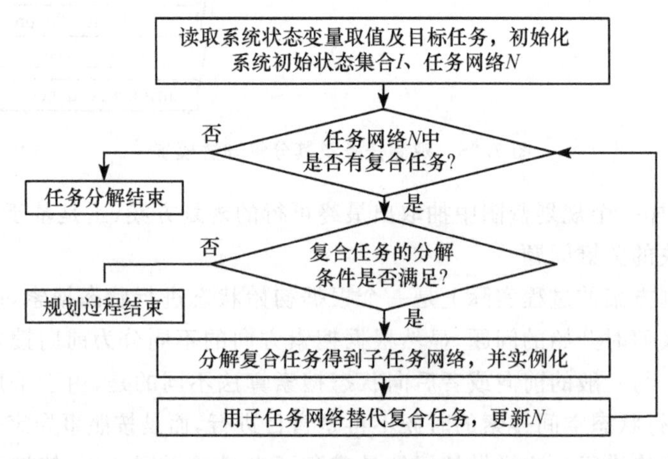

图 7.26　任务分解流程图

两种算法的不同主要体现在下面的步骤中。

步骤 5　判断原子任务网络 $N=\{t_1,t_2,\cdots,t_m\}$ 是否为空，如果不为空，则按照原子任务的执行顺序，选择其中最先执行的原子任务 $t_j(j=1,2,\cdots,m)$ 为方案起点，将规划方案 S 初始化为空集，令 $I'=I$，转步骤 6；如果为空，则说明没有任务需要规划，规划过程结束。

步骤 6　检验原子任务 t_j 的效果中的状态变量集合 E_j 的值是否属于集合 I，如果 $E_j\in I$，说明不需要执行 t_j，将 t_j 从任务网络 N 中删除，将 S 标记为空集，转步骤 5；如果 $E_j\notin I$，转步骤 7。

步骤 7　检验原子任务 t_j 前提中的状态变量集合 P_j 的值是否属于集合 I'，如果 $P_j\in I'$，说明 t_j 可执行，将 t_j 放入规划方案 S 中，用 E_j 更新 I'中相应的状态值，转步骤 8;如果 $P_j \notin I'$,说明 t_j 无法执行,导致任务 T_i 无法完成,规划方案 S 标记为空集,规划过程结束。

步骤 8　令 $j=j+1$,如果 $j \leqslant m$,则转步骤 9;否则,说明任务已经全部被规划,得到规划方案 S,规划过程结束。

步骤 9　检验原子任务 t_j 的效果中的状态变量集合 E_j 的值是否属于集合 I,如果 $E_j \in I$,说明不需要执行 t_j,不必将 t_j 加入规划方案 S 中,转步骤 8;如果 $E_j \notin I$,转步骤 7。

以上步骤执行完毕后,S 即为复合任务 T_i 的最终规划方案,图 7.27 给出了以上步骤的流程图。

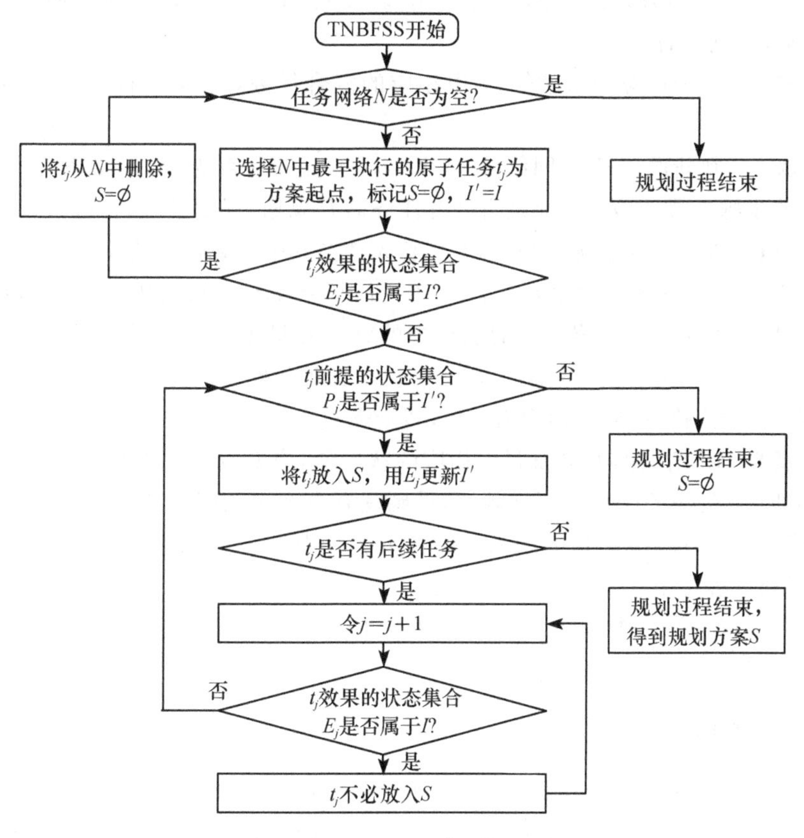

图 7.27　TNBFSS 算法流程图

2) 基于任务网络的后向状态空间搜索(TNBBSS)

后向搜索从目标出发,在规划蓝图中按照时间顺序从后往前依次选择距离目标最近的原子任务,判断初始状态集合是否满足该原子任务的执行前提,以及从该任务出发是否可以得到满足约束要求的最终的规划目标。如果不满足则选择下一个距离最近的原子任务，这个过程重复进行，直到找到一个满足执行前提及约束的原子任务为止，那么最终的规划方案即为以这个原子任务为起点的规划蓝图。后向状态空间搜索的具体步骤如下：

步骤 1 问题初始化，获取卫星领域模型中各个状态变量的当前取值，放入初始状态集合 I 中，从星载的任务列表中读取一个目标任务 T_i，放入初始任务网络 N 中，则 $N=\{T_i\}$。

步骤 2 判断 N 中是否存在复合任务，如果存在则转步骤 3；否则，转步骤 5。

步骤 3 在预先定义的任务分解方法集合 M 中选择复合任务对应的分解方法 d，判断 d 的分解条件是否满足，如果满足，则将复合任务分解成子任务网络，并读取复合任务的参数，实例化子任务网络，转步骤 4；如果不满足，则说明复合任务不能分解，规划过程结束。

步骤 4 用子任务网络替代 N 中相应的复合任务，对 N 进行更新，然后转步骤 1。

步骤 5 判断原子任务网络 $N=\{t_1, t_2, \cdots, t_m\}$ 是否为空，如果不为空，则令 $K=m$，转步骤 6；如果为空，则说明没有任务需要规划，规划过程结束。

步骤 6 按照原子任务的执行顺序，首先选择其中最晚执行的原子任务 t_m 为方案起点，将规划方案 S 初始化为空集，令 $I'=I, N'=N, t_{m+i}=t_m$，其中 $i=0$，转步骤 7。

步骤 7 检验原子任务 t_{m+i} 的前提中的状态变量集合 P_{m+i} 的值是否属于集合 I'，如果 $P_{m+i} \in I'$，说明 t_{m+i} 可执行，将 t_{m+i} 放入规划方案 S 中，转步骤 8；如果 $P_{m+i} \notin I'$，说明 t_{m+i} 无法执行，将 S 标记为空集，转步骤 9。

步骤 8 用 E_{m+i} 的值更新 I' 中相应的状态值，令 $i=i+1$，如果 $m+i \leqslant K$，转步骤 7；否则，说明任务已经全部被规划，得到规划方案 S，规划过程结束。

步骤 9 令 $m=m-1$，如果 $m>0$，转步骤 6；如果 $m<0$，则说明无法得到规划方案，规划过程结束。

以上步骤执行完毕后，S 即为复合任务 T_i 的最终规划方案，图 7.28 给出了算法的流程图。

7.4.4 计算实例分析

本章建立的卫星规划域模型、基于 HTN 规划方法的分解方法库和求解算法均采用了 Visual C++6.0 在 Pentium4、2.4G CPU、512M RAM 配置的微机上进行了实现。本节后续部分将介绍测试问题实例及具体的实例计算结果。

1. 测试数据

规划问题要解决的目标是要自动找到一个动作序列集合，使系统能从初始状态迁移到目标要求的状态，本章的测试也应该围绕这一目的展开。本书以不同的

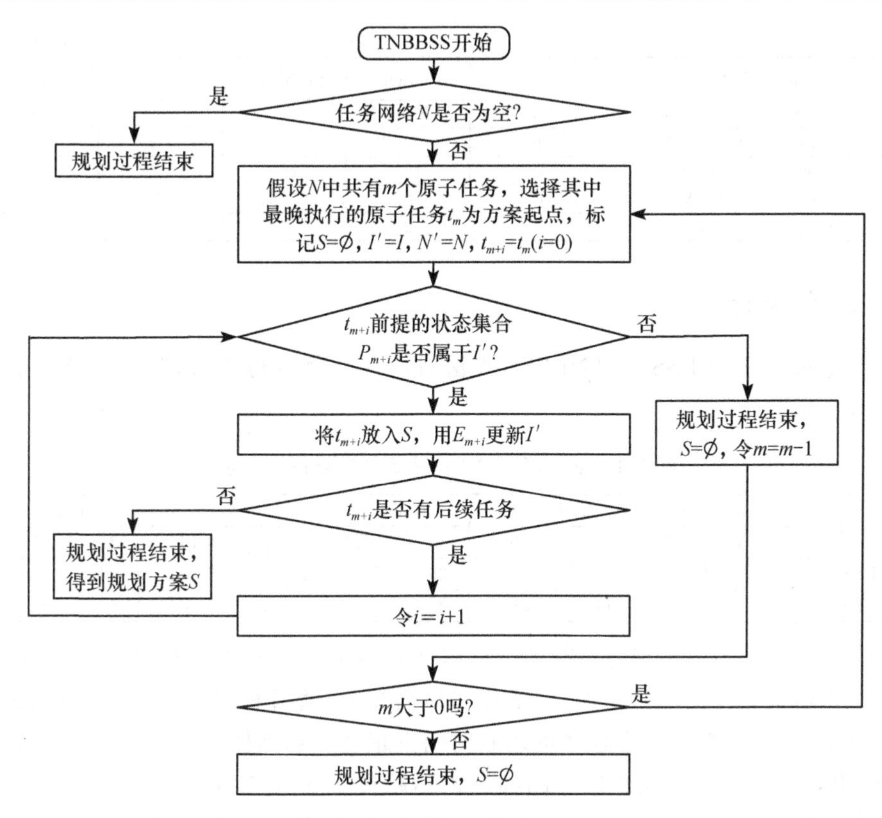

图 7.28　TNBBSS 算法流程图

初始状态为指标设计不同的问题实例，即针对相同任务，设定不同的初始状态，以验证规划系统及算法找到规划方案的能力和效率。

问题实例任务：在时刻 74 获得目标 A1 的图像，即 Observing(A1)，其持续成像时间要求为 3。根据初始状态的不同，设计了以下 4 个问题实例，其中 s 表示卫星，i 表示成像设备，如表 7.7 所示。问题实例的初始状态按照偏离目标状态的距离大小设计，problem1 偏离目标状态最小，problem5 偏离目标状态最大。给定任务目标和初始状态信息后，还要按照 PDDL 的格式建立相应的问题文件，然后将问题文件与域文件一起输入规划系统进行求解。

表 7.7　卫星自主规划问题实例

状态变量	problem1	problem2	problem3	problem4	problem5
(on_board ?i ?s)	True	True	True	True	True
(supports ?i ?m)	True	True	True	True	True
(pointing ?s ?A1)	A1	A1	A1	A1	A2
(power_avail ?s)	True	True	True	True	True
(power_on ?i)	True	True	True	False	False
(calibrated ?i)	True	True	False	False	False

续表

状态变量	problem1	problem2	problem3	problem4	problem5
(have_image ?A1 ?m)	True	False	False	False	False
(calibration_target ?i ?A1)	A1	A1	A1	A1	A1
(power_capacity ?s)	100	100	100	100	100
(slew_time ?A1 ?A2)	100	100	100	100	100
(imaging_time ?A1)	3	3	3	3	3

2. 结果分析

分别采用 TNBFSS 和 TNBBSS 算法对问题实例进行求解，算法性能比较如表 7.8 所示。

表 7.8 不同算法对不同实例的求解指标比较

算法	problem1		problem2		problem3		problem4		problem5	
	C	CPU	C	CPU	C	CPU	C	CPU	C	CPU
FSS	12	2.536	20	4.547	25	5.027	29	5.462	34	6.062
BSS	3	1.204	14	2.81	25	4.874	33	6.015	40	7.108

其中 C 为算法求解代价，用算法求解问题时遍历的状态变量个数表征，CPU 为算法求解的平均 CPU 时间。从表中可以看出，不管哪种算法，最终都得到了最优的规划方案，对单个复合任务的求解时间不超过 10s，即使以最长耗时 7.108s 为标准，求解含有 100 个复合任务的问题也不超过 10min，对于 PSPACE 完全的卫星规划问题，求解速度还是比较理想的。图 7.29 和图 7.30 更加直观地展示了两种算法对不同问题实例的求解表现。

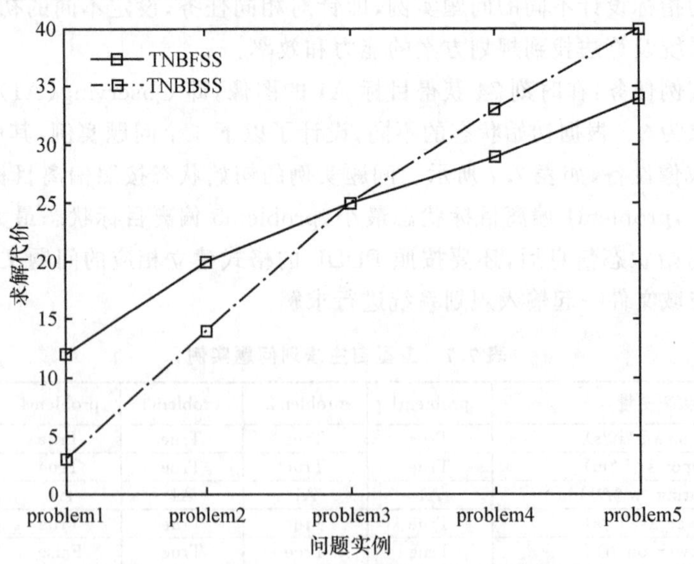

图 7.29 TNBFSS 与 TNBBSS 的求解代价比较

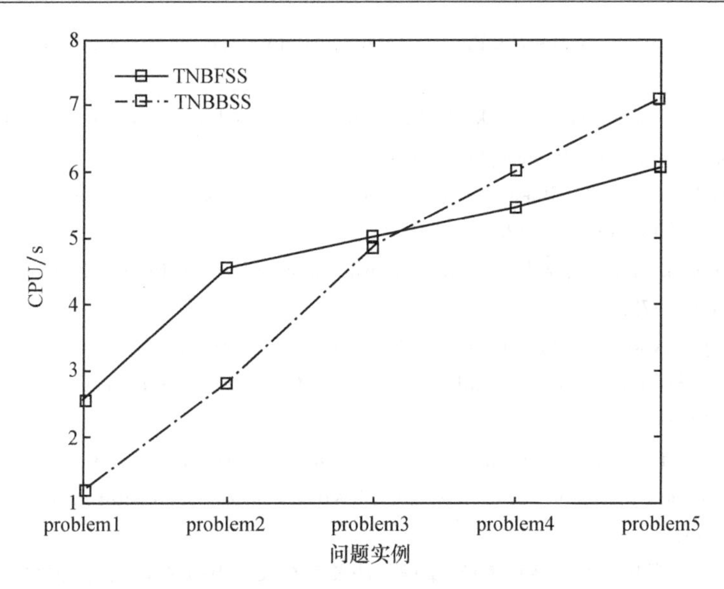

图7.30 TNBFSS与TNBBSS的CPU时间比较

从图中可以看出，针对本章建立的卫星规划模型，算法表现与初始状态有关。如果给定一个较好的初始状态，即初始状态偏移目标任务要求的状态不大，采用TNBBSS算法无论是求解代价还是求解时间均优于TNBFSS；在初始状态偏移目标状态较大的情况下，TNBFSS的表现要优于TNBBSS。在自主小卫星的实际运行中，正常工作模式下一个任务的完成往往会导致系统设备状态发生改变，且相邻两个任务的目标和约束也是不同的，因此一个任务完成后的状态往往偏移下一个任务要求的状态较大，采用TNBFSS是一个比较好的选择。

参考文献

[1] 林来兴. 现代小卫星与纳卫星技术发展. 国际太空，2002，8:25-28.

[2] 马元申，于小红，尹志忠. 现代小卫星技术及其发展对策. 国防技术基础，2003，5:13-15.

[3] 罗开元. 航天及其基础技术未来发展分析. 中国航天，2002，3:26-30.

[4] 李智斌. 航天器智能自主控制技术发展现状与展望. 航天控制，2002，4:1-7.

[5] 卢波. 国外空间探测发展分析与展望. 空间科学学报，2000，S1:80-92.

[6] 潘科炎. 航天器编队飞行及其关键技术的开发. 遥测遥控，2003，5:9-15.

[7] 张云华，张祥坤，姜景山. 空间虚拟探测技术及其发展趋势. 中国航天，2005，8:40-43.

[8] 闻新，张伟. 卫星编队飞行技术的进展及建议. 国际太空，2005，1:9-14.

[9] 夏南银，张守信，穆鸿飞. 航天测控系统. 北京：国防工业出版社，2002.

[10] Smith D E, Frank J, Jonsson A K. Bridging the gap between planning and scheduling. Knowledge Engineering Review, 2000, 15(1):15-18.

[11] Bartak R. A study on the boundary of planning and scheduling. Proceedings of the Eigh-

teenth Workshop of the UK Planning and Scheduling Special Interest Group. Manchester, 1999.

[12] Schetter T, Campbell M, Surka D. Multiple agent-based autonomy for satellite constellations. Artificial Intelligence, 2003, 145: 147-180.

[13] Pell B, Bernard D E, Chien S A. An autonomous spacecraft agent prototype. Autonomous Robots, 1998, 5(1): 125-133.

[14] Smith R G. Framework for distributed problem solving. SAE Preprints, Int Jt Conf on Artif Intell. 1979.

[15] Saad A, Kawamura K, Johnson M E. Evaluating a contract net-based heterachical scheduling approach for flexible manufacturing. IEEE International Symposium on Assembly and Task Planning. Pittsburgh, 1995.

[16] Saad A, Salama A, Kawamura K. A bidirectional contract net for production planning and scheduling. Proceedings of the UC/IAMS Workshop for manufacturing Research. Cincinnati, 1994.

[17] 李道亮,傅泽田,田东. 智能系统:基础方法及其在农业中的应用. 北京:清华大学出版社, 2004.

[18] Savelsbergh M W P. The vehicle routing problem with time windows: minimizing route duration. INFORMS Journal on Computing, 1992, 4(2): 146-154.

[19] Pemberton J C, Greenwald L G. On the need for dynamic scheduling of imaging satellite. International Symposium on Future Intelligent Earth Observing Satellites, 2002.

[20] 刘洋. 成像侦察卫星动态重调度模型、算法及应用研究. 长沙:国防科学技术大学博士学位论文, 2005.

[21] 李菊芳. 航天侦察多星多地面站任务规划问题研究. 长沙:国防科学技术大学博士学位论文, 2004.

[22] 王艳红,尹朝万,张宇. 基于多代理和规则调度的敏捷调度系统研究. 计算机集成制造系统, 2000, 6(4): 45-49.

[23] Erol K, Hendler J, Nau D. HTN planning: complexity and expressivity. Proceedings of AAAI-94, Seattle, 1994.

[24] 谷长兴,冯志勇. 基于 HTN 的供应链优化策略. 计算机应用, 2003, 23(10): 103-105.

[25] Russell S, Norvig P. Artificial Intelligence: A Modern Approach(2nd ed). Beijing: Posts & Telecom Press, 2004.

第8章　多星联合任务规划系统

本书所提的多星一体化任务规划模型和算法已经在工程实践中得到了应用。本章主要对我们开发的软件系统——多星联合任务规划系统进行简要介绍。首先介绍系统的基本框架和工作流程,然后详细介绍各个模块的功能。目前该软件系统已经交付使用,应用过程中反应良好。

8.1　系统总体框架设计

8.1.1　多星联合任务规划系统总体框架

多星联合任务规划系统由采集任务单接收与处理子系统、卫星及地面站资源管理子系统、多星任务规划子系统、单星计划编排子系统、仿真推演子系统和任务规划方案评估子系统组成。多星联合任务规划系统的软件结构如图8.1所示。

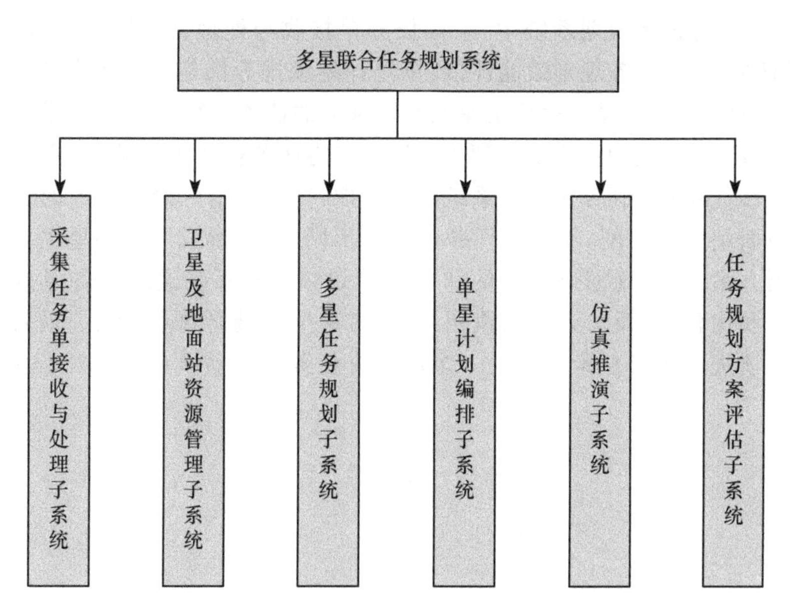

图8.1　多星联合任务规划系统结构框架图

(1) 采集任务单接收与处理子系统:主要包括任务单分类管理、任务单处理、任务单处理情况跟踪与反馈等功能。

(2) 卫星及地面站资源管理子系统:主要包括卫星资源管理、载荷资源管理和地面站资源管理等功能组成。

(3) 多星任务规划子系统:主要包括任务获取、常规及订单任务规划参数设置、快速反映及应急任务规划参数设置、观测目标与资源设置、任务规划支持基础数据获取、任务规划数据获取、任务规划优化决策、可视化交互调整、规划方案评估调用、规划方案仿真运行调用、规划方案入库等功能组成。

(4) 单星计划编排子系统:主要包括数据获取、辅助计算、气象信息管理、方案生成、方案可视化、方案人工调整、计划生成等功能。

(5) 仿真推演子系统:主要包括仿真数据获取与解析、仿真场景建立、卫星运行二维仿真、卫星运行三维仿真、跟踪接收计划仿真、观测目标仿真、地面站仿真等功能。

(6) 任务规划方案评估子系统:按照用户指定的评估指标对选定的任务规划方案进行多方面的能力评估。根据任务规划方案在不同应用任务类型和不同评估指标下的评估结果,进行综合分析,生成任务规划方案评估报告,并支持对任务规划方案评估结果的查询、比较分析等功能。

8.1.2　多星联合任务规划系统整体流程

在多星联合任务规划系统中,采集任务单接收与处理、卫星及地面站资源管理、多星任务规划、任务规划效能评估、单星计划编排等都是与业务直接相关的核心子系统,通过这些子系统完成卫星及有效载荷的任务控制。其中,采集任务单接收与处理和卫星及地面站资源管理子系统负责为任务规划和计划编排提供任务和资源的输入。由多星任务规划子系统综合考虑,完成对用户请求任务的观测目标分配和地面站资源分配,将观测任务分配给不同卫星,形成满足各星主要约束的优化观测方案;任务规划效能评估和单星计划编排子系统通过对各星方案的进一步修正和优化,以及与人工决策相结合,负责生成最终观测计划。最后通过计划仿真推演进行仿真显示和验证。多星联合任务规划系统的整体流程如图 8.2 所示。

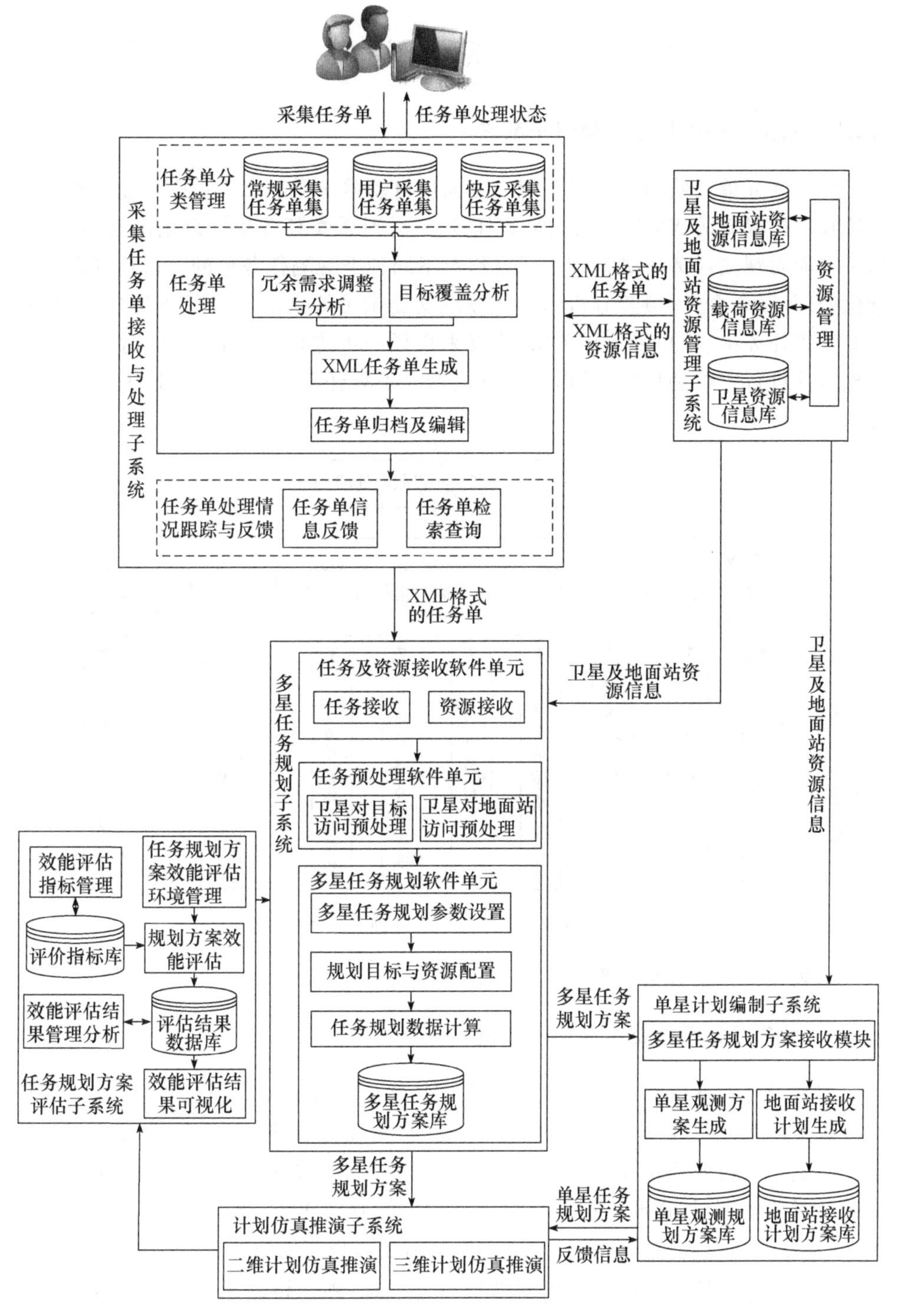

图 8.2　多星联合任务规划系统整体流程图

8.2 系统实现

8.2.1 采集任务单接收与处理子系统

采集任务单接收与处理子系统一方面以自动需求受理和手动需求输入两种方式接收用户提交的XML格式的采集任务单,并对采集任务单处理情况给出反馈;另一方面对观测任务单进行判别、解析,对不同种类观测任务单的一体化管理和标准化处理(冗余合并、覆盖分析),为任务规划提供可规划的标准任务集合,并按照常规采集任务单、用户采集任务单、快反采集任务单进行统一管理,同时对任务单处理情况进行跟踪和反馈,供用户进行检索。采集任务单接收与处理子系统组成如图8.3所示。

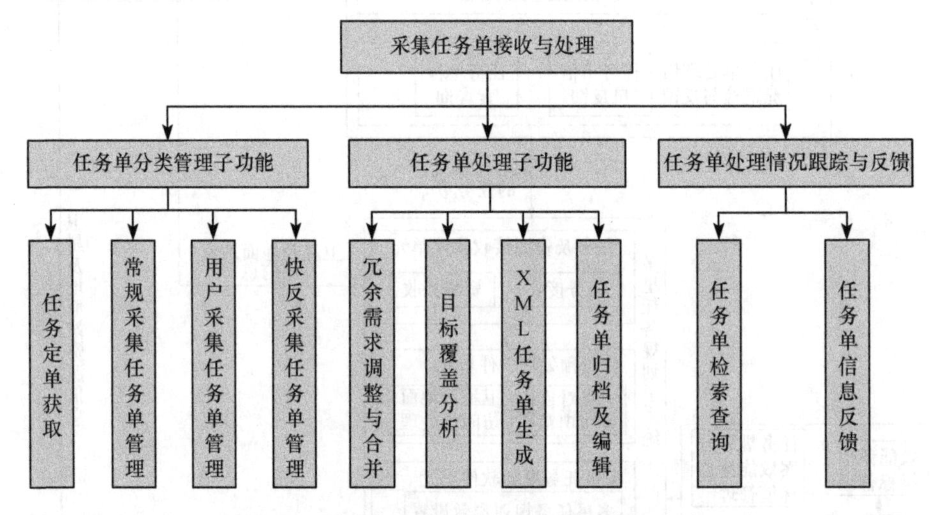

图8.3　采集任务单接收与处理子系统组成图

采集任务单接收与处理子系统主界面如图8.4所示。

8.2.2 卫星及地面站资源管理子系统

卫星及地面站资源管理子系统维护的卫星及其有效载荷、地面站的基本信息是计算卫星观测时间窗和数据回传时间窗、分解复杂任务、分析任务可行性的基础。特别是资源的使用规则和约束信息反映了任务调度子系统中建模和求解需要满足的重要约束,如资源可用性、载荷侧摆角度、侧摆次数、连续开机时间、开机次数、地面站的接收角度、转换时间等信息,都需要以规范的格式进行维护和管理,从而使其他子系统能够自动化读取和处理相关信息,确保得到正确可行的方案。卫星及地面站资源管理子系统组成如图8.5所示。

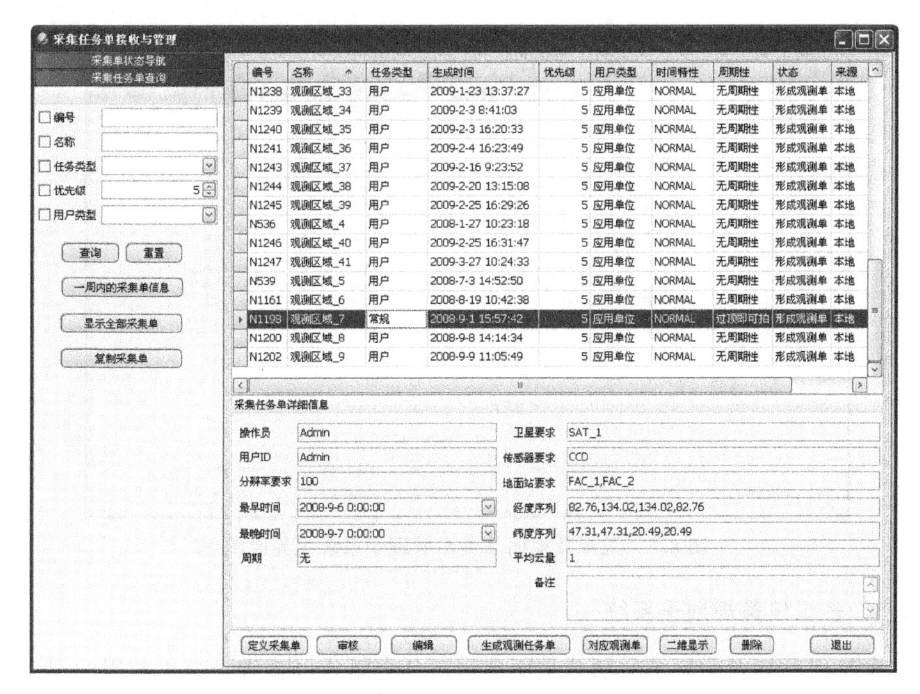

图 8.4　采集任务单接收与处理子系统主界面

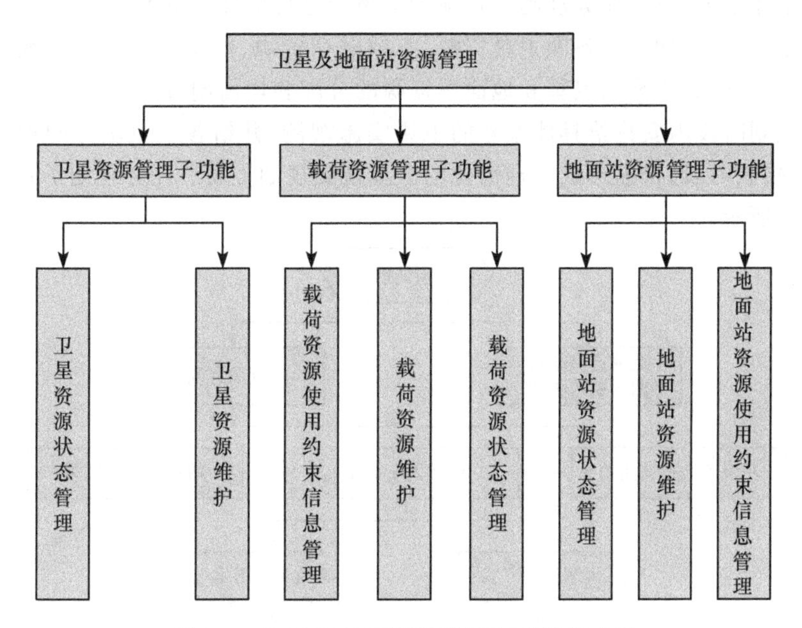

图 8.5　卫星及地面站资源管理子系统组成图

卫星及地面站资源管理子系统主界面如图 8.6 所示。

图 8.6　卫星及地面站资源管理子系统主界面图

8.2.3　多星任务规划子系统

多星任务规划子系统的功能是面向观测任务请求和多种类型可利用的卫星资源，分析用户任务请求对于成像精度、时效、传感器等方面的要求，针对不同的任务类型和工作模式，根据业务规则和各项约束条件进行推理和决策分析，消解冲突的目标和地面站，分配调整各颗卫星资源、有效载荷资源、数据中继资源和地面站资源，完成观测任务所需的卫星和地面站资源的分配和均衡调整，从而将任务在确定的任务规划时段内安排给具体型号的卫星实施观测，并给各个卫星分配相应的数据传输、接收时段，快速形成合理优化的卫星观测规划方案。任务规划子系统流程如图 8.7 所示。

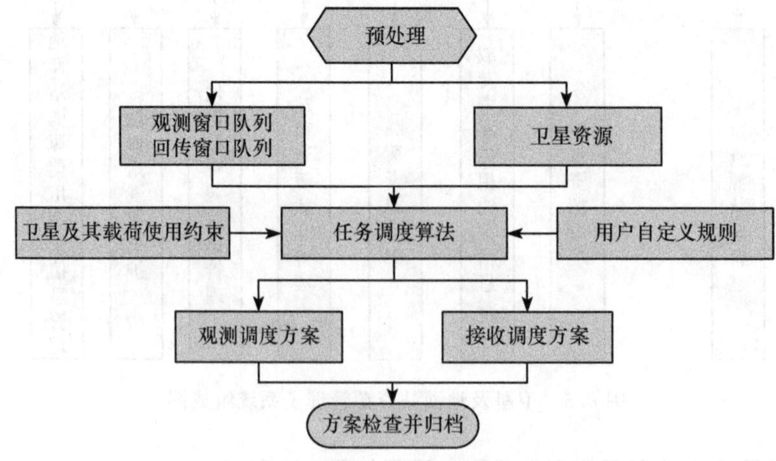

图 8.7　多星任务规划子系统流程

8.2.4　单星计划编排子系统

单星计划编排子系统是卫星任务规划系统的核心子系统之一，主要负责各类型卫星计划的制定，包括卫星观测计划、有效载荷控制计划、数据回传计划等，这些计划是在任务规划方案的基础上配置具体的载荷控制参数后得到的，是生成卫星控制指令的直接依据。单星计划编排主要根据多星任务规划子系统生成的观测计划方案，结合卫星资源、有效载荷、地面站资源信息，考虑具体型号卫星计划编制的策略，根据不同应用模式和计划编制类型，编制当前卫星的观测计划、有效载荷控制计划、数据回传计划，最后进行计划的提交。单星计划编排子系统主界面如图 8.8 所示。

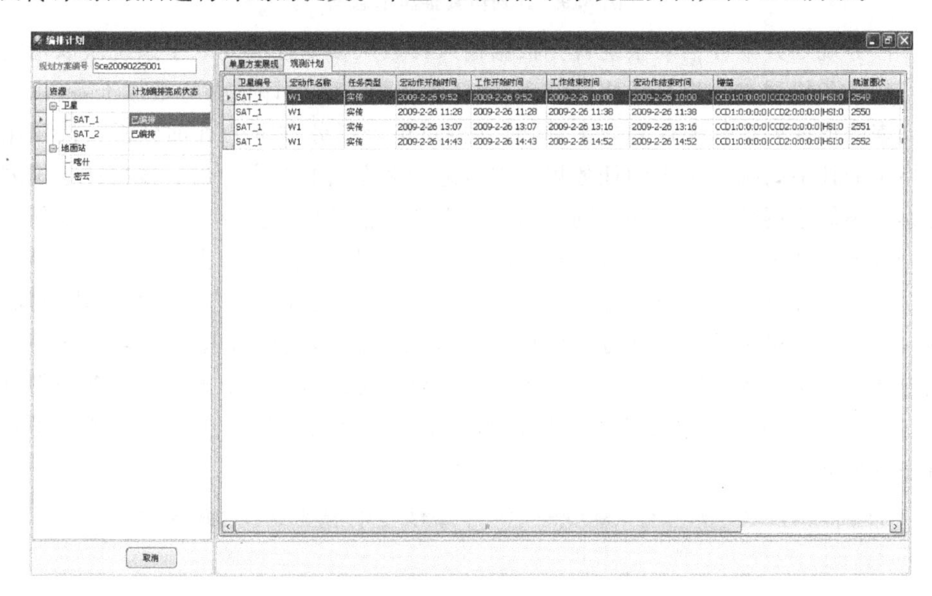

图 8.8　单星计划编排子系统主界面图

8.2.5　计划仿真推演子系统

计划仿真推演软件单元主要负责获取单星计划编排软件单元生成的规划结果，根据任务规划结果数据，通过对卫星的实际运行情况进行可视化仿真推演，对卫星观测计划的正确性和准确性做出事先验证，以便发现计划编制中的异常错误。若经过仿真发现计划不可行，则发出反馈信息，并要求重新生成计划，以便顺利完成观测任务。计划仿真推演子系统包括二维仿真推演和三维仿真推演两部分，分别如图 8.9 所示。

8.2.6　任务规划方案评估子系统

任务规划方案评估子系统实现对任务规划方案的评价分析，操作员可以通过量化的分析指标来判断规划方案是否充分合理利用资源并最大化满足用户的需

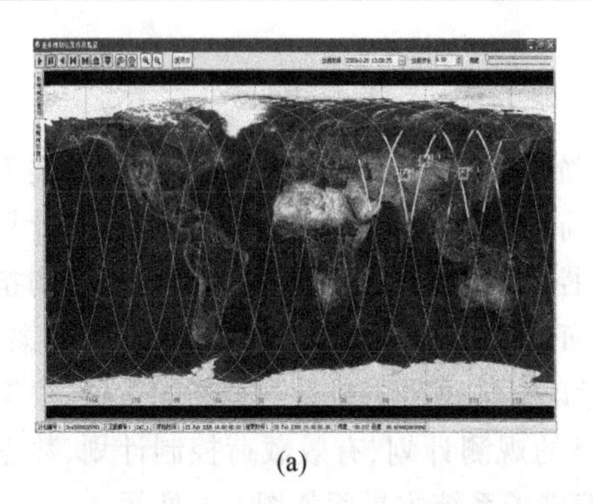

(a)

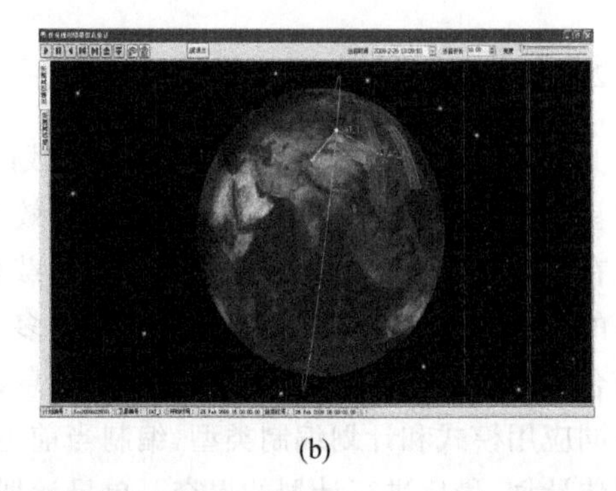

(b)

图 8.9　计划仿真推演示意图

求。任务规划方案评估子系统首先根据输入参数从多星任务规划子系统获取指定批号的任务规划方案内容及相关信息,为任务规划方案的评估做好数据准备,以数据列表的形式展现任务规划方案,同时支持对单个任务方案的查询分析。按照用户指定的评估指标对选定的任务规划方案进行多方面的能力评估。根据任务规划方案在不同应用任务类型和不同评估指标下的评估结果,进行综合分析,生成任务规划方案评估报告,并支持对任务规划方案评估结果的添加、查询、统计、比较分析的功能。对任务规划方案的评估结果进行形如饼图、柱状图等方式的可视化展现,并且支持对于单个任务规划方案评估结果可视化显示功能,支持对于多个任务规划方案评估结果的异同的可视化显示功能。对于规划时间较长的时间任务规划方案,能够对规划方案中指定时间区间内数据的进行评价。任务规划方案评估子系统主界面如图 8.10 所示。

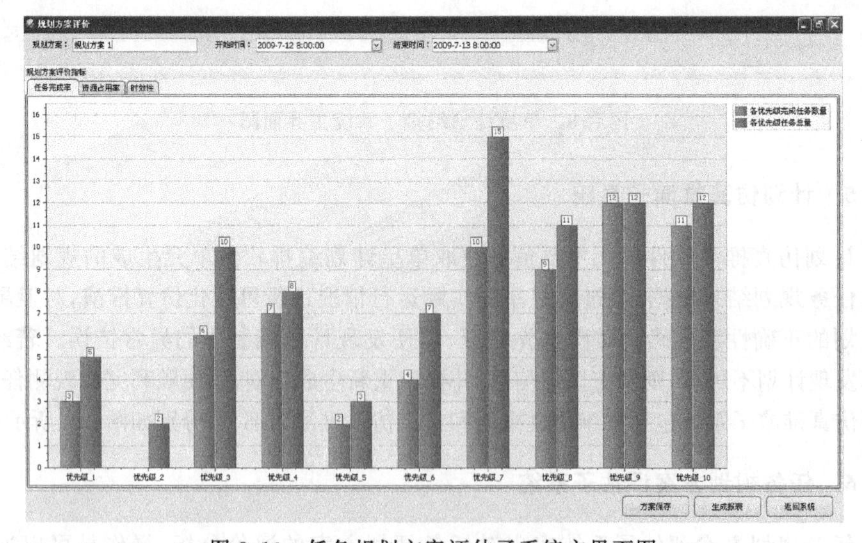

图 8.10　任务规划方案评估子系统主界面图

第9章　新的研究领域

随着成像卫星平台及载荷技术的不断发展，以及成像卫星应用需求的不断提高，成像卫星任务规划技术也相应遇到了一些新的挑战。本章主要对其中比较典型的新问题进行了简要分析和展望。

9.1　灵巧卫星成像任务规划

我国的尖兵系列、资源系列及HJ系列卫星均是非灵巧卫星(non-agile satellite)，它们均只有最多一个方向的自由度，即绕翻滚轴(roll axis)做垂直星下线的横向侧摆，而且侧摆只能在遥感器开机成像的间隙进行，一次连续成像过程中侧摆角度必须保持不变。非灵巧卫星的推扫成像过程完全依赖于卫星沿轨道向前的运动，因此成像条带的走向只可能平行于星下线，条带的宽度取决于星载遥感器视场角的大小，条带的具体位置则取决于成像时采用的侧摆角大小，如图9.1所示。由于没有俯仰自由度，非灵巧卫星的任何候选观测任务的起止时间都是确定的，即卫星对观测目标可见时间窗的起止时间、任何两个候选观测任务之间的先后次序都是固定的，任务之间的相容性能事先计算出来。

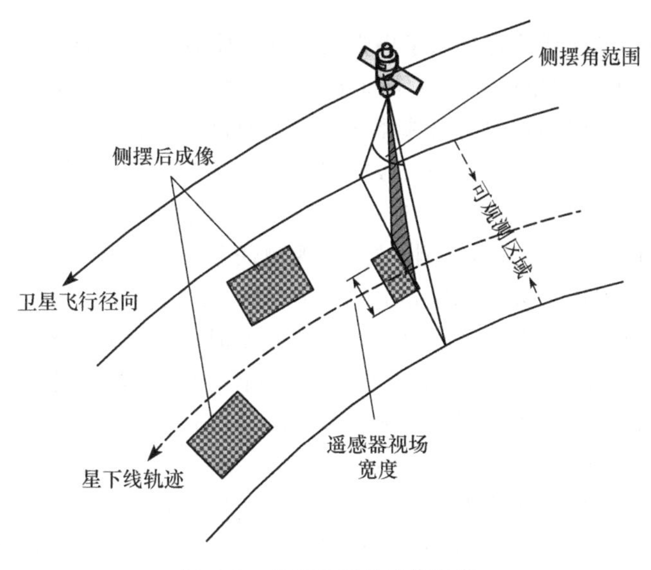

图9.1　非灵巧卫星成像示意

本书所涉及的卫星规划技术都是针对非灵巧卫星的。非灵巧卫星对地观测任务规划重点解决的是观测任务及其观测时间窗口的选择问题,而无须考虑观测任务在长时间窗口内的具体安排时间。随着世界航天技术的不断发展,目前欧美等航天强国都拥有了灵巧卫星(agile satellite)。灵巧卫星具有不止一维的自由度,其视轴通常可以绕翻滚、俯仰、偏航三个轴变化,而且视轴变化可以与成像过程并行,从而使卫星有可能在能力允许的范围内沿任意走向进行观测,如图 9.2 所示。事实上美国于 1999 年 9 月发射升空的 IKONOS-2 卫星就已经具有正视、前视、后视、侧视等灵活观测能力,2007 年 9 月发射的 WorldView-1 卫星更是迄今为止已发射的 EOS 中灵巧度最高的一颗。法国于 2008 年发射的 PLEIADES 星座,俄罗斯于 2005 年底发射的小卫星 TopSat 等,都属于灵巧卫星。这也标志着新一代 EOS 将以灵巧卫星为主流。

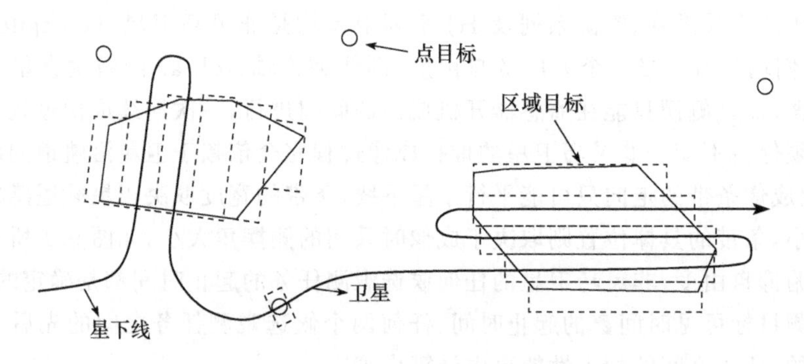

图 9.2　灵巧卫星的观测自由度

灵巧卫星的主要优势是提供了更强大的观测能力和更多的观测自由。相对非灵巧卫星而言,灵巧卫星可利用其俯仰能力对观测目标进行前视、正视或后视,从而可在一个较宽的时间窗内自由选择观测开始时间,并解除很多观测任务之间的冲突,这一点可以用图 9.3 来说明:假如有 5 个候选观测任务,分别从 1 到 5 进行编号。对非灵巧卫星而言,由于任务 1 和 2 的观测时间窗存在重叠,因此是相互冲突的,只能选择其中一个进行观测。同样,观测任务 3 和 4 也存在冲突,由此导致非灵巧卫星最多只能完成 5 个任务中的 3 个,如任务 1、3 和 5。对灵巧卫星而言,上述观测冲突都可通过在宽时间窗内对观测开始时间的合理调整得到消解,因此 5 个观测任务可全部在一次过境机会内完成观测。灵巧卫星还可在一次过境机会里通过调整观测角度对同一观测目标实施连续两次观测,获得不同角度的目标平面图像,为合成观测目标的立体图像提供可能。观测机会和观测自由度的增加使得灵巧卫星有可能完成更多数量和更多类型的观测任务。

然而,灵巧卫星在显著提高观测效率的同时,其观测调度也变得更为复杂和困难,除了与非灵巧卫星一样要选择观测任务和观测时间窗之外,还需要决定观测时

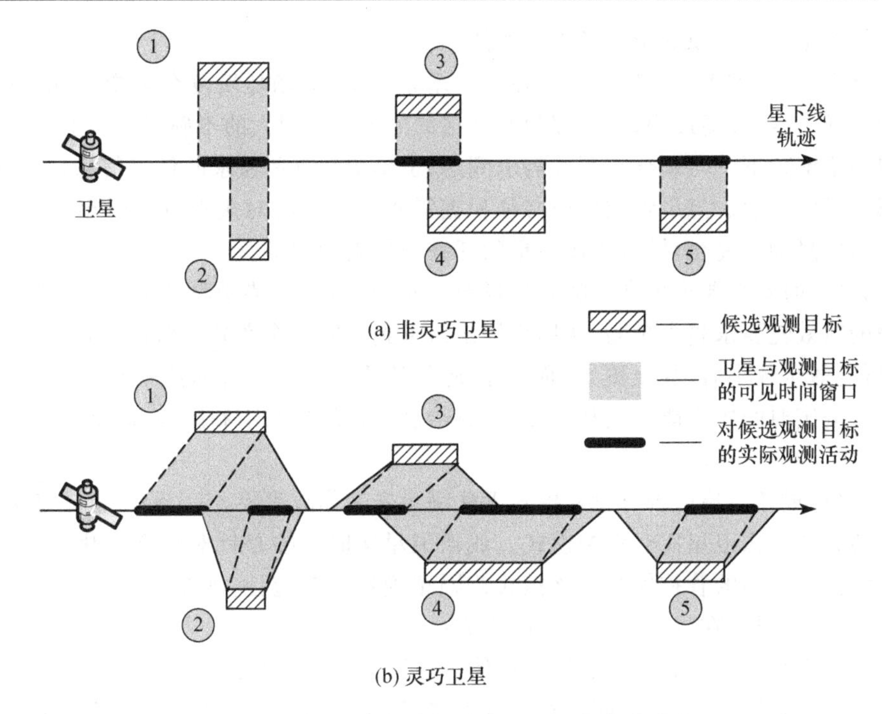

图 9.3　非灵巧卫星与灵巧卫星观测方式的对比

间上有冲突的不同观测任务的次序、观测任务在其时间窗内的具体开始时间以及观测条带的走向。这与传统的非灵巧卫星观测调度存在很大的区别,使得某些传统卫星观测调度模型如有向图模型不再适用,同时也显著扩大了卫星观测调度问题的解搜索空间,使得一些非灵巧卫星调度算法的复杂性变得难以承受。

我国目前已经开始着手制定并实施灵巧卫星的研制计划,特别是高分辨对地观测重大专项已经立项,其中包含了多颗灵巧卫星。面对未来民事和军事方面的广泛应用需求,如何通过合理调度来充分发挥下一代灵巧观测卫星资源的强大能力,最大化灵巧卫星资源的使用效益,成为一个必需预先研究和探索的非常有意义的研究课题。因此,对灵巧卫星任务规划问题进行研究,不仅对于复杂组合优化问题求解算法方面具有较重要的理论意义,同时对我国未来新一代灵巧观测卫星的合理高效利用具有很强的应用意义。

9.2　成像卫星在线调度问题

在本书所涉及的成像卫星管控模式中,用户需求是确定的,卫星按照预先制定的成像计划工作。在动态环境下,用户需求有可能动态变化,特别是战时,战场环境瞬息万变,不确定性因素众多,作战指挥系统对情报的时效性提出了更高要求,给成像卫星的任务规划带来了极大挑战。

首先,用户需求是不确定的。在高技术条件下,战场环境复杂多变,作战方式灵活多样,战场节奏加快,作战部门对情报的需求存在很大的不确定性。卫星管控部门并不清楚下一时刻会有哪些需求到达,也不清楚这些需求的任何信息,需求随时都有可能到达。卫星管控部门必须根据需求变化及时对规划方案做出调整,由于需求信息的不完全,导致成像卫星的任务规划更加困难。

其次,时效性要求更高。随着战场节奏加快,战争态势稍瞬即逝,作战部门对情报的时效性要求越来越高,从用户提出需求到获取图像产品数据,周期会越来越短,可能短至数小时,甚至更短,而目前成像卫星管控模式远远达不到这个要求。如果在规定时间内未能完成观测任务,将给己方作战带来不利影响,甚至影响战争胜负。

显然,成像卫星的现有管控模式无法满足未来作战需要,有必要探索具有快速反应能力的成像卫星实时管控模式。成像卫星实时管控是针对动态变化环境,对时效性要求更高的管控模式。该模式兼顾正确性与响应性,即要求各项操作应该准确无误,同时应在尽可能短的时间内完成。

实时管控与现有管控的区别主要体现在以下几个方面:

第一,需求到达方式不同。对于现有管控,需求是集中批处理的;对于实时管控,需求随时间到达。

第二,对新到达需求的处理不同。对于现有管控,将新到达需求作为应急任务处理;对于实时管控,新到达需求与已到达需求处理方式无异。

第三,时效性要求不同。对于现有管控,除应急任务外,常规任务对时效性要求相对宽松;对于实时管控,成像任务的时效性要求一般较为迫切。

对于成像卫星实时管控,如何设计合理的管控架构,成了首要解决的问题。由于实时管控不同于现有管控,对时效性要求很高,管控架构必须尽可能减少环节,缩短各环节之间的间隔时间,同时应尽可能减少各环节所需时间,特别是关键环节所需时间。在管控架构中,最为核心的环节是任务调度,然而现有的成像卫星调度并没有考虑任务随时间到达的情况,调度算法计算效率达不到实时性要求。

在经典调度文献中,根据决策者在调度时掌握工件信息的多少把调度问题分为离线和在线两类。在离线问题中,全部工件的所有信息在调度时均已知,决策者可充分利用已知信息对工件进行安排。而对在线问题,工件的信息是逐个(批)释放的,决策者掌握的工件信息与时间有关,决策者在任意时刻掌握的工件信息只能是当前时刻及以前释放的工件信息。

成像卫星在线调度是在信息不完备情况下进行的决策,更适合于成像卫星的实时管控。首先由作战部门提交观测需求,然后经情报部门处理形成观测任务,最后由成像卫星指挥控制系统对所有观测任务统一调度。在这一过程中,调度人员事先并不知道所有信息，如任务数、任务观测要求、任务优先级等。每个任务具有提交日期，在该时刻之前，任务是不存在的。任务是逐个或逐批到达的。当任务到达时，调度人员才知道该任务的所有信息或部分信息。由于未来信息事先是不知道的，调度人员在任意时刻的决策只能依赖于当前所有已知信息，如何利用不完全信息对成像卫星进行优化调度，成为调度人员亟待解决的问题。

不完全信息环境不仅仅指战时，也包括平时，如救灾抢险、地区骚乱等，其本质特征是环境动态变化，用户需求存在很大的不确定性，任务的时效性要求很高，调度人员无法对未知信息做出准确预测，当前决策只能依赖于当前已知的所有信息。相对于不完全信息环境而言，卫星日常管理所处的环境就是完全信息环境。成像卫星在线调度针对的是不完全信息环境，因而比成像卫星日常调度更加困难。

成像卫星在线调度的特点主要表现在以下几个方面：

首先，成像卫星在线调度是一种无预案调度，主要根据动态变化的类型进行即时处理。

其次，成像卫星在线调度针对动态变化的环境，不确定性因素众多，用户需求提交频率和数量明显高于平时，任务的时效性要求更高。

最后，成像卫星在线调度侧重于对未知信息的处理，即如何使未知信息反映到当前调度方案中，从而使当前调度方案更好地适应环境的未来变化。

研究成像卫星在线调度具有理论和应用意义，具体体现在以下几个方面：

首先，成像卫星调度是学术界一个热点研究问题。成像卫星调度是 NP-hard 难题，考虑的约束众多，组合特征十分明显，问题本身也具有实际意义，因而吸引了国内外众多学者关注。然而，目前研究的成像卫星调度只是针对完全信息环境，即调度前已知所有任务信息。从查阅的资料来看，还没有人考虑任务随时间到达的情况，因此，研究成像卫星在线调度具有理论意义。

其次，成像卫星现有管控模式并不适应战时需求。战时环境复杂多变，不确定性因素众多，现有管控模式将受到极大挑战，战时观测任务的时效性要求更加突出，作战对情报获取的快速反应能力提出了更高的要求，管控模式将实现从非实时管控到实时管控的转变。敏捷性将成为成像卫星实时管控的一个显著特征，而成像卫星在线调度也将成为成像卫星实时管控的核心内容。因此，研究成像卫星在线调度具有应用意义，将使成像卫星资源更好地服务于战时环境。

最后，调度理论应用领域十分广泛，涉及制造业、服务业等领域，其他领域的调度也将面临不完全信息环境，因此，研究成像卫星在线调度对其他领域考虑不完全信息环境下的调度也具有借鉴意义。

[illegible]

本章介绍的卫星不仅仅[illegible]，也[illegible]。[illegible]确定性、任务的时效性要求很高，调度人员无法对未来的信息做出准确的预测，调度决策只能依据[illegible]的所有信息。[illegible]不完全信息环境而言，[illegible]所处的环境就是完全信息环境。[illegible]不完全信息环境，[illegible]调度更加困难。

成像卫星在线调度的研究意义主要表现在以下几个方面：

首先，成像卫星[illegible]是一种[illegible]，需要根据动态变化的实际情况进行调度。

[illegible]，对到达的任务[illegible]，[illegible]任务的时效性要求[illegible]。

[illegible]对未知信息的处理，即如何[illegible]在不确定[illegible]中，[illegible]更好地适应环境的未来变化。

在线调度[illegible]具有重要的[illegible]意义，具体体现在以下几个方面：

首先，成像卫星调度是[illegible]一个热点研究问题，成像卫星调度是NP-hard问题，[illegible]十分明显，[illegible]。[illegible]，[illegible]具有重要[illegible]意义。

[illegible]

最后，[illegible]不完全信息环境[illegible]。因此，研究成像卫星在线调度对其他领域[illegible]不完全[illegible]也具有借鉴意义。